U0252918

李学志 李若松 方戈亮 编著

CATIA 实用教程

（第 3 版）

清华大学出版社

北京

内 容 简 介

　　CATIA V5 是一款基于 Windows 操作系统的高端 CAD/CAM 软件，涵盖了产品开发的全过程，支持电子化企业的解决方案，提供了完善无缝的集成环境。本书以 CATIA V5-6 R2017 为工具，面向初学者，以介绍基本概念和基本操作为起点，按照草图设计、三维建模、部件装配、绘制工程图、曲线和曲面、工程分析、参数化与知识顾问、数字样机运动机构分析和图形输出的顺序介绍 CATIA，注重以典型实例带动教学。书中各章均附有例题、习题或思考题。

　　本书可作为高等学校相关专业的教材，也可供从事相关工作的工程技术人员参考。

图书在版编目（CIP）数据

CATIA 实用教程 / 李学志，李若松，方戈亮编著. —3 版. —北京：清华大学出版社，2020.7(2022.8重印)
　ISBN 978-7-302-54454-8

　Ⅰ. ①C… Ⅱ. ①李… ②李… ③方… Ⅲ. ①机械设计-计算机辅助设计-应用软件-高等学校-教材
Ⅳ. ①TH122

中国版本图书馆 CIP 数据核字（2019）第 264480 号

责任编辑：汪汉友
封面设计：常雪影
责任校对：徐俊伟
责任印制：曹婉颖

出版发行：清华大学出版社
　　　网　　　址：http://www.tup.com.cn，http://www.wqbook.com
　　　地　　　址：北京清华大学学研大厦 A 座　　　　　邮　　编：100084
　　　社　总　机：010-83470000　　　　　　　　　　邮　　购：010-62786544
　　　投稿与读者服务：010-62776969，c-service@tup.tsinghua.edu.cn
　　　质　量　反　馈：010-62772015，zhiliang@tup.tsinghua.edu.cn
　　　课　件　下　载：http://www.tup.com.cn，010-83470236
印　装　者：三河市君旺印务有限公司
经　　　销：全国新华书店
开　　　本：185mm×260mm　　印　　张：30　彩插：6　　字　　数：725 千字
版　　　次：2013 年 9 月第 1 版　2020 年 9 月第 3 版　　印　　次：2022 年 8 月第 2 次印刷
定　　　价：118.00 元

产品编号：081644-01

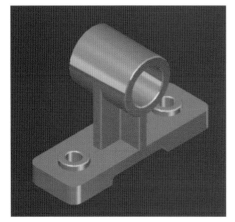

图 1　轴承座

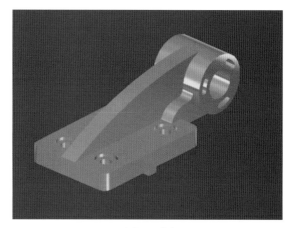

图 2　支架

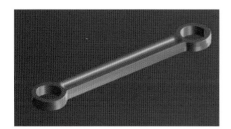

图 3　连杆

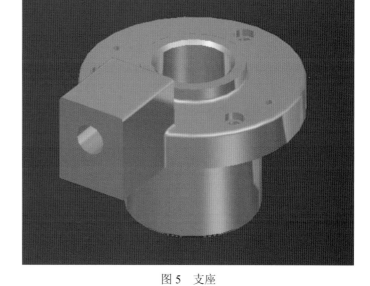

图 5　支座

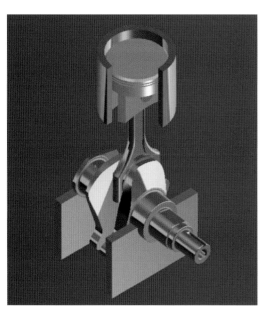

图 6　活塞连杆机构

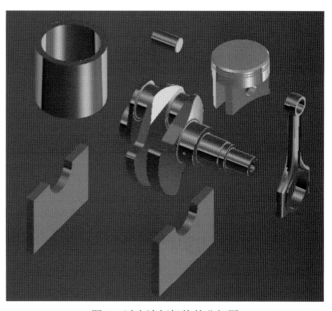

图 7　活塞连杆机构的分解图

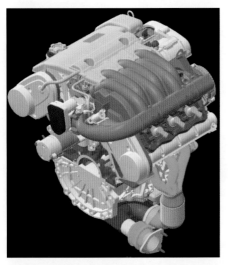

图 8 发动机的装配模型

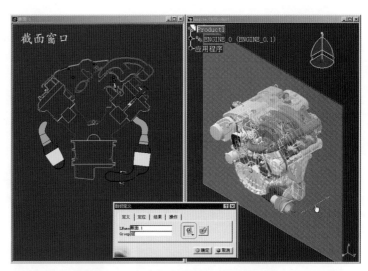

图 9 平面截切发动机

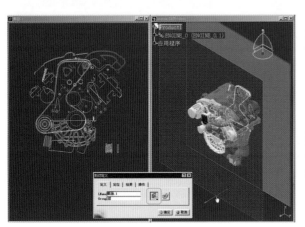

图 10 用双平行截面截切发动机

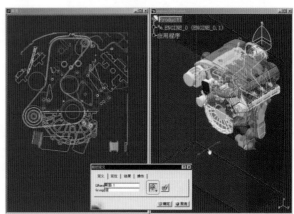

图 11 用六截面的方盒截切发动机

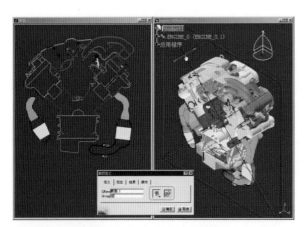

图 12 创建剖切的截面对象

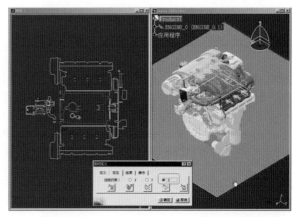

图 13 用 Z 轴为法线的平面截切发动机

（a）捕捉到一个平面

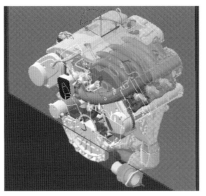

（b）捕捉到的平面截切发动机

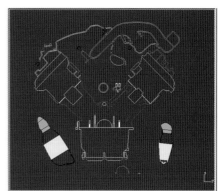

（c）得到截切的结果

图 14　用捕捉到的几何对象作为截平面

（a）选择两条直线

（b）选中的两条直线确定了截平面

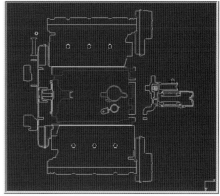

（c）得到截切的结果

图 15　用捕捉到的两条平行的轴线作为截平面

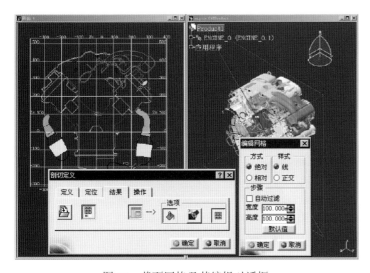

图 16　截面网格及其编辑对话框

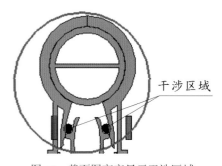

图 17　截面图高亮显示干涉区域

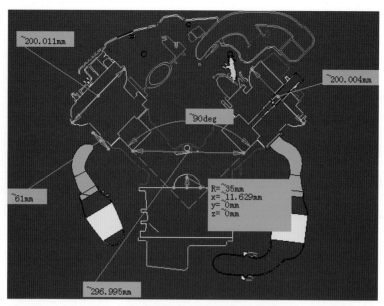

图 18　在截面图上测量和标注尺寸

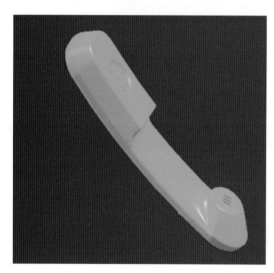

图 19　电话手柄

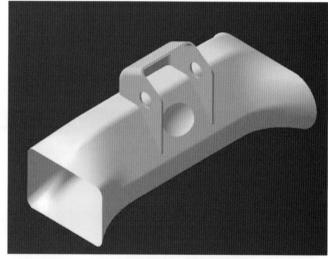

图 20　曲面和实体混合建模实例

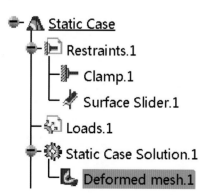

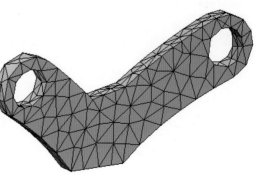

图 21　增添网格后的形体

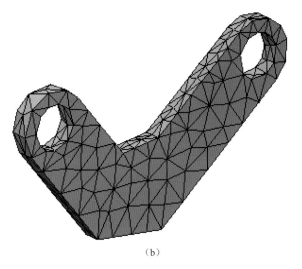

(a) (b)

图 22　控制网格效果的对话框

Von Mises Stress (nodal value)
N_m2
3.6e+008
3.25e+008
2.91e+008
2.56e+008
2.21e+008
1.87e+008
1.52e+008
1.18e+008
8.31e+007
4.86e+007
1.4e+007
On Boundary

图 23　冯·米斯应力图

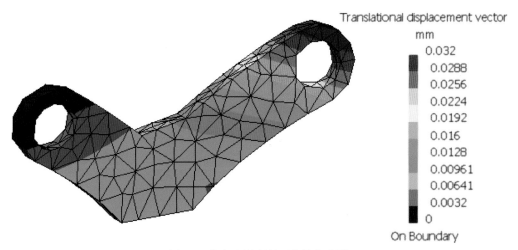

Translational displacement vector
mm
0.032
0.0288
0.0256
0.0224
0.0192
0.016
0.0128
0.00961
0.00641
0.0032
0
On Boundary

图 24　静态分析所得形体的位移图

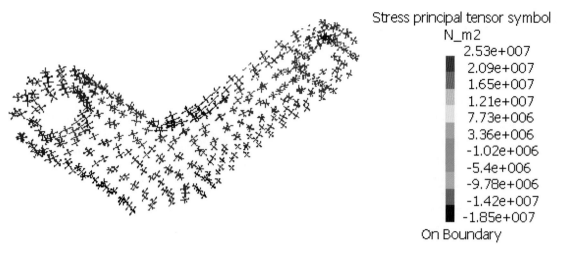

Stress principal tensor symbol
N_m2
2.53e+007
2.09e+007
1.65e+007
1.21e+007
7.73e+006
3.36e+006
-1.02e+006
-5.4e+006
-9.78e+006
-1.42e+007
-1.85e+007
On Boundary

图 25　主应力张量图

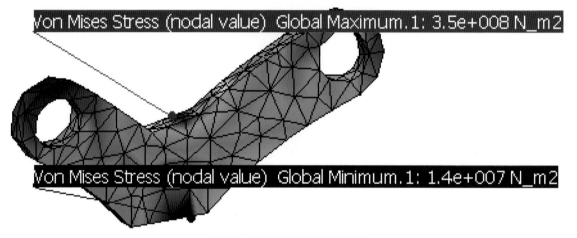

图 26　显示应力的最大最小值

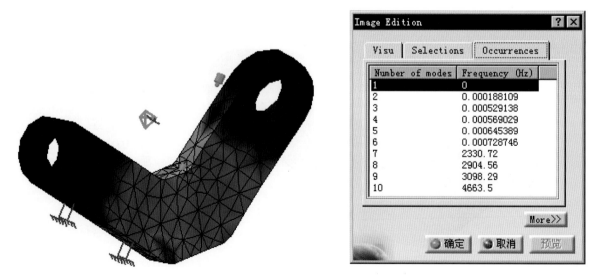

图 27　形体的冯·米斯应力图和图像编辑对话框

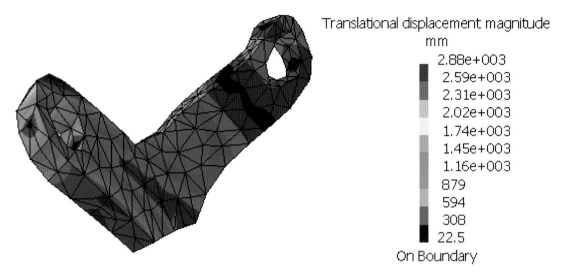

図 28　动态分析所得形体的模态图

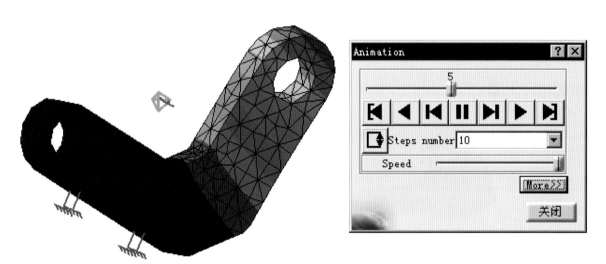

图 29　动画的播放

图 30　在摇杆中心孔施加滑动约束　　　　　图 31　在摇杆左孔施加夹紧约束

图 32　在摇杆右边的长孔施加载荷

图 33　摇杆网格变形图

图 34　摇杆的冯·米斯应力图

前言

CATIA V5 是一款基于 Windows 操作系统的高端 CAD/CAM 软件，涵盖了产品开发的全过程，支持电子化企业的解决方案，提供了完善无缝的集成环境。目前，CATIA 在汽车、航空航天领域的统治地位不断增强，也广泛应用于摩托车、机车、通用机械、家电等领域。一些国际著名的飞机、汽车制造公司已将 CATIA 作为主要工业应用软件，国内也有不少大型飞机、汽车研究机构和制造厂将其作为新产品的开发平台。

作者多年从事 CAD 教学和科研工作，积累了丰富的实践经验，在系统地整理、完善第 2 版的基础上将这些经验融入本书。

本书具有以下特点：

（1）面向初学者。以介绍基本概念和基本操作为起点，尽量做到讲解透彻、通俗易懂。

（2）合理安排章节内容。本书按照草图设计、三维建模、部件装配、绘制工程图、曲线和曲面、工程分析、参数化与知识顾问、数字样机运动机构分析和图形输出的顺序介绍 CATIA，既符合一般产品的设计过程，又适于读者学习、掌握利用 CATIA 进行产品设计的规律。

（3）以典型实例带动教学。尺寸驱动、零件参数化等技术是 CAD 中较难学习的内容，参照本书的典型实例边练边学，将有助于读者快速掌握这些先进技术。

（4）章后附有习题，既利于教学，又便于自学。

本书可作为高等学校相关专业的教材，也可供从事相关工作的工程技术人员参考。

本书共 11 章。其中，第 1、5、7、8、9、10 章由李若松编写，第 2、3、6 章由李学志编写，第 4、11 章由方戈亮编写。李学志负责全书的统稿工作。

在本书的编写过程中，得到了清华大学计算机辅助设计教学中心的大力支持，在此深表感谢。

限于作者的学识和经验，书中难免有不当之处，欢迎读者批评指正。

作者

2020 年 6 月 于清华园

第 1 章　**CATIA 简介** 1
 1.1　概况 1
 1.2　CATIA V5-6 R2017 的运行环境 2
 1.3　CATIA V5-6 R2017 的主要功能模块 2

第 2 章　**工作界面与基本操作** 4
 2.1　启动和退出 CATIA 4
 2.2　CATIA 的工作界面 4
 2.3　文件操作 6
  2.3.1　建立新文件 6
  2.3.2　打开已有的文件 6
  2.3.3　保存文件 7
 2.4　鼠标操作 7
 2.5　指南针操作 8
 2.6　特征树 9
  2.6.1　特征树的特点 9
  2.6.2　特征树的操作 10
 2.7　选择操作 11
 2.8　图形对象的快捷菜单 13
 2.9　搜索操作 16
 2.10　取消与恢复 17
 2.11　得到帮助 18
 2.12　显示控制 19
  2.12.1　缩放显示 19
  2.12.2　改变观察位置 20
  2.12.3　改变观察方向 20
  2.12.4　选择标准的观察方向 21
  2.12.5　确定显示方式 21
  2.12.6　设置三维形体的投影模式 23
  2.12.7　设置浏览模式 23

　　　2.12.8　显示或隐藏对象 24

　2.13　修改图形对象的特性 24

　　　2.13.1　通过"图形属性"工具栏修改图形对象的特性 24

　　　2.13.2　通过快捷菜单修改图形对象的特性 25

　　　2.13.3　用特性刷修改图形对象的特性 26

　2.14　测量 26

　习题 2 27

第 3 章　草图设计 29

　3.1　草图设计环境 29

　　　3.1.1　进入和退出草图设计环境 29

　　　3.1.2　设置草图设计的工作环境 29

　　　3.1.3　"草图工具"工具栏 32

　3.2　绘制图形 34

　　　3.2.1　绘制轮廓 34

　　　3.2.2　绘制预定义的轮廓 35

　　　3.2.3　绘制圆和圆弧 40

　　　3.2.4　样条曲线和曲线连接 42

　　　3.2.5　绘制二次曲线 43

　　　3.2.6　绘制直线 46

　　　3.2.7　绘制轴线 48

　　　3.2.8　绘制点 48

　　　3.2.9　创建构造线 51

　3.3　图形编辑 52

　　　3.3.1　倒圆角 53

　　　3.3.2　倒角 54

　　　3.3.3　修改图形对象 55

　　　3.3.4　图形变换 57

　　　3.3.5　获取三维形体的投影 61

　3.4　约束控制 63

　　　3.4.1　网格约束 64

　　　3.4.2　智能拾取 64

　　　3.4.3　几何约束 68

　　　3.4.4　尺寸约束 74

　　　3.4.5　接触约束 76

　　　3.4.6　固联约束 76

　　　3.4.7　自动约束 77

　　　3.4.8　动画约束 78

　习题 3 82

第4章 零件的三维建模 84

4.1 概述 84
4.2 基于草图建立特征 85
4.2.1 拉伸 85
4.2.2 挖槽 87
4.2.3 打孔 87
4.2.4 旋转体 90
4.2.5 旋转槽 91
4.2.6 肋 91
4.2.7 开槽 92
4.2.8 加强肋 93
4.2.9 多截面实体 94
4.2.10 减去放样 96
4.3 修饰特征 97
4.3.1 倒圆角 97
4.3.2 生成面与面的圆角 103
4.3.3 生成与三面相切的圆角 104
4.3.4 切角 104
4.3.5 拔模 105
4.3.6 抽壳 108
4.3.7 改变厚度 109
4.3.8 创建外螺纹/内螺纹 110
4.3.9 拉伸/拔模/倒圆角组合 112
4.3.10 挖槽/拔模/倒圆角组合 112
4.4 变换特征 113
4.4.1 平移 113
4.4.2 旋转 114
4.4.3 对称 115
4.4.4 镜像 115
4.4.5 矩形阵列 115
4.4.6 圆形阵列 118
4.4.7 自定义阵列 121
4.4.8 比例缩放 121
4.4.9 仿射缩放 122
4.5 形体与曲面有关的操作 122
4.5.1 分割 123
4.5.2 厚曲面 123
4.5.3 包围形体 123

　　　4.5.4　缝合形体 124
　4.6　形体的逻辑运算 124
　　　4.6.1　插入新形体 125
　　　4.6.2　装配 125
　　　4.6.3　添加 125
　　　4.6.4　移除 126
　　　4.6.5　交集 126
　　　4.6.6　合并修剪 127
　　　4.6.7　去除一些几何体的多余部分 128
　4.7　填加材料 129
　4.8　三维建模实例 130
　习题 4 151

第 5 章　部件装配 156
　5.1　概述 156
　5.2　创建部件 156
　　　5.2.1　插入部件 157
　　　5.2.2　插入产品 157
　　　5.2.3　插入新零件 157
　　　5.2.4　插入已经存在的部件或零件 158
　　　5.2.5　替换部件 159
　　　5.2.6　重新排序特征树 159
　　　5.2.7　编号 160
　　　5.2.8　部件载入管理 160
　　　5.2.9　定义单行阵列 161
　　　5.2.10　快速生成单行阵列 162
　5.3　部件的移动 163
　　　5.3.1　通过指南针移动对象 163
　　　5.3.2　改变对象的位置或方向 164
　　　5.3.3　对齐 164
　　　5.3.4　智能移动 165
　　　5.3.5　爆炸图 165
　5.4　创建约束 166
　　　5.4.1　相合 167
　　　5.4.2　接触 167
　　　5.4.3　偏移 168
　　　5.4.4　角度约束 168
　　　5.4.5　空间固定约束 169
　　　5.4.6　固联约束 169

5.4.7 在不同的装配体之间施加约束 169

5.4.8 重复利用实体阵列 170

5.5 部件分析 171

5.5.1 物性测量 171

5.5.2 碰撞检测 172

5.5.3 干涉分析 173

5.5.4 截面分析 174

5.6 有关装配设计的环境设置 182

5.6.1 显示模式和设计模式 182

5.6.2 实体的激活 183

5.7 装配实例 183

习题 5 190

第 6 章 绘制工程图 193

6.1 绘制工程图的环境 193

6.1.1 工程制图模块的功能 193

6.1.2 进入和退出绘制工程图的环境 193

6.1.3 设置绘制工程图的环境 195

6.2 页 196

6.2.1 页的特点 196

6.2.2 页操作 197

6.3 视图 199

6.3.1 视图的特点 200

6.3.2 视图的基本操作 200

6.4 获取零件的投影视图 203

6.4.1 生成自动布局的零件的多视图 203

6.4.2 利用"视图向导"获取形体指定投影的视图 205

6.4.3 直接获取形体的投影视图 207

6.4.4 获取形体的剖视图 209

6.4.5 获取形体的断面图 213

6.4.6 获取形体的局部放大图 214

6.4.7 将已有视图修改为局部视图 217

6.4.8 断开表示 219

6.4.9 获取形体的局部剖视图 219

6.4.10 更新从形体获取的视图 220

6.5 交互绘制形体的视图 221

6.6 修饰图形 225

6.7 尺寸标注 230

6.7.1 自动生成尺寸 231

6.7.2　以交互方式标注尺寸 234

6.7.3　设置或修改尺寸的特性 243

6.8　文本 247

6.8.1　书写文本 247

6.8.2　"文本属性"工具栏 248

6.8.3　修改文本 249

6.9　形位公差 250

6.9.1　标注和修改形位公差 250

6.9.2　标注形位公差基准 252

6.10　标注符号 253

6.10.1　标注表面结构符号 253

6.10.2　绘制焊缝 254

6.10.3　标注焊接符号 255

6.11　图形引用 256

6.12　综合实例 258

习题 6 263

第 7 章　曲线和曲面 265

7.1　概述 265

7.2　生成线框元素的工具 265

7.2.1　生成点 266

7.2.2　生成直线 272

7.2.3　生成平面 276

7.2.4　投影 281

7.2.5　混合线 282

7.2.6　反射线 283

7.2.7　相交线 284

7.2.8　平行曲线 284

7.2.9　二次曲线 286

7.2.10　样条曲线 290

7.2.11　螺旋线 291

7.2.12　涡线 292

7.2.13　脊线 293

7.2.14　命令堆栈 294

7.2.15　锁定基础面 295

7.3　生成曲面 295

7.3.1　拉伸曲面 296

7.3.2　旋转曲面 296

7.3.3　球面 297

　　　　7.3.4　圆柱面 298

　　　　7.3.5　等距面 299

　　　　7.3.6　扫掠曲面 300

　　　　7.3.7　填充曲面 303

　　　　7.3.8　多截面曲面 304

　　　　7.3.9　桥接曲面 306

　　7.4　曲面编辑和修改 308

　　　　7.4.1　接合 308

　　　　7.4.2　修复 310

　　　　7.4.3　平滑曲线 311

　　　　7.4.4　拆解 311

　　　　7.4.5　分割 312

　　　　7.4.6　剪切 315

　　　　7.4.7　取消修剪 316

　　　　7.4.8　提取曲面边界 317

　　　　7.4.9　提取元素 317

　　　　7.4.10　简单圆角（倒两曲面的圆角） 318

　　　　7.4.11　倒圆角（倒棱边的圆角） 320

　　　　7.4.12　面与面的圆角 322

　　　　7.4.13　三切线内圆角 323

　　　　7.4.14　倒角 323

　　　　7.4.15　平移、旋转、对称、缩放、变形和阵列 325

　　　　7.4.16　反向 326

　　7.5　曲线、曲面分析功能简介 326

　　　　7.5.1　连接分析 327

　　　　7.5.2　拔模角度分析 328

　　　　7.5.3　曲线曲率分析 329

　　　　7.5.4　曲面曲率分析 329

　　7.6　曲线、曲面设计工具和混合设计 329

　　　　7.6.1　选择几何图形集 329

　　　　7.6.2　填加材质 330

　　　　7.6.3　曲面和形体的混合设计 330

　　7.7　曲面设计实例 331

　　习题 7 357

第 8 章　工程分析 360

　　8.1　进入工程分析模块 360

　　8.2　施加约束 361

　　8.3　施加载荷 363

8.4 静态有限元计算过程和后处理 368

    8.4.1 计算 368

    8.4.2 显示静态分析结果 369

8.5 动态分析的前处理和显示计算结果 372

    8.5.1 动态分析前处理 372

    8.5.2 计算 373

    8.5.3 显示动态分析结果 373

8.6 有限元分析实例 375

习题 8 385

第 9 章 参数化与知识顾问 387

9.1 设置有关知识工程的环境 387

9.2 参数化和知识工程工具 389

    9.2.1 参数 389

    9.2.2 公式 390

    9.2.3 检查 396

    9.2.4 规则 398

    9.2.5 设计表 399

9.3 应用实例 407

习题 9 424

第 10 章 数字样机运动机构分析 426

10.1 概述 426

    10.1.1 进入运动机构分析模块 426

    10.1.2 运动分析模块的工具栏 426

    10.1.3 数字样机特征树 428

10.2 运动机构的建立 428

    10.2.1 创建运动副的方法 428

    10.2.2 创建运动副 429

    10.2.3 装配件约束转换 435

    10.2.4 运动副的规律 436

10.3 运行机构模拟 437

    10.3.1 使用命令进行模拟 437

    10.3.2 使用法则曲线进行模拟 440

    10.3.3 动画模拟 444

    10.3.4 动画模拟编辑 445

    10.3.5 重放 446

10.4 机构运动分析 447

    10.4.1 扫掠包络体 447

10.4.2 运动轨迹 448

10.4.3 速度和加速度 449

10.4.4 碰撞模式 451

习题 10 455

第 11 章 图形输出 457

11.1 在 Windows 环境下配置绘图仪 457

11.2 输出图形 457

11.3 图像操作 461

11.3.1 捕获图像 461

11.3.2 录像 465

习题 11 465

第1章 CATIA 简介

1.1 概 况

CATIA（Computer Aided Tri-Dimensional Interface Application）是世界上主流的 CAD/CAE/CAM 一体化软件之一。为了使软件能够易学易用，Dassault System 公司于 1994 年开始开发全新的 CATIA V5，该版本界面更加友好，功能也日趋强大，开创了一种 CAD/CAE/CAM 软件的全新风格。

CATIA 广泛应用于航空、航天、汽车、船舶、电子/电器、消费品等行业，提供的集成解决方案覆盖了所有的产品设计与制造领域，其特有的 DMU 电子样机模块功能及混合建模技术推动了企业竞争力和生产力的提高。CATIA 可提供方便的解决方案，以满足工业领域大中小型企业的需要，从波音 747 飞机、火箭发动机到化妆品的包装盒，几乎涵盖了所有的制造业产品。世界上已有超过 1.3 万的用户选择了 CATIA。CATIA 源于航空航天业，但其强大的功能已得到各行业的认可，在欧洲的汽车行业，已成为事实上的标准。CATIA 的用户包括波音、克莱斯勒、宝马、奔驰等一大批著名企业，其用户群体在世界制造业中具有举足轻重的地位。波音公司使用 CATIA 完成了 777 客机的电子装配，在创造了业界的奇迹的同时，也确定了 CATIA 在 CAD/CAE/CAM 行业内的领先地位。

CATIA V5 是 Dassault System 公司为数字化企业服务过程中不断长期探索的结晶。围绕数字化产品和电子商务集成概念进行系统结构设计的 CATIA V5，可为数字化企业建立一个针对产品整个开发过程的工作环境。在这个环境中，可以对产品开发过程的各个方面进行仿真，并能够实现工程人员和非工程人员之间的电子通信。产品的整个开发过程包括概念设计、详细设计、工程分析、成品定义和制造乃至成品在整个生命周期中的使用和维护。

CATIA V5 是在一个企业中实现人员、工具、方法和资源真正集成的基础。其特有的"产品–流程–资源"（PPR）模型和工作空间提供了真正的协同环境，可以激发员工的创造性，方便员工共享和交流 3D 产品信息以及以流程为中心的设计流程信息。CATIA 内含的知识捕捉和重用功能既能实现绝佳的协同设计，又能提升终端用户的创新能力。除了拥有超过 100 个产品外，CATIA V5 开放的应用架构还允许越来越多的第三方供应商提供针对特殊需求的应用模块。

1.2　CATIA V5-6 R2017 的运行环境

1. 硬件环境

运行 CATIA 时，所用计算机的 CPU 运行速度越快越好，要求 2GB 以上的内存、10GB 以上的硬盘剩余空间、分辨率为 1280×1024 像素以上的显示器、显存为 512MB 以上的显卡，推荐使用 3 键鼠标。

2. 软件环境

Microsoft 公司的 Windows XP、Windows 7 或 Windows 10 操作系统，分 32 位和 64 位两种软件版本。

1.3　CATIA V5-6 R2017 的主要功能模块

1. 零件设计（**Part Design**）

　模块用于利用草图拉伸、扫描和简单实体元素形成三维模型，通过倒角、抽壳等实体修饰操作生成复杂的三维模型，使用便捷、灵活易用，既可以进行装配上下级中的草图设计，也可以进行交互式详细设计，无论是复杂多样的实体建模还是高级实用的模型都能应对自如。该模块结合了以特征为基础的实体设计和实体间的布尔操作，建模效率高，易于修改和参数化。

2. 装配设计（**Assembly Design**）

　模块用于通过添加三维实体以及实体之间的约束生成三维实体装配模型。本模块可以处理组装在三维实体设计模块生成的实体和 CATIA V5 模型，提供了很多截面分析、测量等复杂装配模型的分析工具，并为工程图、DMU（电子样机）分析等其他模块提供基础模型。

3. 工程制图（**Drafting**）

　模块用于利用 3D 机械零件模型和装配体生成相关联的工程图。图纸生成辅助器可大大简化绘制多视图的工作，可以自动生成尺寸标注，可以建立与零件材料规格说明相关联的剖面线，可以进行基于标准的附加信息和注释等后处理。图纸与 3D 主模型的几何关联性可使设计和工程绘图工作并行进行，可输出 DXF 等格式的数据文件。该模块还包括高效、直观的交互式绘图系统，用于进行产品的 2D 设计。它可以在以 CATIA 为主干系统的扩展型企业中供所有 2D CAD 用户使用。产品集成化的 2D 交互和高效的补充作图和注释功能从两方面进一步丰富了 CATIA 创成式工程绘图功能，使从 2D 到 3D 设计方式的转换更加便捷。

4. 线架和曲面造型（**Wireframe and Surface Design**）

模块用于在零件设计的初始阶段生成线架类结构元素。作为 CATIA 零件设计产品的补充，线架特征元素和基本的曲面特征元素的使用大大丰富了现有的 3D 机构零件设计方法。它所用的基于特征的方法提供了高效、直观的设计环境，可用于捕捉和重复使用设计的方法和规则。

5. 创成式外形设计（**Generative Shape Design**）

模块用于基于线架与多个曲面特征组合设计复杂的外形。它提供了一套广泛的工具集，以建立并修改用于复杂外形和混合造型设计中的曲面。CATIA 使用的是创成式外形设计产品的基于特征的设计方法，提供了高效、直观的设计环境，以对设计方法和技术规范进行捕捉和重用。

6. 创成式零件结构分析（**Generative Structural Analysis**）

模块用于进行有限元分析预校验。通过简单易学的操作界面，设计者易于理解和分析计算结果，轻松地进行初级的机械分析。借助颜色编码的图形功能，可以直观地显示变形、位移和应力。该产品还可以根据零件的实际状况添加约束条件。

7. 实时渲染（**Real Time Rendering**）

模块用于所设计的应用色彩渲染效果和材料规格进行说明。用户可以通过手工绘制，直接修改已输入的数字化图像或在系统提供的库中选择生成的纹理，并可管理材料库和零件应用之间的关联。

8. 知识顾问（**Knowledge Adivisor**）

模块用于将隐式的设计实践转化为嵌入整个设计过程的显示知识。用户可以定义特征、公式、规则和检查（如制造周期中的特征包括成本、表面抛光或进给率），以便在早期的设计阶段就考虑这些因素的影响。

9. 目标管理器（**COM**）

该模块提供了所有产品的人机对话和显示管理等所必需的公共功能和整个基础架构，使所有产品共用统一的界面环境。

10. DMU 运动机构（**DMU Kinematics**）

模块用于通过真实化仿真设计运动机构，验证机构的运动状况，基于新的或现有的零件，建立一些 2D 和 3D 连接，进行实际机构运动仿真，分析零件的速度、加速度、干涉和间隙等指标。

第2章 工作界面与基本操作

2.1 启动和退出 CATIA

1. 启动 CATIA

单击 Windows 的"开始"按钮，从弹出的菜单中选择"所有程序"→CATIA P3→CATIA P3 V5-6R2017 菜单命令，或者双击 CATIA 的快捷图标，即可启动 CATIA。

2. 启动工作模块

通过 CATIA 的"开始"菜单启动工作模块。例如选择"开始"→"机械设计"→"零件设计"菜单命令，即可进入零件设计的三维建模模式。

3. 退出 CATIA

在"开始"或"文件"菜单中选择"退出"命令，或者关闭 CATIA 的窗口，都可退出 CATIA。

2.2 CATIA 的工作界面

CATIA 采用了标准的 Windows 工作界面，虽然拥有几十个模块，但其工作界面的风格是一致的，如图 2-1 所示。二维作图或三维建模的区域位于屏幕的中央，作图区的周边是

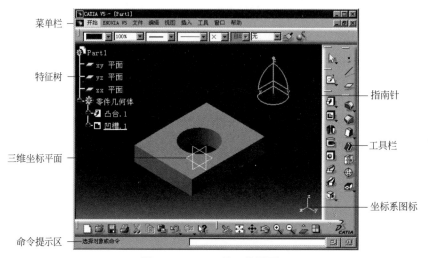

图 2-1 CATIA 的工作界面

工具栏，顶部是菜单栏，底部是命令提示区。

默认的工作界面如图 2-1 所示。如果想要设置新的工作界面，选择"工具"→"选项"菜单命令，弹出"选项"对话框。在该对话框中的特征树上选择"显示"，出现"树外观"等 8 个选项卡，切换至"可视化"选项卡，如图 2-2 所示。

图 2-2 "选项"对话框的"可视化"选项卡

例如，通过"可视化"选项卡将"显示"的"背景"改为白色，通过"树外观"选项卡将树的类型改变为"关系"，将树的方向改变为"水平"，结果如图 2-3 所示。

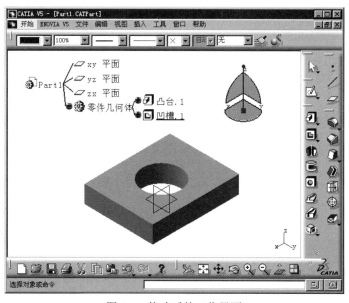

图 2-3 修改后的工作界面

单击"选项"对话框底部的图标  ,将工作界面的参数设置为默认值,单击图标 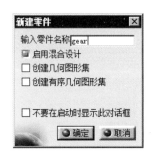 ,保存当前的设置。

2.3 文 件 操 作

2.3.1 建立新文件

单击图标 □ 或选择"文件"→"新建"菜单命令,弹出如图 2-4 所示的"新建"对话框。在"类型列表"框中选择文件的类型,例如 Part,单击"确定"按钮,弹出如图 2-5 所示的"新建零件"对话框。输入新零件的名称,例如 gear,进入零件设计模块。默认的文件名称为 gear,类型为 CATPart。

图 2-4 "新建"对话框   图 2-5 "新建零件"对话框

如果选择"文件"→"新建自"菜单命令,弹出"选择文件"对话框。以选择的文件为起点,进入所选文件类型的设计模块。

注意:新建零件的名称可以包含汉字,但不能作为默认的文件名。例如,新零件的名称为"齿轮",保存时将出现如图 2-6 所示的提示信息,此时默认的文件名称为 Part××。

图 2-6 汉字作为文件名时的提示

例如,建立新零件的文件名称为 gear,类型为 CATPart,否则默认的新零件的名称为 Part××,类型为 CATPart。

2.3.2 打开已有的文件

单击图标 或选择"文件"→"打开"菜单命令,弹出"选择文件"对话框,选择一个已有的文件。例如，选择 Drawing1.CATDrawing，单击"打开"按钮，即可打开该文件，进入工程制图模块。

2.3.3 保存文件

1. 保存已命名的文件

单击图标 或选择"文件"→"保存"菜单命令即可保存文件。

2. 以另外的名称保存文件

选择"文件"→"另存为"菜单命令，在随后弹出的"另存为"对话框中输入文件名称即可进行文件保存。

2.4   鼠 标 操 作

CATIA 推荐使用三键鼠标，对于带滚轮的双键鼠标，滚轮可代替鼠标的中键。其操作如下。

（1）单击左键（以下简称单击），用于确定点的位置、选择作图区或特征树的对象、菜单或图标。

（2）单击特征树上的结点连线，切换图形的正常/变暗显示。

（3）按住 Ctrl 键并多次单击不同的对象，在作图区或特征树上选取多个对象。

（4）按住 Shift 键并多次单击不同的对象，在特征树上选取最后单击的两个对象之间的多个对象。

（5）单击右键（以下简称右击），弹出快捷菜单。

（6）单击中键，以指定点作为显示的中心。

（7）拨动滚轮，特征树上下移动。

（8）按住中键移动鼠标，改变图形对象的显示位置。

（9）按住中键和 Ctrl 键，若向上移动鼠标，则放大图形对象的显示比例；若向下移动鼠标，则缩小图形对象的显示比例。

（10）按住中键，再按住左键或右键移动鼠标，改变对图形对象的观察方向。

（11）双击某些图标，连续地调用该图标所对应的命令，直至按 Esc 键或单击一个图标结束。

（12）双击图形对象，弹出定义该图形对象的对话框。通过该对话框了解该图形对象的几何数据，也可以通过该对话框修改该图形对象的几何数据。例如，如图 2-7 所示为"直线定义"对话框。

（13）按住 Ctrl 键，单击或拖曳窗口，可以连续地选择图形对象。

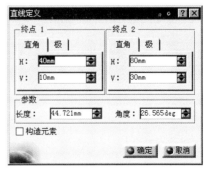

图 2-7 "直线定义"对话框

2.5　指南针操作

作图区中的指南针又称为罗盘，是由与坐标轴平行的直线和三个圆弧组成的，其中 x 和 y 轴方向各有两条直线，z 轴方向只有一条直线。这些直线和圆弧组成平面，分别与相应的坐标平面平行，如图 2-8 所示。选择"视图"→"指南针"菜单命令，可以切换指南针的显示状态。指南针的默认位置在作图区的右上角。当指南针与形体分离时，利用指南针可以改变观察形体的方向；当指南针附着到形体的表面时，利用指南针可以改变所选形体的实际方位。

图 2-8　指南针

1. 改变观察形体的位置和方向

当指南针与形体分离时，它的默认位置在作图区的右上角。当光标接近指南针的直线和圆弧段时，直线或圆弧段呈橙色显示，光标由箭头改变为手的形状。按住左键，沿指南针的直线移动时，形体将沿着相应的方向做同样的"移动"。按住左键，沿指南针的弧线移动时，形体将绕相应的坐标轴同方向做同样的"旋转"。

用光标指向指南针顶部的圆点时，圆点呈橙色显示。按住左键，拖动圆点绕另一端的红色方块旋转时，形体也会跟着"旋转"。

以上操作只是改变了观察形体的位置和方向，实际上形体本身未做任何改变。

2. 改变形体的实际方位

当光标指向指南针的红色方块时，光标改变为 ✛ 的形状。按住左键，将其拖曳到形体的表面，三个坐标轴的名称随之改变为 u、v、w，表示指南针已经附着到形体的表面上，如图 2-9（a）所示。如果原坐标轴与新坐标轴的方向相同，则同时出现新老坐标轴的名称，如图 2-9（b）、图 2-9（c）所示。

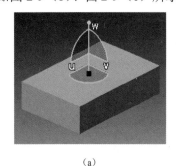
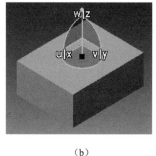
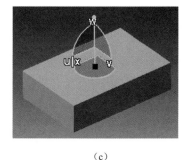

（a）　　　　　　　　　　（b）　　　　　　　　　　（c）

图 2-9　附着到形体表面上的指南针

指南针的操作方法和过程与改变观察形体的位置和方向基本相同，不同的是需要事先指定要改变方位的形体。由于改变的是形体的实际位置，所以会出现如图 2-10 所示的"移动警告"对话框。

选择"视图"→"重置指南针"菜单命令，指南针即可脱离形体表面，返回到作图区的右上角。

3. 指南针的快捷菜单

右击指南针，出现如图 2-11 所示的快捷菜单。若选择"锁定当前方向"命令，即使重置指南针，指南针返回到作图区的右上角后，也会保持当前锁定的方向；若选择"将优先平面方向锁定为与屏幕平行"命令，此后即使旋转形体，指南针也不会随之旋转；若选择"使××成为优先平面"，这个平面将作为指南针的基准面；若选择"自动捕捉选定的对象"命令，只需单击一个形体，指南针就会附着到该形体的一个表面上。

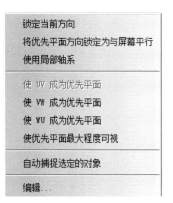

图 2-10 "移动警告"对话框   图 2-11 指南针的快捷菜单

2.6 特　征　树

2.6.1 特征树的特点

特征树以树状层次结构显示了二维图形或三维形体的组织结构，如图 2-12 所示。根结点的种类与 CATIA 的模块相关，例如零件建模模块的根结点是 Part、工程制图模块的根结点是 Drawing。带有⊕的结点还有子结点，单击结点前的⊕，显示该结点的子结点，⊕改变为⊖；单击结点前的⊖，子结点消失，⊖恢复为⊕。结点后的文本是对该结点的说明。

通过特征树可以对建模过程进行编辑或修改，使得对象的选择更为便捷。

例如，图 2-13 所示特征树的根结点是 Part1，它有 xy 平面、yz 平面、zx 平面和"零件几何体"这 4 个结点。"零件几何体"的下一层有 4 个凸台和 3 个凹槽，这 7 个子结点。说明它是经过 4 次填加（pad）和 3 次挖切（pocket）形成的。

图 2-12　三维形体和特征树

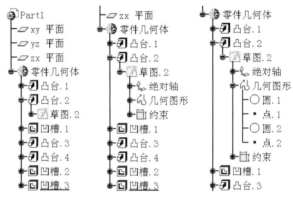

图 2-13　展开后的特征树

2.6.2　特征树的操作

1. 显示或隐藏特征树

选择"视图"→"规格"菜单命令或按 F3 键可以显示或隐藏特征树。

2. 移动特征树

转动滚轮，上下移动特征树或将光标指向特征树的结点连线，按住左键，即可拖曳特征树到指定位置。

3. 缩放特征树

按住 Ctrl 键转动滚轮或将光标指向特征树的结点连线，按住 Ctrl 键和左键，向下移动鼠标，特征树变小；反之，特征树变大。

4. 只显示零件几何体的第一层结点

选择"视图"→"树展开"→"展开第一层"菜单命令，将只显示"零件几何体"的第一层结点，如图 2-12 所示。

5. 显示零件几何体的前两层结点

选择"视图"→"树展开"→"展开第二层"菜单命令，将显示"零件几何体"的前两层子结点。

6. 显示零件几何体全部层次的结点

选择"视图"→"树展开"→"展开所有层"菜单命令，将显示"零件几何体"的全部的子结点。

7. 不显示零件几何体的下层结点

选择"视图"→"树展开"→"全部折叠"菜单命令，将不显示"零件几何体"的子结点。

8. 展开或关闭指定结点的下一层结点

将光标指向特征树的结点，结点和相应的对象加亮显示，表示选中了该结点。例如，指向结点零件几何体，整个形体加亮显示，指向结点"凸台.2"，两个凸台加亮显示。单击结点"凸台.2"前的⊕，显示该结点的子结点，如图 2-13（a）所示，说明"凸台.2"是由"草图.2"经拉伸得到的。单击结点"草图.2"前的⊕，显示该结点的子结点，如图 2-13（b）所示，说明"草图.2"是由在绝对坐标系下通过尺寸约束建立的轮廓线。单击结点几何图形前的⊕，显示该结点的子结点，如图 2-13（c）所示，说明几何图形是由两个圆和圆心点构成的。结点"圆.1""点.1"等前没有⊕，说明它们是构成零件几何图形的最基本的元素，是这棵特征树的树叶。

可见，通过特征树不仅可以详细地浏览形体的结构，还可以便捷地选择形体的细节。

2.7 选 择 操 作

"选择"是修改、编辑图形或构建形体的必要的和最常用的操作。只要当前的命令结束，在命令提示区就会出现"选择对象或命令"的提示，"选择"图标 以橙色（加亮）显示，等待用户的选择。无论选中图形对象本身还是其在特征树上对应的结点，两者都呈橙色（加亮）显示，如图 2-14 所示。

单击特征树的结点或图形对象是默认的基本的选择方法，只能选择一次对象。按住 Ctrl 键，可以多次选择。在多选状态下，已被选中的对象再次被选时，将回到未被选中时的状态。

1. 在特征树上选择结点的方法

由于特征树与通常的文件目录都是树状组织结构，因此选择方法是相同的。单击结点，可选中一个结点，按住 Ctrl 键多次单击结点，可选中多个结点；按住 Shift 键单击两个结点，可以选中这两个结点之间的多个结点。

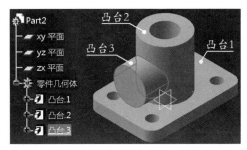

图 2-14 选中一个对象

2. 选择图形对象的方法

选择图形对象的工具栏如图 2-15 所示，每个图标都对应着相应的选择方法。其中第 1 个图标 🔣 和第 3 个图标 🔲 为橙色显示，说明它们是处于被激活的状态，是当前所用的两种选择方法。

图 2-15 选择工具栏

（1）🔣：用于选择对象。单击图形对象，被选中的对象呈橙色显示，说明该对象已被选中。如果指定点没有对象，例如图 2-16（a）所示的点 P1，此时按住左键移动光标至点 P2 松开，在点 P1 和点 P2 确定的窗口之内的圆就会被选中，接着按 Delete 键，结果如图 2-16（b）所示。

如果在选择对象之前，单击"对象"工具栏的第 4 个图标 🔲，则该图标橙色显示，第 3 个图标恢复普通显示，第 1 个图标 🔣 仍然橙色显示。说明第 1、4 个图标对应的是当前的两种选择方法。重复前面的选择操作，将会选到一个圆和两条直线，接着按 Delete 键，结果如图 2-16（c）所示。该工具栏的第 1 个图标可以和其后的任一个图标同时被激活，实现在每次选择操作中都可以使用两种选择对象的方法。

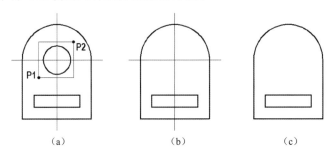

（a）   （b）   （c）

图 2-16 不同选择的结果

（2）🔣：用于在形体表面选择窗口内的对象。单击该图标，将光标移至点 P1，按住左键，移动光标至点 P2，松开左键，整体在点 P1 和点 P2 所确定的矩形窗口内的对象被选中。

注意：所选的点 P1、P2 既可以在窗口的空白处，也可以在形体的表面，如图 2-17 所示的椭圆即为被选中的状态。

（3） 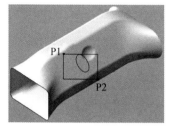：用于选择窗口内的对象。将光标移至空白处的点 P1，按住左键，移动光标至点 P2，松开左键，整体在点 P1 和点 P2 所确定的窗口内的对象被选中。如图 2-18 所示，汽车的前轮被选中。

图 2-17　在形体表面用窗口选择圆

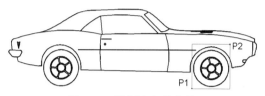

图 2-18　选择汽车的前轮

（4） ：用于选择与窗口相交的对象。选择过程同（3），除了整体在窗口内的对象被选中之外，与窗口相交的对象也被选中。如图 2-18 所示，除了汽车的前轮被选中之外，与窗口相交的一条直线和一个圆弧也被选中。

（5） ：用于选择多边形内的对象。指定多边形的顶点并双击，结束多边形操作。整体在多边形内的对象被选中。

（6） ：用于选择与波浪线相交的对象。按住左键，移动光标绘制波浪线，松开左键，与波浪线相交的对象被选中。

（7） ：用于选择整体在窗口外的对象。选择过程同（3），整体在窗口外的对象被选中。如图 2-18 所示，除了汽车的前轮、一条直线和一个圆弧之外都被选中。该选择与（4）互补。

（8） ：用于选择整体或部分在窗口外的对象。选择过程同（3），整体或部分在窗口外的对象都被选中。如图 2-18 所示，除了汽车的前轮，所有的对象都被选中。该选择与（3）互补。

2.8　图形对象的快捷菜单

右击一个图形对象或该图形对象在特征树上的相应结点，例如右击如图 2-19 所示的"凸台.1"，就会弹出与该图形对象相关的快捷菜单。通过该菜单中的命令可以实现以下操作。

1. 将图居中

特征树沿垂直方向移动，被指定的结点居中。

2. 居中

被指定的对象居于作图区中央且尽可能大地显示，此时所有的图形对象按同样的显示比例随之一起平移显示。

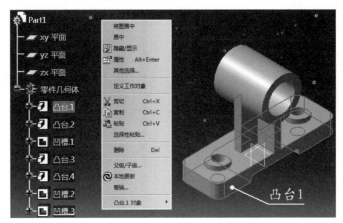

图 2-19　图形对象的快捷菜单

3. 隐藏/显示

切换指定对象的显示与隐藏状态。

4. 属性

选择"属性"菜单命令,弹出"属性"对话框,在"属性"对话框显示着被选对象的颜色、线形、线宽等非几何特性的数据。可以利用该对话框修改被选对象的这些特性。

5. 其他选择

选择"其他选择"菜单命令,弹出"其他选择"对话框,在该对话框显示着被选图形对象的从属关系。图 2-20 所示分别为指定一个凸台、该凸台的一个表面和一条边时该对话框的内容。

　　（a）指定一个凸台　　　　　（b）指定凸台的一个表面　　　　（c）指定凸台的一条边

图 2-20　"其他选择"对话框

6. 定义工作对象

选择"定义工作对象"菜单命令,可以查看所定义的工作对象。例如图 2-21 所示为分别选择的"凸台.1""凸台.2"和"凹槽.1"时,选择定义工作对象的结果。

7. 父级/子级

选择"父级/子级"菜单命令,弹出"父级和子级"对话框,在该对话框显示着被选图

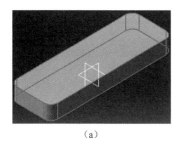 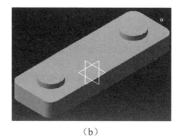 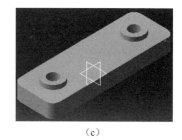

（a）　　　　　　　　　　（b）　　　　　　　　　　（c）

图 2-21　分别选择"凸台.1""凸台.2"和"凹槽.1"时的定义工作对象

形对象的父级和子级结点。如图 2-22 所示，分别为指定一个凸台和该凸台的一条边时该对话框的内容。

（a）　　　　　　　　　　　　　（b）

图 2-22　"父级和子级"对话框

8. ××.×对象

选择"××.×对象"菜单命令，弹出子菜单。菜单的项目与对象的种类有关。图 2-23 所示为直线、圆和凸台的子菜单。通过该菜单可以改变对象的约束条件、编辑参数。若选择"定义"，将弹出指定对象的定义对话框。图 2-24 所示为"圆定义"和"定义凸台"对话框，"直线定义"对话框如图 2-7 所示。

（a）　　　　　　　　　　（b）　　　　　　　　　　（c）

图 2-23　直线、圆和凸台的子菜单

（a）

（b）

图 2-24 "圆定义"和"定义凸台"对话框

2.9 搜 索 操 作

选择"编辑"→"搜索"菜单命令或者按 Ctrl+F 组合键，将弹出如图 2-25 所示的"搜索"对话框。在对话框中输入要查找对象的名称、类型、颜色、线形、图层、线宽、可见性等属性。单击对话框的图标 🔍，激活找到的对象，在对话框的底部报告预选的结果；单击对话框的图标 🔍，亮显且选择了找到的对象并结束搜索。

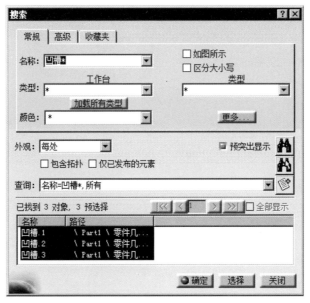

图 2-25 "搜索"对话框

例如，当前的零件是图 2-12 所示的轴承座。选择"编辑"→"搜索"菜单命令，在"搜索"对话框的"名称"编辑框输入"凹槽*"，单击图标 🔍，在对话框的底部报告的预选结果是"已找到 3 对象，3 预选择"，底部的列表框中列出了 3 个凹槽的名称和路径，如

图 2-25 所示。同时，特征树的 3 个凹槽结点加亮显示，轴承座的内孔和底部凹槽的轮廓用点画线显示，表示这 3 个对象处于预选状态，如图 2-26 所示。此时可在列表框中进一步选择其中的对象。单击"选择"按钮，对应的凹槽在特征树和轴承座上加亮显示，表示这几个对象处于被选状态。单击"确定"按钮，搜索结束，被选对象仍然加亮显示，表示已被选中。

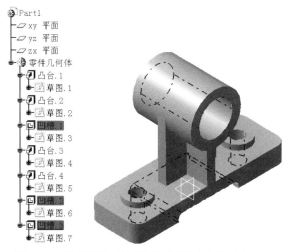

图 2-26　搜索操作时特征树和图形对象的对应状态

　　"搜索"对话框中的"高级"选项卡用于建立搜索属性的组合，"收藏夹"选项卡用于收藏每次的查询条件。在退出本例搜索之前，若单击图标，则弹出"创建一个收藏夹查询"对话框，单击"确定"按钮，本次查询即可存入"收藏夹"选项卡的收藏夹列表。如果下次进行同样的查询，可在"收藏夹"选项卡的收藏夹列表中选择这次查询作为搜索的条件。

2.10　取消与恢复

1. 取消操作

　　（1）取消最近一次操作。选择"编辑"→"撤销"菜单命令，单击图标或按 Ctrl+Z 组合键，取消最近一次操作。

　　（2）按历史取消多次操作。单击图标，弹出如图 2-27 所示的"按历史撤销"对话框。对话框的列表框中按照从后到前的历史顺序列出了最近的一些操作，"-1"项是最新的操作，也是默认的选项。单击列表中的"-n"项，-1～-n 项被选中，单击对话框中的图标，选中的这些操作全部被撤销。

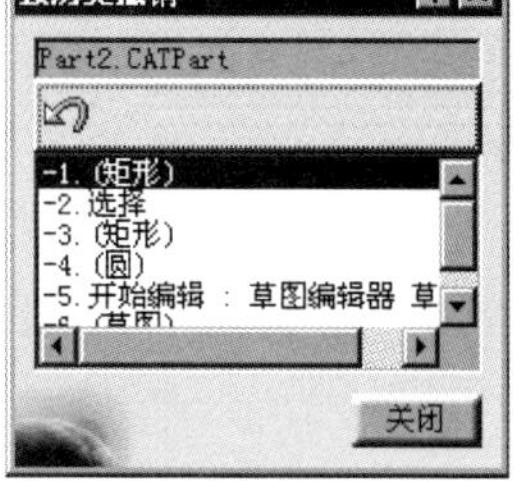

图 2-27　"按历史撤销"对话框

2. 恢复操作

（1）恢复最近一次的撤销。选择"编辑"→"重做"菜单命令，单击图标 ↻ 或按 Ctrl+Y 组合键，将恢复最近一次的撤销操作。

（2）恢复最近的多次撤销。单击图标 ↻，弹出"按历史重做"对话框。该对话框与图 2-27 所示的"按历史撤销"对话框外观类似、操作方法相同。

2.11　得到帮助

1. 简单地了解指定图标的功能

单击图标 ↘ 或按 Shift+F1 组合键，光标的形状会变为 ↘?，单击待了解的图标，可得到指定图标功能的简单说明。

例如，了解图标 ⬈ 的功能。单击图标 ↘?，再单击图标 ⬈，得到如图 2-28 所示的简短的帮助信息。

图 2-28　简短的帮助信息

2. 详细地了解指定图标的功能

单击如图 2-28 所示的简短帮助中的"更多信息"，将显示如图 2-29 所示的 Internet Explorer 浏览器，在其中可以详细地了解图标 ⬈ 的功能和操作方法。

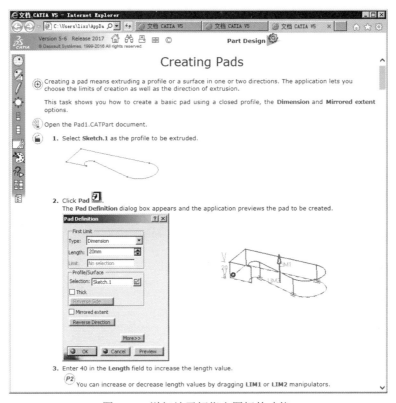

图 2-29　详细地了解指定图标的功能

2.12　显 示 控 制

通过"视图"菜单、"视图"工具栏或 2.4 节介绍的鼠标操作可以调用 CATIA 的显示功能，如图 2-30 和图 2-31 所示。

图 2-30　有关显示的菜单

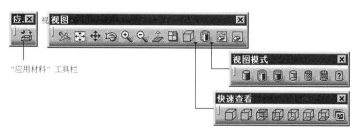

图 2-31　"应用材料"和"视图"工具栏

2.12.1　缩放显示

1. 最佳显示

单击图标 ⊞ 或选择"视图"→"适应全部"菜单命令，全部图形对象按最佳比例显示。

2. 放大显示

每单击一次图标 ⊕，显示比例约放大 1.4 倍。

3. 缩小显示

每单击一次图标 ⊖，显示比例约缩小到 0.7 倍。

4. 缩放显示

选择"视图"→"缩放"菜单命令，按住左键，向上移动光标，放大显示，向下移动光标，缩小显示。

5. 窗口放大显示

选择"视图"→"缩放区域"菜单命令，在点 P1 按住左键，拖至点 P2，松开左键，以点 P1、P2 为对角点的矩形区域尽可能大地被显示。

2.12.2 改变观察位置

单击图标💠或选择"视图"→"平移"菜单命令，按住左键，观察位置随着鼠标的移动做同样的平移。

2.12.3 改变观察方向

1. 从任意方向观察形体

单击图标💱或选择"视图"→"旋转"菜单命令，按住左键，出现一个"×"和一个虚线的圆，如图 2-32 所示。"×"表示人眼的位置，"×"与显示中心的连线为观察方向。按住左键移动鼠标时，随着鼠标的移动而改变观察图形对象的方向。

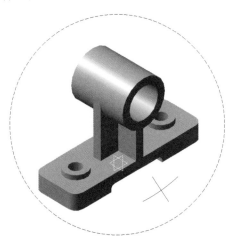

图 2-32 改变观察形体的方向

2. 沿基准平面法线的方向观察形体

单击图标🔷，选择基准平面，例如从特征树上选择"xy 平面"。如图 2-33 所示依次是沿"xy 平面""yz 平面""zx 平面"的法线方向观察形体的结果。

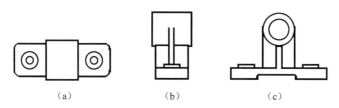

图 2-33　沿基准平面法线方向观察形体

2.12.4　选择标准的观察方向

CATIA 将标准的观察形体的方向称为已命名的视图。从前向后观察，称为正视图[1]；从后向前观察，称为背视图[2]；从左向右观察，称为左视图；从右向左观察，称为右视图；从上向下观察，称为俯视图；从下向上观察，称为仰视图；从点(1,1,1)向坐标系原点的方向观察，称为等轴测视图。

选择"视图"→"已命名的视图"菜单命令，弹出如图 2-30 所示的"已命名的视图"对话框。可以从中选择一种标准的观察方向。单击"视图"工具栏的"快速查看"子工具栏中的图标，也可以从中选择标准的观察方向。例如，依次单击图标⬚、⬚、⬚、⬚、⬚、⬚、⬚，结果如图 2-34 所示。

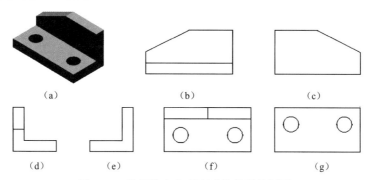

图 2-34　从标准方向观察形体得到的视图

2.12.5　确定显示方式

选择"视图"→"渲染样式"菜单命令或者通过"视图"工具栏的"视图模式"子工具栏可以确定以下显示方式。

（1）⬚：用前景色以线框方式显示形体，如图 2-35（a）所示。

（2）⬚：用前景色以浓淡着色显示形体的表面，如图 2-35（b）所示。

（3）⬚：用前景色以浓淡着色显示形体的表面，用背景色显示面的边界，如图 2-35（c）所示。

（4）⬚：用前景色以浓淡着色显示形体的表面，用背景色显示面的边界，但不显示光滑过渡的曲面的边界线，如图 2-35（d）所示。

---

① 我国国家标准中称为主视图。

② 我国国家标准中称为后视图。

（5）▤：用前景色以浓淡着色显示形体的表面，用背景色显示形体所有的边和轮廓线，不可见边用隐藏线表示，如图 2-35（e）所示。

（6）▦：按照附着到对象的材料真实显示，如图 2-35（f）所示。

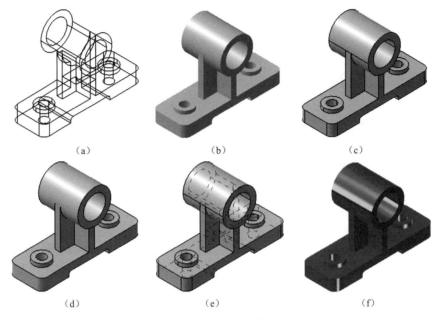

图 2-35　各种显示模式

为对象设置材质的过程是，选择"视图"→"渲染样式"→"自定义视图"菜单命令，弹出如图 2-36 所示的"视图模式自定义"对话框。在其中选中"着色"复选框和"材料"单选按钮，单击"确定"按钮，关闭对话框。单击"应用材料"工具栏的图标▦，弹出如图 2-37 所示的"库"对话框，选择一种材料，例如 Copper（铜），拖至形体表面或选择一个形体，单击"确定"按钮即可。

图 2-36　"视图模式自定义"对话框

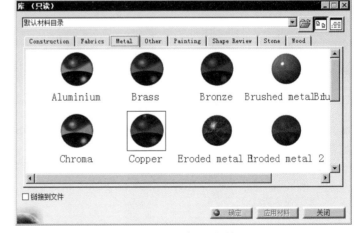

图 2-37　"库"对话框

2.12.6 设置三维形体的投影模式

三维形体可以选用平行投影模式和透视投影模式。

1. 平行投影模式

选择"视图"→"渲染样式"→"平行"菜单命令，即可切换为平行投影模式，如图 2-38（a）所示。

2. 透视投影模式

选择"视图"→"渲染样式"→"透视"菜单命令，即可切换为透视投影模式，如图 2-38（b）所示。

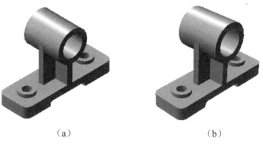

（a）　　　　　　　　　　（b）

图 2-38　轴测图和透视图

2.12.7 设置浏览模式

首先选择透视投影模式，然后选择"视图"→"浏览模式"菜单命令，可以设置检查、步行、飞行漫游模式。

1. 检查模式

在该模式下，单击"视图"工具栏的图标 ⊕，平移观察形体的位置；单击图标 ⟲，改变观察形体的方向。单击图标 ✈，切换为飞行模式。

2. 步行模式

在该模式下，单击"视图"工具栏的图标 ☺，用鼠标随意拖动对象绕显示中心摇摆。单击图标 🚶，按住左键，出现如图 2-39 所示的箭头。移动鼠标，图形对象缓慢地左右平移。单击图标 🚶，加快移动速度，单击图标 🚶，减慢移动速度。单击图标 🔍，切换为检查模式。

3. 飞行模式

在该模式下，单击"视图"工具栏的图标 ✈，启动飞

0.01

图 2-39　在步行模式下
观察图形对象

行模式，其操作与步行模式相同，但移动速度快。该模式相当于在空中观察对象，不仅可以全方位地改变观察方向，还可以改变观察对象的距离。

2.12.8　显示或隐藏对象

CATIA 将图形空间分为可见的图形空间和不可见的图形空间。被隐藏的图形对象在不可见的图形空间，其余的图形对象在可见的图形空间。在不可见的图形空间只能看到被隐藏的图形对象，看不到正常显示的图形对象。有些不能删除的对象，如坐标轴，或者暂时不想看到的对象，如某些零件，可以将其隐藏。

1．交替显示可见空间和不可见空间的图形对象

在正常显示情况下，单击图标 ⌖，会显示不可见空间的图形对象，再次单击该图标，则显示可见空间的图形对象。

2．显示或隐藏图形对象

该功能与右击对象时弹出的快捷菜单中的"隐藏/显示"命令相同。选择一些图形对象，单击图标 ⌖，则被选的图形对象转移到不可见的图形空间，因此这些图形对象在屏幕上消失，其在特征树上的结点呈灰色显示。

在特征树上选择灰色显示的结点，单击该图标，则被选结点所对应的图形对象返回到可见的图形空间，其在特征树上的结点正常显示。

有些图形对象不能通过特征树恢复显示，因为它们在特征树上没有对应的结点，例如在工程制图模块中的直线、圆等图形对象。恢复这样的图形对象显示的步骤如下。

（1）单击图标 ⌖，切换到不可见的空间。

（2）在不可见的空间选择需要恢复显示的图形对象。

（3）单击图标 ⌖，再单击图标 ⌖，即可在可见空间看到这些图形对象。

2.13　修改图形对象的特性

图形特性是指图形对象的颜色、透明度、线宽、线形、渲染样式、图层这样的一些属性。

2.13.1　通过"图形属性"工具栏修改图形对象的特性

有关图形特性的"图形属性"工具栏如图 2-40 所示。

首先选择要修改的图形对象，然后在"图形属性"对话框的相应下拉列表中选择新的图形特性即可。

如果图层列表内没有合适的图层名，单击该列表的"其他图层"选项，通过随后弹出的如图 2-41 所示的有关命名图层的"已命名的层"对话框建立新的图层。

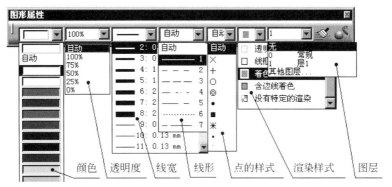

图 2-40 "图形属性"工具栏

图 2-41 "已命名的层"对话框

2.13.2 通过快捷菜单修改图形对象的特性

右击待修改的图形对象，在弹出的快捷菜单中选择"属性"命令，弹出如图 2-42 所示的"属性"对话框，通过"图形"选项卡输入新的图形特性之后，单击"确定"按钮即可。

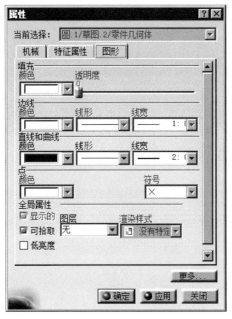

图 2-42 "属性"对话框

2.13.3 用特性刷修改图形对象的特性

单击"图形属性"工具栏的图标 ![icon]，选取待修改的图形对象，再选取样板对象，待修改图形对象的特性将改变为与样板对象的特性一致。例如，单击图标 ![icon]，选取一个圆，再选取一条直线。假定这条直线的颜色为红色、宽度为 0.35mm、线形为虚线，那么先选取的圆将改变为红色、线宽为 0.35mm、线形为虚线的圆。

2.14 测　量

1. 测量两个对象之间的距离或角度

单击"测量"工具栏的图标 ![icon]，弹出如图 2-43 所示的"测量间距"对话框。该对话框分为"定义"和"结果"两栏。

"定义"栏左上角的 4 个图标按钮用于确定测量的类型。

（1）![icon]：测量两个对象之间的距离。

（2）![icon]：连续测量下一个对象和当前对象之间的距离。

（3）![icon]：连续测量所选对象和第一个被选对象之间的距离。

（4）![icon]：测量单个的对象。

有精确或近似、精确、近似这 3 种计算模式。精确或近似是指如果得不到精确的结果可用近似值。

通过"选择模式 1"和"选择模式 2"的下拉列表确定测量的模式是任何几何图形、仅限点、仅边，还是其他种类的图形对象。

"结果"栏显示了测量结果。

例如，测量如图 2-44 所示的直线和圆心之间的距离。

图 2-43　"测量间距"对话框

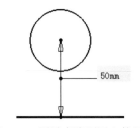

图 2-44　测量直线到圆心的距离

单击按钮 ，依次选取圆和直线，于是在对话框的"结果"栏显示的最小距离为"50mm"。若选中"保持测量"复选框，将标注测量的结果，如图2-44所示。

如果选取的是两条直线，测量的结果将增加这两条直线夹角的数据。

2．测量单个对象

单击图标 ，弹出如图2-45所示的"测量项"对话框。选取一个图形对象，例如选取一个圆之后，该对话框的"结果"栏显示这个圆的"半径"是"15mm"，中心点的 x 是"30mm"，y 是"20mm"，z 是"0mm"。

若选中"保持测量"复选框，将标注测量的结果，如图2-46所示。

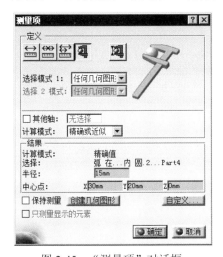

图2-45　"测量项"对话框

图2-46　测量一个圆

习　题　2

一、选择题

1. 按住中键，移动鼠标，改变了图形对象的_____。
   A. 实际位置　　　B. 显示位置　　　C. 实际大小　　　D. 显示比例

2. 按住中键，单击左键，向上移动鼠标，改变了图形对象的_____。
   A. 实际位置　　　B. 显示位置　　　C. 实际大小　　　D. 显示比例

3. 同时按住中键和左键，移动鼠标，改变了图形对象的_____。
   A. 实际位置　　　B. 实际大小　　　C. 观察方向　　　D. 显示比例

4. 通过指南针_____改变图形对象的实际位置，_____改变图形对象的显示位置，_____改变用户的观察方向，_____旋转图形对象。
   A. 可以　　　　　B. 不能

二、简答题

1. 怎样操作可以一次选取多个图形对象？怎样才能连续进行选择操作？如何选择被

隐藏的图形对象？

2. 单击图标 ✛，按住左键并移动鼠标，是改变了图形对象的实际位置，还是改变了图形对象的显示位置？

3. 单击图标 ↺，按住左键，图形对象随着鼠标的移动而旋转，是改变了用户的观察方向，还是转动了图形对象本身？

4. 回答图标 ▱、▱、▱、▱、▱、▱、▱ 所代表的观察方向。

5. 如何设置三维形体的平行投影和透视投影模式？

第3章 草图设计

3.1 草图设计环境

草图设计是创建三维模型或曲面的基础。在草图基础上，可以用多种方法便捷地创建三维模型。草图设计通过草图编辑器模块实现。

3.1.1 进入和退出草图设计环境

启动 CATIA 之后，选择 "开始"→"机械设计"→"零件设计"菜单命令，进入如图 3-1 所示的零件设计的环境。

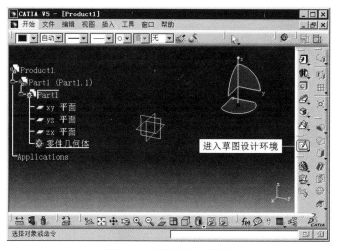

图 3-1 零件设计的环境

从展开的特征树上选择一个绘图平面，单击"草图编辑器"工具栏的图标，即可进入图 3-2 所示的草图设计的环境。也可以选择"开始"→"机械设计"→"草图编辑器"菜单命令，选择一个绘图平面进入草图设计的环境。绘图平面可以是坐标平面、普通平面或属于形体的平面。新作业开始时只能从特征树或坐标平面中选择一个绘图平面。

退出草图设计环境需要单击"工作台"工具栏的图标，返回到零件设计的环境。

3.1.2 设置草图设计的工作环境

初始的草图设计环境如图 3-2 所示，通过如图 3-3 所示的"草图编辑器"选项卡可以根据需要设置新的草图设计的工作环境。

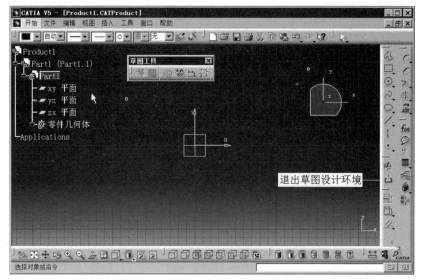

图 3-2　草图设计的环境

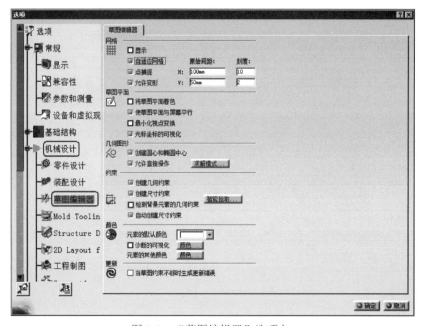

图 3-3　"草图编辑器"选项卡

　　选择"工具"→"选项"菜单命令,弹出"选项"对话框。在该对话框的目录树上选择结点"草图编辑器",显示如图 3-3 所示的"草图编辑器"选项卡。

　　"草图编辑器"选项卡中一些复选框的功能如下。

1."网格"栏

　　(1) 显示:切换是否显示网格。

　　(2) 自适应网格:若选中该复选框,则可以根据显示比例自动调整网格的间距。

　　CATIA 实用教程(第 3 版)

（3）点捕捉：切换网格约束的开/关状态。

（4）允许变形：若选中该复选框，则允许水平和垂直方向的网格设置不同的网格间距。"原始间距"是指网格的间距，"刻度"是指一个网格被再次划分的等份，如图 3-4 所示。若选中"点捕捉"复选框，则移动的光标只能停留在网格的一个格点上。

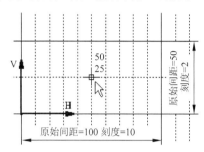

图 3-4　原始间距和刻度的关系

2. "草图平面"栏

（1）将草图平面着色：若选中该复选框，则草图平面着色显示，否则透明显示，默认为不选。

（2）使草图平面与屏幕平行：若选中该复选框，则进入草图设计的工作环境时，草图平面与屏幕平行，否则草图平面仍然保持其在零件设计时的方向，默认为选中。

（3）最小化视点变换：若选中该复选框，则二维视点选取按照三维视点最接近原则，默认为不选。

（4）光标坐标的可视化：若选中该复选框，则显示光标的坐标，默认为选中，如图 3-4 所示。

3. "几何图形"栏

（1）创建圆心和椭圆中心：若关闭该复选框，则创建圆和椭圆时，不包括圆和椭圆的中心点，否则包括创建圆和椭圆时的中心点，默认为选中。

（2）允许直接操作：若关闭该复选框，则不能直接用光标拖动图形对象或图形对象的端点，默认为选中。

4. "约束"栏

（1）创建几何约束：切换是否"自动创建"几何约束。

（2）创建尺寸约束：切换是否"创建"尺寸约束。

（3）检测背景元素的几何约束：是否激活自动检测图形对象的几何约束，默认为不选。

（4）自动创建尺寸约束：切换是否自动创建尺寸约束。

5. "颜色"栏

（1）元素的默认颜色：设置新图形对象的颜色。

（2）诊断的可视化：是否激活不同状态的图形对象使用不同的颜色。例如过约束的图形对象用紫色，约束冲突的图形对象用红色，未更改约束的图形对象用棕色，正常约束的图形对象用绿色。

（3）元素的其他颜色：设置其他图形对象的颜色。例如受保护的图形对象用黄色、构造类型的图形对象用灰色、智能拾取的图形对象用浅绿色。

6."更新"栏

当草图约束不够时生成更新错误：当草图约束条件不够时是否生成更新错误，默认为选中。

3.1.3 "草图工具"工具栏

"草图工具"工具栏是绘制和编辑草图的重要工具，它的外观如图 3-5 所示。

图 3-5 "草图工具"工具栏

1. 控制作图环境

"草图工具"工具栏中前 6 个图标用于控制作图环境，它们的位置是固定的。在未调用命令时，只有这些图标。

（1）：控制三维网格参考。

（2）：控制二维网格捕捉点的开关。该网格的间距和显示通过如图 3-3 所示的"草图编辑器"选项卡设置。捕捉点的功能同"草图编辑器"中的"点捕捉"选项。

（3）：生成构造线/标准线的开关。标准线用于创建三维形体，构造线用于辅助绘制二维图形，例如对称线或轴线。通过该图标也可以改变所选图线的种类。

（4）：控制创建几何约束的开关。

（5）：控制创建尺寸约束的开关。

（6）：控制创建自动尺寸约束的开关。

通过如图 3-3 所示的"草图编辑器"选项卡也可以控制以上一些图标的状态。

2. 命令选项和图形对象的数据

当调用创建或编辑图形的命令时，其后会增加有关该命令的选项、简单的提示和当前的数据。增加的内容不仅和当前的命令相关，而且随着命令的执行而更换。

例 3-1 用于介绍有关命令的选项和图形对象数据的操作。

【例 3-1】 绘制如图 3-6 所示的轮廓。

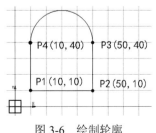

图 3-6 绘制轮廓

（1）单击图标 ，启动"点捕捉"状态。选择"插入"→"轮廓"→"轮廓"菜单命令或单击"轮廓"工具栏的图标 ，命令提示区（以下简称提示区）出现"单击或选择轮廓的起点"的提示。"草图工具"工具栏变为如图 3-7 所示的状态。

图 3-7　确定轮廓线直线段的起点时的"草图工具"工具栏

此时有以下 3 个选项。

① ：绘制直线段。因其橙色显示，说明这是默认的选项。

② ：沿与前一段图线相切的方向绘制圆弧。

③ ：3 点方式绘制圆弧。

"H"和"V"文本框中显示的是光标当前所在位置（x, y）的坐标。

（2）单击点 P1 的位置（或在"H"文本框输入"10mm"，在"V"文本框输入"10mm"），"草图工具"工具栏变为如图 3-8 所示的状态，图标 橙色显示，说明默认的选项是绘制直线段。

图 3-8　单击点 P1 时的"草图工具"工具栏

（3）单击点 P2 的位置（或在"H"文本框输入"50mm"，在"V"文本框输入"10mm"，或在"长度"文本框输入"40mm"，在"角度"文本框输入"0 deg"），绘制了图形的底边。"草图工具"工具栏显示的内容只是数据与图 3-8 不同。

（4）单击点 P3 的位置（或在"H"文本框输入"50mm"，在"V"文本框输入"40mm"，或在"长度"文本框输入"30mm"，在"角度"文本框输入"90 deg"），绘制了图形的右边。"草图工具"工具栏显示的内容只是数据与图 3-8 不同。

（5）单击图标 ，"草图工具"工具栏变为图 3-9 所示的状态。图标 橙色显示，说明即将绘制与 P2P3 直线段相切的圆弧。单击点 P4 的位置（或在"H"文本框输入"10mm"，在"V"文本框输入"40mm"），绘制了图形顶部的圆弧。

图 3-9　单击圆弧终点 P3 点时的"草图工具"工具栏

（6）"草图工具"工具栏显示的内容只是数据与图 3-8 不同，图标 自动改变为橙色显示，说明将要绘制的是直线段。单击点 P1 的位置（或在"H"文本框输入"10mm"，在"V"文本框输入"10mm"，或在"长度"文本框输入"30mm"，在"角度"文本框输入"270 deg"），绘制了图形的左边。由于该点与该轮廓线的起点重合，所以命令结束，得到了如图 3-6 所示的图形。

3. 补充说明

（1）向"草图工具"工具栏的文本框输入数据前，用 Tab 键和 Shift+Tab 组合键可以方便地选择文本框。

（2）"草图工具"工具栏上没有控制网格的显示开/关。可以通过如图 3-3 所示的"草图编辑器"选项卡的"显示"复选框或如图 3-10 所示的"可视化"工具栏的图标切换网格的显示状态。

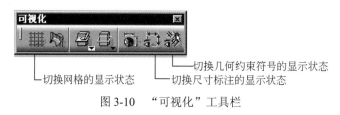

图 3-10　"可视化"工具栏

3.2　绘　制　图　形

通过如图 3-11 所示的菜单或如图 3-12 所示的工具栏，可以调用绘制图形对象的命令。

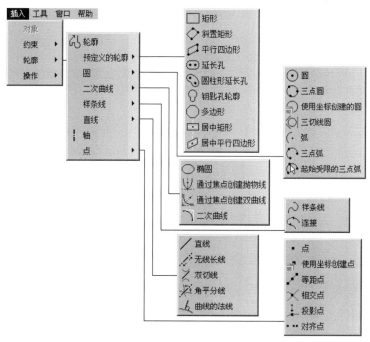

图 3-11　绘制图形对象的菜单

3.2.1　绘制轮廓

轮廓由若干首尾连接的直线段或圆弧段组成，如图 3-6 所示的图形。在"轮廓"工具栏单击图标 ，利用该命令可以一次绘制多段连接的直线或圆弧，每一段都是一个独立的

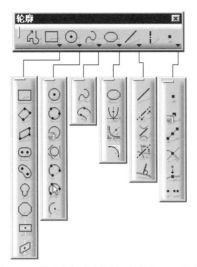

图 3-12　绘制图形对象的"轮廓"工具栏

图形对象。在绘制过程中按 Ctrl+Z 组合键，取消当前线段，重新指定新的端点，按 Esc 键、双击最后指定的端点或最后指定的端点与第一点重合时该命令结束。详细的操作过程参见例 3-1。

3.2.2　绘制预定义的轮廓

在"轮廓"工具栏单击图标 ，将弹出绘制预定义的轮廓工具栏 。

1. 绘制水平方向的矩形

单击图标 □，提示区会出现"选择或单击第一点以创建矩形"，"草图工具"工具栏变为如图 3-13 所示的状态。

图 3-13　确定矩形第一个角点时的"草图工具"工具栏

（1）用两对角点确定矩形。输入一个点之后，"草图工具"工具栏也随之变为如图 3-14 所示的确定矩形第二个角点的状态。再输入一个不在同一水平或垂直线上的点，即可得到该矩形。

图 3-14　确定矩形第二个角点时的"草图工具"工具栏

（2）用一个点、矩形的宽度和高度确定矩形。输入一个点之后，在如图 3-14 所示工具栏的"宽度"和"高度"文本框中分别输入矩形的宽度和高度，即可得到该矩形。宽度和高度的数值可以是负数，表示沿坐标轴的反方向（下同）。

2. 绘制任意方向的矩形

单击图标 ，提示区出现"选择一个点或单击以定位起点"的提示，"草图工具"工具栏变为如图 3-15 所示的状态。

图 3-15　确定任意方向矩形第一个角点时的"草图工具"工具栏

单击图 3-16 所示的点 P1 的位置，"草图工具"工具栏变为如图 3-17 所示的状态。

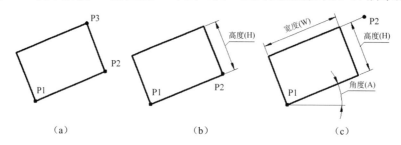

（a）　　　　　　　　　（b）　　　　　　　　　（c）

图 3-16　绘制任意方向的矩形

图 3-17　确定任意方向矩形参数时的"草图工具"工具栏

（1）用三点确定任意方向的矩形。已输入的第一角点 P1 确定了矩形的位置，第二角点 P2 与第一角点 P1 确定了矩形的一条边，第三角点 P3 确定了整个矩形，如图 3-16（a）所示。

（2）用第一角点、第二角点和高度确定任意方向的矩形。已输入的第一角点 P1 确定了矩形的位置，第二角点 P2 与第一角点 P1 确定了矩形的一条边，在随后的"草图工具"工具栏的"高度"文本框填写高度即可确定这个矩形，如图 3-16（b）所示。

（3）用第一角点、宽度、角度和高度（或另一点）确定任意方向的矩形。已输入的第一角点 P1 确定了矩形的位置，如果填写了矩形的宽度（W）和角度（A），还需输入矩形的高度或另一点 P2，如图 3-16（c）所示。

3. 绘制平行四边形

单击图标 ▱，提示区出现"选择一个点或单击以定位起点"的提示，"草图工具"工具栏的状态与图 3-15 相同。

（1）用三点确定平行四边形。第一角点 P1 与第二角点 P2 确定了平行四边形的一条边，第三角点 P3 确定了整个平行四边形，如图 3-18（a）所示。

（2）用第一角点、宽度、角度和另一角点确定平行四边形。如果输入了平行四边形的第一角点 P1、宽度（W）和角度（A），只是确定了平行四边形的一条边，还需输入另一角点 P2，才能确定这个平行四边形，如图 3-18（b）所示。

CATIA 实用教程（第 3 版）

（3）用第一角点、第二角点、邻边角度和平行四边形的高度确定平行四边形。输入了平行四边形的第一角点 P1 和第二角点 P2，就确定了平行四边形的一条边，再填写平行四边形的高度和与邻边的角度，就确定了这个平行四边形，如图 3-18（c）所示。

（4）用第一角点、宽度、角度（A）、邻边角度和平行四边形的高度确定平行四边形。输入了平行四边形的第一角点 P1，填写了宽度（W）和角度（A），确定了平行四边形的底边，再输入与邻边的角度和平行四边形的高度，就确定了这个平行四边形，如图 3-18（d）所示。

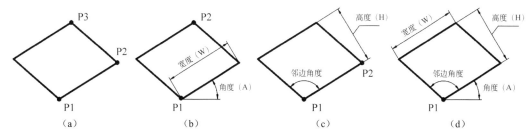

图 3-18　绘制平行四边形

4. 绘制长圆形

单击图标  提示区出现"定义中心到中心的距离"的提示，"草图工具"工具栏扩展为如图 3-19 所示的状态。

图 3-19　确定长圆形参数时的"草图工具"工具栏

（1）圆弧半径、第一中心点、两圆心连线的长度和角度确定长圆形。如果输入了长圆形的圆弧半径 R、第一中心点 P、两圆心连线的长度（L）和角度（A），即可得到一个长圆形，如图 3-20（a）所示。

（2）三点确定长圆形。第一中心点 P1 确定了长圆形的第一个圆心，第二中心点 P2 确定了长圆形的第二个圆心，轮廓线通过第三点 P3，如图 3-20（b）所示。

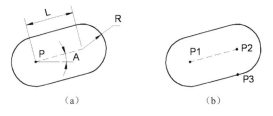

图 3-20　绘制长圆形

5. 绘制弯曲的长圆形

该图形的特点是两个小圆弧的圆心在一个大圆弧上。单击图标 ，提示区出现"定义中心到中心弧"的提示，"草图工具"工具栏扩展为如图 3-21 所示的状态。"半径"和"R"的含义如图 3-22 所示。

图 3-21 绘制弯曲的长圆形时的"草图工具"工具栏

（1）小圆弧的半径和中心圆弧的圆心坐标（H，V）、R（中心圆弧的半径）、A（起始角）、S（包含角）确定弯曲的长圆形。

如果输入了如图 3-22（a）所示的小圆弧的半径和中心圆弧的圆心的坐标、R、A、S，即可得到这个弯曲的长圆形。

（2）四点确定弯曲的长圆形。第一点 P1 确定了长圆形中心圆弧的圆心，第二点 P2 确定了中心圆弧上的第一个小圆弧的圆心，第三点 P3 确定了中心圆弧上的另一个小圆弧的圆心，轮廓线通过第四点 P4，如图 3-22（b）所示。

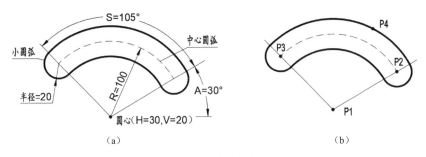

（a）   （b）

图 3-22 绘制弯曲的长圆形

6. 绘制钥匙孔轮廓

单击图标 ，提示区出现"选择一个点或单击以定位起点"的提示。"草图工具"工具栏显示为如图 3-23 所示的状态。

图 3-23 绘制钥匙孔时的"草图工具"工具栏

首先输入点 P1，确定了钥匙孔大圆弧的中心。接着输入点 P2，该点是钥匙孔小圆弧的中心。然后输入点 P3，点 P3 与 P1P2 线段的距离为钥匙孔小圆弧的半径。最后输入点 P4，点 P4 到点 P1 的距离为钥匙孔大圆弧的半径，结果如图 3-24 所示。

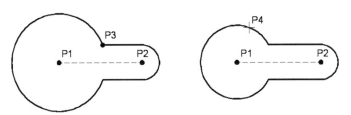

图 3-24 绘制钥匙孔

7. 绘制正六边形

图标 ◯ 的说明是绘制正多边形，但边数的选项固定为 6，因此只能绘制正六边形。单击该图标，提示区出现"选择或单击以定义六边形中心"的提示，输入正六边形的中心点 P1 之后，"草图工具"工具栏变为如图 3-25 所示的状态。

图 3-25　输入正六边形的中心之后的"草图工具"工具栏

（1）绘制与圆外切的正六边形。单击图标 🔲，输入点 P2，该点是正六边形某边的中点，结果如图 3-26（a）所示。也可以通过半径和角度确定这个正六边形。

（2）绘制与圆内接的正六边形。单击图标 ◯，输入点 P2，该点是正六边形的一个顶点，结果如图 3-26（b）所示。也可以通过半径和角度确定这个正六边形。

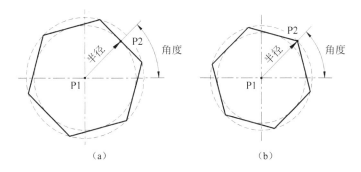

图 3-26　绘制正六边形

8. 绘制定位点居中的矩形

居中的矩形以中心作为定位点，它的边与坐标轴平行。单击图标 ▣，提示区出现"选择或单击点，创建矩形的中心"的提示，"草图工具"工具栏变为如图 3-13 所示的状态。输入中心点 P1 之后，"草图工具"工具栏变为如图 3-27 所示的状态。

图 3-27　输入矩形中心之后的"草图工具"工具栏

接着输入点 P2，该点是矩形的一个角点，或者输入矩形的高度和宽度，得到如图 3-28 所示的矩形。

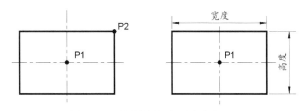

图 3-28　绘制定位点居中的矩形

9. 绘制"居中"的平行四边形

该命令以所选的两条直线（包括延长线）的交点为中心，它的边与这两条直线平行。单击图标 ⬡，提示区出现"选择第一条直线"的提示。选择直线 L1 之后，出现"选择第二条直线"的提示。选择直线 L2 之后，"草图工具"工具栏变为如图 3-29 所示的状态。

图 3-29 选择第二条直线后的"草图工具"工具栏

输入一个点 P，该点是平行四边形的一个角点，得到如图 3-30（a）所示的平行四边形。或者输入平行四边形的高度和宽度，得到如图 3-30（b）所示的平行四边形。

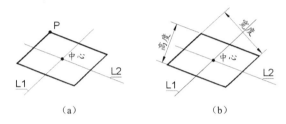

图 3-30 绘制居中的平行四边形

3.2.3 绘制圆和圆弧

在"轮廓"工具栏单击图标 ⊙，将弹出绘制圆和圆弧的工具栏 ⊙⊙⊙⊙⊙⊙⊙。

1. 圆心、半径方式绘制圆

单击图标 ⊙，即可以圆心、半径方式绘制圆。输入两个点，第一个点为圆心，两点连线的长度为圆的半径，或者指定圆心之后，在"草图工具"工具栏的"R"文本框输入半径的值，都可得到一个圆。

2. 三点方式绘制圆

单击图标 ⊙，即可以三点方式绘制圆。输入不在同一直线上的三个点即可得到一个圆。

3. 以对话框的方式绘制圆

单击图标 ⊙，弹出如图 3-31 所示的"圆定义"对话框，按相对于参考点的坐标系填写圆心的坐标和半径，即可得到一个圆。若未指定参考点，则相对于坐标系的原点。参考点是指事先处于选中状态的那个点或者新生成的点。

4. 绘制与三个图形对象相切的圆

单击图标 ⊙，即可绘制与三个图形对象相切的圆。选取如图 3-32 所示的直线、圆弧和右上角的圆，即可得到与这三个图形对象相切的圆。

———————————— CATIA 实用教程（第 3 版）

（a）　　　　　　　　　　　　　　（b）

图 3-31　"圆定义"对话框的"直角"和"极"选项卡

5. 三点方式绘制圆弧

单击图标 ，即可以三点方式绘制圆弧。输入不在同一直线上的三个点，第一点为圆弧的起点，第二点为圆弧上的点，第三点为圆弧的端点。

6. 起点、端点、圆弧上的点方式绘制圆弧

单击图标 ，即可以起点、端点、圆弧上的点方式绘制圆弧。圆弧上的点，不仅确定了半径，也指出了圆弧在起点和端点的哪一侧，是优弧还是劣弧。例如，在圆弧的起点 P1、端点 P2、半径已知的情况下，圆弧上的点 P3、P4、P5、P6 分别确定了图 3-33 所示的 4 个圆弧。

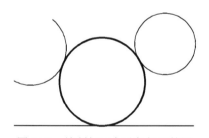

图 3-32　绘制与三个对象相切的圆

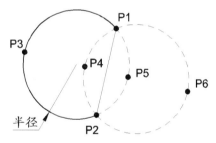

图 3-33　圆弧上的点可以确定的圆弧

7. 圆心、半径、起始角、包含角方式绘制圆弧

单击图标 ，提示区出现"选择一个点或单击以定义圆心"的提示，"草图工具"工具栏变为如图 3-34 所示的状态。

图 3-34　圆心、半径、起始角、包含角方式绘制圆弧的"草图工具"工具栏

（1）圆心、半径、起始角（A）、包含角（S）方式绘制圆弧。输入圆弧的圆心、半径、起始角、包含角即可得到如图 3-35（a）所示的圆弧。

（2）三点确定起始角、包含角方式绘制圆弧。输入点 P1 作为圆弧的圆心，输入点 P2

确定了弧的半径和起点，输入点 P3 确定了圆弧的终止角，得到如图 3-35（b）所示的圆弧。

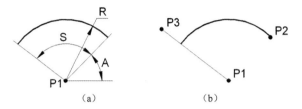

图 3-35　圆心、半径、起始角、包含角方式绘制圆弧

3.2.4　样条曲线和曲线连接

在"轮廓"工具栏单击图标 ⟍⟋，将弹出绘制样条曲线和曲线连接的工具栏 ⟍⟋⟋。

1. 绘制样条曲线

单击图标 ⟍⟋，提示区出现"选择或单击样条曲线的第一控制点"的提示，依次输入多个控制点，即可得到如图 3-36 所示的样条曲线。

样条曲线的点数没有限制，按 Esc 键、双击最后一点或调用任何命令，该命令结束。

2. 曲线连接

用曲线连接两个图形元素，并与之相切。单击图标 ⟍⟋，提示区出现"选择希望连接的第一个元素"的提示，"草图工具"工具栏变为如图 3-37 所示的状态。

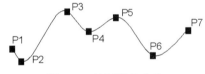

图 3-36　绘制样条曲线

图 3-37　曲线连接时的"草图工具"工具栏

（1）用圆弧连接两个图形元素，并与之相切。单击"草图工具"工具栏的图标 ⟍⟋，然后选择如图 3-38 所示的两个大圆弧，在两个大圆弧之间得到一个连接圆弧。选择点是连接圆弧的切点，它们确定了连接圆弧的半径的大小，如图 3-38 所示。

图 3-38　圆弧连接

（2）用样条曲线连接两个图形元素，并与之相切。单击"草图工具"工具栏的图标 ⟍⟋，"草图工具"工具栏变为如图 3-39 所示的状态。

样条曲线连接有点连接、相切连接和曲率连接三种方式，连接的结果如图 3-40 所示。

如果选择了相切连接或曲率连接，还可以通过"草图工具"工具栏的"张度"文本框控制连接的曲线，如图 3-41 所示。

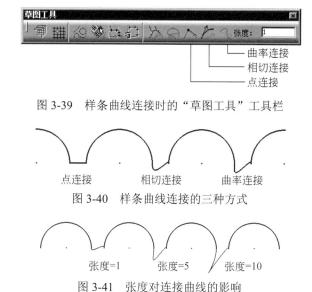

图 3-39　样条曲线连接时的"草图工具"工具栏

点连接　　　相切连接　　　曲率连接

图 3-40　样条曲线连接的三种方式

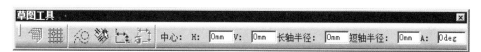

张度=1　　张度=5　　张度=10

图 3-41　张度对连接曲线的影响

3.2.5　绘制二次曲线

在"轮廓"工具栏中单击图标 ，将弹出绘制二次曲线的工具栏 。

1．绘制椭圆

单击图标 ，提示区出现"单击定义椭圆中心"的提示，"草图工具"工具栏变为如图 3-42 所示的状态。

图 3-42　开始绘制椭圆时的"草图工具"工具栏

（1）输入椭圆的中心，长、短轴半径和旋转角。输入椭圆的中心点 P、长轴半径、短轴半径和旋转角 A，即可得到如图 3-43（a）所示的椭圆。

（2）三点确定椭圆。点 P1 确定了椭圆的中心，点 P2 确定了椭圆的半轴长和椭圆旋转方向，点 P3 是椭圆通过点，所得椭圆如图 3-43（b）所示。

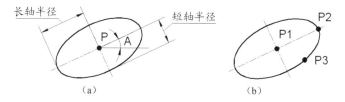

长轴半径　　　　短轴半径

（a）　　　　　　　（b）

图 3-43　绘制椭圆

2. 绘制抛物线

单击图标 ![icon], 提示区出现"选择一点或单击以定位焦点"的提示。依次输入抛物线的焦点 P1、顶点 P2、起始点 P3 和终止点 P4, 即可得到如图 3-44 所示的抛物线。

3. 绘制双曲线

单击图标 ![icon], 提示区出现"选择点或单击以定位焦点"的提示, 依次输入双曲线的焦点 P1、中心点 P2、顶点 P3、起始点 P4 和终止点 P5, 即可得到如图 3-45 所示的双曲线。

图 3-44　绘制抛物线　　　　　　　　　　图 3-45　绘制双曲线

4. 绘制二次曲线

单击图标 ![icon], 提示区出现"选择点或单击以定位第一终点"的提示,"草图工具"工具栏变为如图 3-46 所示的状态。在该工具栏可以看到有"两个点""四个点""五个点"三种绘制二次曲线的方法。

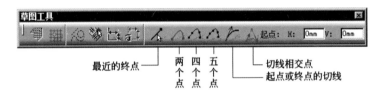

图 3-46　开始绘制二次曲线时的"草图工具"工具栏

(1) ![icon] 两个点。单击该图标, 图标 ![icon] 处于激活状态, 图标 ![icon] 和 ![icon] 只有一个处于激活状态, 若激活其中一个, 则另一个退出激活状态。说明这三个图标都是两点绘制二次曲线的选项, 它们的作用如下。

① ![icon]: 最近的终点。选中一条直线, 该直线与选择点近的那个端点即为二次曲线的一个端点, 该直线也是二次曲线在该点的切线, 如图 3-47 (a) 的点 P1 所示。

② ![icon]: 起点或终点的切线。选中一个圆弧, 该圆弧与选择点近的那个端点即为二次曲线的一个端点, 该点圆弧的切线也是二次曲线在该点的切线, 如图 3-47 (b) 的点 P2 所示。

③ ![icon]: 切线的相交点。在指定两个端点 P1、P2 之后, 指定的点 P3 就确定了二次曲线的两个端点的两条切线的相交点, 如图 3-47 (c) 所示。

例如, 选中直线 L1、L2, 距选择点近的那两个端点即为二次曲线的端点 P1、P2, 这两条直线也是二次曲线在两个端点的切线, 指定经过二次曲线的点 P3, 结果如图 3-47 (a) 所示。若选中直线 L1、圆弧 A1, 指定经过二次曲线的点 P3, 则结果如图 3-47 (b) 所示。

当指定的起点或终点处没有直线或圆弧时, 若激活图标 ![icon], 则指定终点 P1、P2 之后,需要指定两条切线的交点 P3，再指定经过二次曲线的点 P4，结果如图 3-47（c）所示；若激活图标 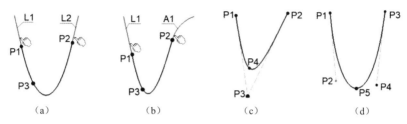，则在指定起点 P1 之后，指定的点 P2 就与点 P1 形成了切线 P1P2，指定终点 P3 之后，指定的点 P4 就与点 P3 形成切线 P3P4，再指定经过二次曲线的点 P5，即可得如图 3-47（d）所示的二次曲线。

图 3-47 "两个点"确定的二次曲线

（2）四个点 。单击该图标，图标 、 也处于激活状态，说明这两个图标都是四点绘制二次曲线的选项，它们的作用与两个点 相同。

例如，选中直线 L，直线 L 的距选择点近的端点 P1 即为二次曲线的起点，直线 L 也是二次曲线在点 P1 的切线。指定点 P2，该点是二次曲线的终点。再指定经过二次曲线的点 P3、P4，结果如图 3-48（a）所示。若选中圆弧 A，圆弧 A 的距选择点近的端点 P1 即为二次曲线的起点，过该点的圆弧的切线也是二次曲线在点 P1 的切线。指定点 P2，该点是二次曲线的终点。再指定经过二次曲线的点 P3、P4，则结果如图 3-48（b）所示。

当指定的起点或终点处没有直线或圆弧时，若指定点 P1，该点是二次曲线的起点。指定点 P2，该点确定了二次曲线在点 P1 的切线。指定点 P3，该点是二次曲线的终点。再指定经过二次曲线的点 P4、P5，结果如图 3-48（c）所示。

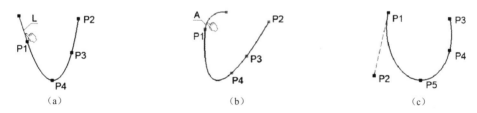

图 3-48 "四个点"确定的二次曲线

（3）五个点 。单击该图标，输入起点 P1、终点 P2，再输入点 P3～P5，即可得到图 3-49 所示的二次曲线。

图 3-49 "五个点"确定的二次曲线

说明：如果选中的对象或输入的点不满足创建二次曲线的条件时，将会出现"无法用选定元素创建二次曲线"的提示。

3.2.6 绘制直线

在"轮廓"工具栏单击图标 ，将弹出含有绘制一些直线的工具栏

1. 绘制直线段

单击图标，提示区出现"选择一个点或单击以定位起点"的提示，"草图工具"工具栏变为如图 3-50 所示的状态。

图 3-50　开始绘制直线时的"草图工具"工具栏

（1）用起点、长度和角度确定直线。输入直线的起点 P1、长度 L 和角度 A，得到如图 3-51（a）所示的直线。

（2）用两点确定直线。输入直线的起点 P1 和终点 P2，得到如图 3-51（b）所示的直线。

（3）绘制 2 倍长度的直线。单击图标　，起点 P1 将作为直线的中点，输入点 P2，即可得到 2 倍长度的直线，如图 3-51（c）所示。

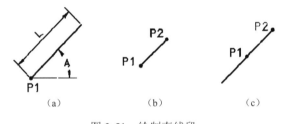

（a）　　　　　　　　（b）　　　　　　　　（c）

图 3-51　绘制直线段

2. 绘制无限长的直线

单击图标，提示区出现"选择一点或单击以定位直线"的提示，"草图工具"工具栏变为如图 3-52 所示的状态。

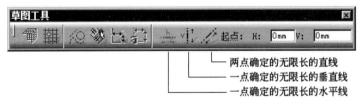

图 3-52　绘制无限长直线的"草图工具"工具栏

（1）用两点确定无限长的直线。激活"草图工具"工具栏的图标　，再输入两个点，即可得到通过这两个点的无限长直线。

（2）绘制水平方向的无限长直线。激活"草图工具"工具栏的图标　，再输入一个点，即可得到通过这个点的水平方向的无限长直线。

（3）绘制垂直方向的无限长直线。激活"草图工具"工具栏的图标 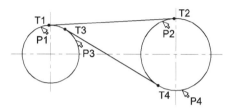，再输入一个点，即可得到通过这个点的垂直方向的无限长直线。

3. 绘制与两个曲线对象相切的直线

单击图标 ⤢，选择圆、圆弧、椭圆、二次曲线等之中的两个对象，所得直线到与二者相切。选择对象的位置不同，所得直线也可能不同。绘制与两个圆对象相切的直线如图 3-53 所示。

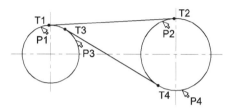

图 3-53　绘制切线

4. 绘制无限长的角平分线

单击图标 ⤢，选择两条直线，即可得到这两条直线的无限长的角平分线。

5. 绘制曲线的法线

利用图标 ⤢ 可绘制曲线或直线的法线。单击图标 ⤢，提示区出现"单击选择曲线或点"的提示，"草图工具"工具栏变为如图 3-54 所示的状态。

图 3-54　绘制法线的"草图工具"工具栏

（1）从线外一点向曲（直）线作法线。在曲线外指定一点 P1，选择一条曲线，即可得到如图 3-55 所示的法线 1。

（2）从线上一点向线的一侧作法线。激活"草图工具"工具栏的图标 ⤢，提示区出现"选择曲线上的点"的提示，"草图工具"工具栏的右端端增加了图标 ⤢。在曲线上指定一点 P2，在曲线的一侧指定一点 P3，即可得到图 3-55 所示的法线 2。

（3）从线上一点向线的两侧作法线。激活"草图工具"工具栏的图标 ⤢和 ⤢，在曲线上指定一点 P4，在曲线的一侧指定一点 P5，即可得到图 3-55 所示的法线 3。

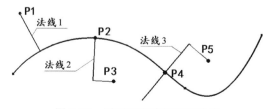

图 3-55　用不同方法得到的法线

3.2.7 绘制轴线

在"轮廓"工具栏单击图标 ![icon]，输入轴线的起点 P1 和终点 P2，或者输入轴线的起点、长度和角度即可确定一条轴线。轴线的线形是点画线，返回到零件设计的环境时，成为旋转体的不可见的轴线。

3.2.8 绘制点

在"轮廓"工具栏单击图标 ![icon]，弹出"点"的工具栏 ![icon]。

1. 绘制一个点

单击图标 ![icon]，用光标指定一个位置，或者在"草图工具栏"工具栏输入点的坐标即可绘制一个点。

2. 以对话框方式绘制一个点

单击图标 ![icon]，弹出如图 3-56 所示的"点定义"对话框，按相对于参考点的坐标系填写点的坐标。若未指定参考点，则相对于坐标系的原点。

图 3-56　"点定义"对话框的"直角"和"极"选项卡

3. 创建等分点

（1）在选中的曲（直）线上添加指定数量的等分点。单击图标 ![icon]，提示区出现"选择要在上面创建点的原始点或曲线"，选择一条图线，提示区出现"选择原点或更改对话框中的新点数"的提示，并弹出如图 3-57 所示的"等距点定义"对话框，填写新的点数，即可添加指定数量的分布均匀的一些点（新点数不包括直线或圆弧的端点），结果如图 3-57 所示。

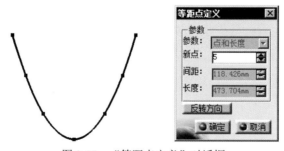

图 3-57　"等距点定义"对话框

（2）在指定的两点之间添加指定数量的等分点。单击图标 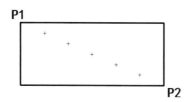，提示区出现"选择要在上面创建点的原始点或曲线"的提示，选择图 3-58 所示的点 P1，再选中点 P2 响应提示区出现"选择终点"的提示，在随后弹出的"等距点定义"对话框中填写新的点数（新点数不包括原始点和终点），结果如图 3-58 所示。

图 3-58　在两点之间添加等分点

4. 创建交点

在指定的一个图形对象与另一些图形对象（包括它们的延长线）的相交处创建点。单击图标 ，首先选取一些图形对象，然后再指定与这些图形对象相交的一个图形对象，即可得到它们的交点。

例如，单击图标 ，首先选取如图 3-59（a）所示的直线和圆弧，然后指定椭圆为与之相交的图形对象，会得到与椭圆相交的 8 个交点，如图 3-59（b）所示。

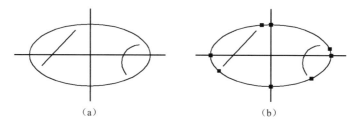

（a）　　　　　　　　　　　　　（b）

图 3-59　创建交点

5. 将所选的一些点投影到指定的图形对象上

被投影的点除了用图标 创建的点之外，还包括直线的端点、圆和椭圆的圆心、圆弧的圆心和端点、样条曲线的控制点。点可以投影到指定的直线或曲线上。

例如，单击图标 ，首先选取如图 3-60（a）所示的除了水平直线之外的所有图形对象，然后指定将这些对象中的点投影到水平直线上，于是在水平直线上创建了 9 个点的投影，如图 3-60（b）所示。

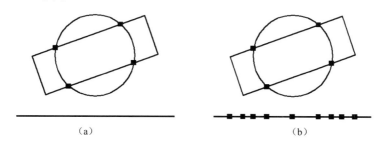

（a）　　　　　　　　　　　　　（b）

图 3-60　将点投影到水平直线上

6. 对齐选中的点

单击图标 **:::**，选择一些点之后，弹出如图 3-61 所示的"草图工具"工具栏。通过该工具栏确定原始点和对齐的方向，即可完成所选中的一组点的对齐。原始点即基准点，默认的原始点是选中的这组点中第一个创建的点。选中的点有沿某一方向、水平、垂直、沿选定的线性元素 4 个对齐方向。

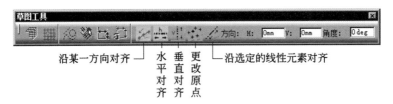

图 3-61　对齐点的"草图工具"工具栏

例如，图 3-62（a）所示为 3 个点和一条直线，对其进行的操作过程如下。

单击图标 **:::**，选择图 3-62（a）所示的点 P1～P3，弹出如图 3-61 所示的"草图工具"工具栏。此例的默认原始点是 P1，因为它是这组点中最先创建的点。

（1）沿某一方向对齐。单击"草图工具"工具栏图标 ，提示区出现"选择一点或单击以定位对齐的位置或方向"的提示，指定一个点方向，或者在"角度"框输入数值，例如 20（度），结果如图 3-62（b）所示。

（2）水平对齐。单击"草图工具"工具栏图标 ，结果如图 3-62（c）所示。

（3）垂直对齐。单击"草图工具"工具栏图标 ，结果如图 3-62（d）所示。

（4）更改原始点。单击"草图工具"工具栏图标 ，提示区出现"选择一个点作为对齐的新原点"的提示。例如，指定点 P2，接着确定对齐方向，例如 45°，结果如图 3-62（e）所示。

（5）沿选定的线性元素对齐。单击"草图工具"工具栏图标 ，提示区出现"选择一条直线或轴作为要用来对齐点的方向"的提示，首先例如选择图 3-62（a）的点 P1～P3，提示区出现"选择一点或单击以定位对齐的位置或方向"的提示，选择底部的直线，结果如图 3-62（f）所示。

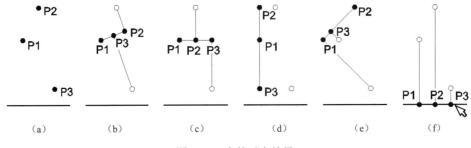

图 3-62　点的对齐结果

说明：若选中的对象中含有被约束的点，则会出现如图 3-63 所示的警告信息。

CATIA 实用教程（第 3 版）

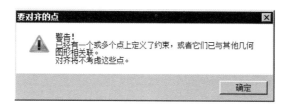

图 3-63 "要对齐的点"消息框中的警告信息

3.2.9 创建构造线

构造线的线形为虚线,不能作为创建三维形体的截面轮廓线,离开草图设计环境时将被隐藏。但是,构造线具有与普通线同样的各种约束功能,也可以与普通线相互转换。在构造线的参照下,可以快速、准确地绘制图形,起到辅助作图的作用。

用以下三种方法可以得到构造线。

- 在"草图工具"工具栏的图标 ▦ 激活的情况下,绘制的图线即为构造线,否则为标准图线。
- 利用图标 ▦ ,选取一些图线之后,单击图标 ▦ ,所选的图线即改变为构造线,反之亦然。
- 双击一个图形对象,例如双击一条直线,弹出如图 3-64 所示的"直线定义"对话框。选中该对话框的"构造元素"复选框,可以实现标准图线和构造线的相互转换。

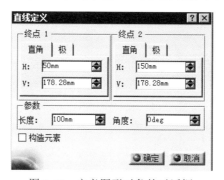

图 3-64 定义图形对象的对话框

【例 3-2】 绘制图 3-65(a)所示的图形(不标注尺寸)。

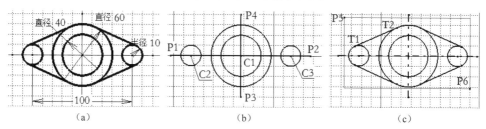

图 3-65 例 3-2 绘制的图形

(1)单击图标 ▦ ,启动"点捕捉"状态,如果未显示网格,单击图 3-10 所示的"可视化"工具栏的图标 ▦，切换为显示网格的状态。

（2）单击图标 ／，移动鼠标，可以看出当前的网格间距是 10mm，参照网格，指定点 P1、P2 绘制一条长 140mm 的水平线。以同样的操作指定点 P3、P4 绘制一条长 80mm 的竖直线。

（3）双击图标 ⊙，参照网格和已有图线，指定点 C1 绘制半径为 30mm 和 20mm 的圆，再指定点 C2、C3，绘制半径分别为 10mm 的两个圆，按 Esc 键，命令结束，结果如图 3-65（b）所示。此步双击图标可以连续调用命令，直至按 Esc 键或调用其他命令结束本命令。

（4）单击图标 ↗，指定点 T1、T2 绘制切线 T1T2。以同样的操作，绘制其他三条切线。结果如图 3-65（c）所示。

（5）按住 Ctrl 键，选择水平线 P1P2 和竖直线 P3P4，在图 2-40 所示"图形属性"工具栏的"线形"下拉列表中选择中心线。在窗口内选项指定点 P5、P6，选择其他图线，在"图形属性"工具栏的"线宽"下拉列表中选择 4，结果如图 3-65（a）所示。

3.3 图 形 编 辑

选择"插入"→"操作"菜单命令，即可显示如图 3-66 所示的菜单，从中选取编辑或修改图形的菜单项，或者单击图 3-67 所示的"操作"工具栏中的图标，即可编辑所选的图形对象。若删除图形对象可以先选择要删除的这些对象，然后按 Delete 键，或者右击指定的对象，然后从快捷菜单中选择"删除"命令即可（详见 2.7 和 2.8 节）。

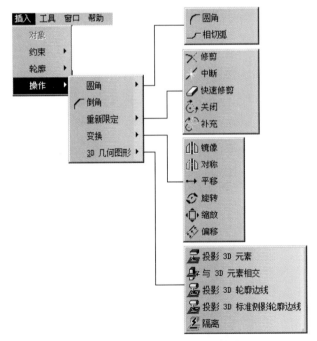

图 3-66 与图形编辑有关的菜单

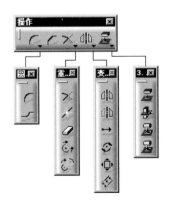

图 3-67 "操作"工具栏

3.3.1 倒圆角

创建与两个直线或曲线图形对象相切的圆弧，形成倒圆角。单击图标 $\mathcal{C}$，提示区出现"选取第一曲线或公共点"的提示，"草图工具"工具栏显示为如图 3-68（a）所示的状态。

1. 操作

（1）选取两个图形对象，"草图工具"工具栏增加了如图 3-68（b）所示的部分。

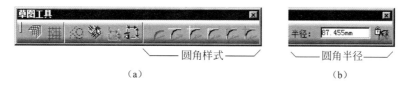

（a）　　　　　　　　　　　　（b）

图 3-68　倒圆角时的"草图工具"工具栏

① 在"半径"文本框输入圆角半径的数值，即可创建指定半径的圆角，如图 3-69（a）所示。

② 用光标指定圆角的半径，创建的圆弧将通过该点并与两个被选的图形对象相切，如图 3-69（b）所示。

（2）如果选取了两个图形对象的交点，就同时选取了两个图形对象，再确定圆角半径即可，如图 3-69（c）所示。

（3）如果选取了两条平行的直线，圆角半径的值取两条平行线距离的一半，圆弧方向与光标移动方向相同，如图 3-69（d）所示。

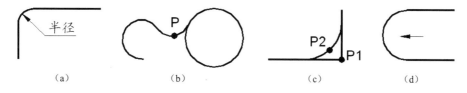

（a）　　　　　　　（b）　　　　　　　（c）　　　　　　　（d）

图 3-69　创建圆角

2. "草图工具"工具栏有关倒圆角的选项

"草图工具"中有 6 个图标对应着不同的圆角样式。图 3-70（a）是需要倒圆角的两条直线，假定直线 L1 是第一个被选对象，依次选择这些图标时，倒圆角的结果如下。

（1）$\mathcal{C}$：修剪所有元素，如图 3-70（b）所示。

（2）$\mathcal{C}$：修剪第一个被选对象，如图 3-70（c）所示。

（3）$\mathcal{C}$：不修剪被选对象，如图 3-70（d）所示。

（4）$\mathcal{C}$：倒圆角，但增加普通线的尖角，如图 3-70（e）所示。

（5）$\mathcal{C}$：倒圆角，但增加构造线的尖角，如图 3-70（f）所示。

（6）$\mathcal{C}$：倒圆角，但被减去的部分改变为构造线，如图 3-70（g）所示。

（7）$\boxed{}$：将本次输入的圆角半径的数值锁定为以后的圆角半径的大小，若再次单击该图标，则解除该功能。

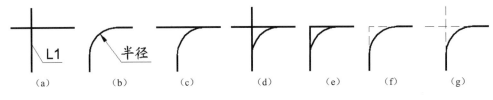

图 3-70　圆角的各种样式

3.3.2　倒角

创建与两条直线或曲线对象相交的直线，形成一个倒角。单击图标 ，提示区出现"选取第一曲线或公共点"的提示，"草图工具"工具栏显示为图 3-71（a）所示的状态。选取两个图形对象或者选取了图形对象的交点，"草图工具"工具栏增加了图 3-71（b）所示的部分。

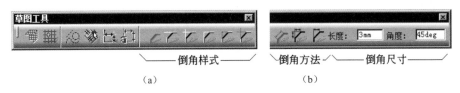

图 3-71　倒角时的"草图工具"工具栏

1. 确定倒角的方法

（1）：确定倒角线的长度及其与第一个被选对象的角度，如图 3-72（a）所示。

（2）：确定两个被选对象的交点与倒角线交点的距离，如图 3-72（b）所示。

（3）：倒角线与第一个被选对象的角度以及倒角线与第一个被选对象的交点到两个被选对象的交点的长度，如图 3-72（c）所示。

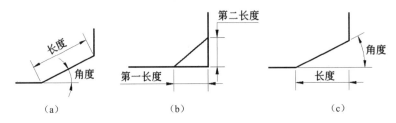

图 3-72　确定倒角的方法

2. 确定倒角的大小

（1）在"角度""长度"等文本框中输入数值。

（2）用光标动态地确定拖曳倒角线，当"长度"文本框内的数值满意时，单击即可，如图 3-73 所示。角度是由当前方法确定的。

图 3-73　用光标确定倒角

3. 确定倒角的样式

"草图工具"工具栏的 6 个图标 对应着不同的倒角样式。假定 L1 是第一个被选对象，依次选择这些图标，可以得到如图 3-74 所示的对应的各种结果（参见 3.3.1 节）。

图 3-74　倒角的各种样式

3.3.3　修改图形对象

单击图标 ，将弹出含有修改图形对象的工具栏 。

1. 剪切或延长

单击图标 ，提示区出现"选择点或曲线类型元素"的提示，"草图工具"工具栏变为如图 3-75 所示的状态。

图 3-75　开始修剪时的"草图工具"工具栏

（1）同时剪切或延长两个直线或曲线对象。单击"草图工具"工具栏的图标 ，选择两条不平行的直线或曲线。若二者相交，则保留所选的部分，剪去交点以外的部分，如图 3-76（a）所示；否则，超出的部分缩短至交点，不足的部分延长至交点，如图 3-76（b）和（c）所示。若修剪的对象是圆或椭圆，0°位置是它们的另一个端点，如图 3-76（d）所示。

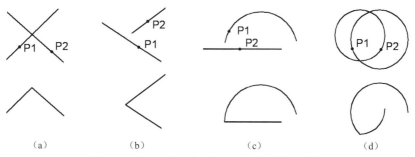

| （a） | （b） | （c） | （d） |

图 3-76　同时剪切或延长两个直线或曲线对象

（2）只剪切或延长第一个直线或曲线对象。单击"草图工具"工具栏的图标 。首先选择的是待剪切或延长的对象 L1，再选择的是作为剪切或边界的对象 L2，第一个对象的选择点确定了它的保留部分如图 3-77（a）～（c）所示。若剪切圆或椭圆，0°位置是它们的另一个端点，如图 3-77（d）所示。

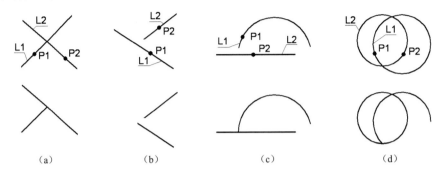

（a）　　　　　　（b）　　　　　　（c）　　　　　　（d）

图 3-77　只剪切或延长一个直线或曲线对象

（3）动态改变一条直线或曲线的长度。单击图标 ![icon] 或图标 ![icon]，选取一个待改变长度的对象。相对于选择点 P，光标一侧的端点将随着光标的移动而改变。单击左键，即可确定该端点的位置，如图 3-78 所示。

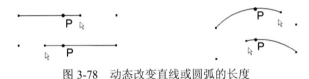

图 3-78　动态改变直线或圆弧的长度

2. 切断一条直线或曲线

单击图标 ![icon]，提示区出现"选择要断开的元素或公共点"的提示。选取一条待切断的直线或曲线，输入断点的位置，被选的对象被切断为两个对象，若切断圆或椭圆，0°位置是它们的另一个端点，如图 3-79 所示。

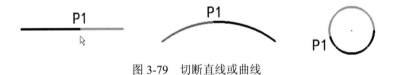

图 3-79　切断直线或曲线

3. 快速修剪

单击图标 ![icon]，可快速修剪直线或曲线。若选到的对象与其他对象不相交，则删除该对象；若选到的对象与其他对象相交，则删除选取点处的这段线，每次只修剪一个对象。图 3-80（a）和（c）所示为修剪前的图形，圆点表示选取点，修剪的结果如图 3-80（b）和（d）所示。

4. 封闭圆弧或椭圆弧

单击图标 ![icon]，选取圆弧或椭圆弧，即可将其封闭为完整的圆或椭圆。

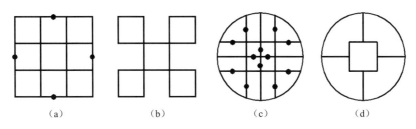

图 3-80 快速修剪图形

5. 改变为互补的圆弧或椭圆弧

单击图标 ，选取圆弧或椭圆弧，生成与所选对象互补的对象并取代原对象，如图 3-81 （a）和（b）所示为互补的圆弧，如图 3-81（c）和（d）所示为互补的椭圆弧。

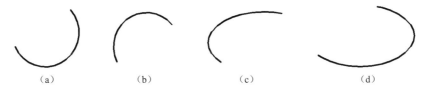

图 3-81 互补的圆弧和椭圆弧

3.3.4 图形变换

单击图标 ，将弹出图形变换工具栏 。

1. 镜像

单击图标 ，选取待对称的一些图形对象，再选取直线或轴线作为对称轴，即可得到原图形的对称图形。例如，选取如图 3-82（a）中轴线左侧图形为对称的对象，再选取轴线作为对称轴，即可得到如图 3-82（b）所示的图形。

图 3-82 镜像图形对象

2. 对称

单击对称图标 与镜像图标 的区别，只是得到原图形的对称图形之后删除原图形。

3. 平移或复制

单击图标 ，弹出如图 3-83 所示的"平移定义"对话框。选取一些图形对象，例如选取图 3-84（a）中的小圆。依次输入小圆的圆心点 P1 和大圆的圆心点 P2。若该对话框中"复制模式"的状态为"关"，则小圆沿矢量 P1P2 被平移到与大圆同心，如图 3-84（b）所示；若该对话框中"复制模式"复选框为选中状态，"实例"文本框内的值为"1"，则小圆沿矢量 P1P2 被复制到与大圆同心，如图 3-84（c）所示；若"复制模式"复选框为选中状态，"实例"框内为"2"，则小圆沿矢量 P1P2 被复制两次，如图 3-84（d）所示。

图 3-83　"平移定义"对话框

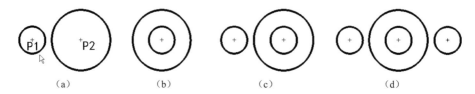

图 3-84　平移或复制图形对象

4. 旋转

单击图标 ![icon]，弹出如图 3-85 所示的"旋转定义"对话框。选取待旋转的一些图形对象，例如，单击窗口内图标 ![icon] 选取如图 3-86（a）所示的三条直线，指定旋转的基点 P1，在"值"文本框输入旋转的角度 "–90 deg" 或 "270 deg"。若该对话框中"复制模式"复选框未被选中，则这三条直线被旋转到指定角度，如图 3-86（b）所示；若该对话框中"复制模式"复选框被选中，"实例"文本框内的值为"1"，则这三条直线被复制旋转到指定角度，如图 3-86（c）所示；若"复制模式"复选框被选中，"实例"文本框内的值为"2"，则结果如图 3-86（d）所示。

图 3-85　"旋转定义"对话框

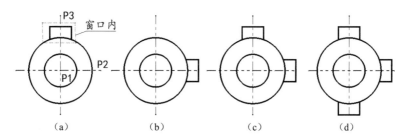

图 3-86　旋转图形对象

　CATIA 实用教程（第 3 版）

也可以用光标指定旋转角度。指定旋转的基点 P1 之后，指定点 P2，再指定点 P3。直线 P1P2 与 P1P3 的夹角即为旋转角度。

5. 比例缩放

单击图标 ，弹出如图 3-87 所示的"缩放定义"对话框。选取一些图形对象，例如，选取图 3-88（a）所示的轮廓线。输入缩放的基点 P，在"值"文本框输入缩放倍数，例如"0.5"。若该对话框中"复制模式"复选框未被选中，则轮廓线被缩放到指定倍数，如图 3-88（b）所示；否则，轮廓线被复制缩放为指定倍数，如图 3-88（c）所示。

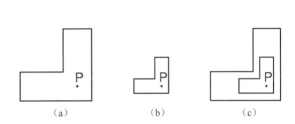

| 图 3-87　"缩放定义"对话框 | 图 3-88　比例缩放图形 |

6. 生成等距线

等距线也称为偏移选，是 CAM 中常见的曲线。典型的实例是凸轮的刀具加工曲线。如果已知凸轮的轮廓线和铣刀的直径，那么刀具加工曲线就是与凸轮的轮廓线距离为铣刀半径的等距线，如图 3-89 所示。轮廓线可以是简单的一段直线或圆弧，也可以是由多段直线、二次曲线、样条曲线等组成的复杂曲线。

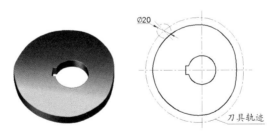

图 3-89　凸轮及加工凸轮时的刀具轨迹

（1）生成等距线的方法。单击图标 ，"草图工具"工具栏显示为如图 3-90 所示的状态。提示区出现"使用偏移值选择要复制的几何图形"的提示，选取如图 3-91（a）所示点 P1 的轮廓线，"草图工具"工具栏变为如图 3-92 所示的状态。

图 3-90　调用等距线命令时的"草图工具"工具栏

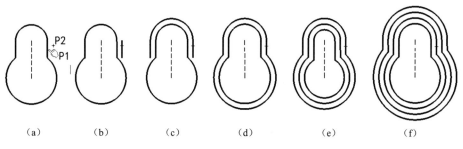

图 3-91　生成等距线

图 3-92　选取图形对象时的"草图工具"工具栏

① 输入一个点，若指定点 P2，则生成通过这个点的等距线，如图 3-91（a）所示。

② 在工具栏的"偏移"文本框中输入数值，光标所在的一侧就会生成指定偏移值的等距线。

（2）生成等距线的选择项。

① ▧：无拓展方式。单击该图标，如果选取了轮廓线中的一段图线，则只生成该段图线的等距线，如图 3-91（b）所示。

② ▧：相切拓展方式。单击该图标，如果只选取了轮廓线中的一段图线，则生成包括与该段图线相切连接的所有图线的等距线，如图 3-91（c）所示。

③ ▧：点拓展方式。单击该图标，如果只选取了轮廓线中的一段图线，则生成包括与该段图线连接的所有图线的等距线，如图 3-91（d）所示。

④ ▧：两侧方式。单击该图标，将在轮廓线的两侧生成等距线，如图 3-91（e）所示。

⑤ 实例:▯：生成等距线的次数。例如在"实例"文本框中输入"3"，结果如图 3-91（f）所示。

【例 3-3】　绘制如图 3-93（a）所示的图形（不注尺寸）。

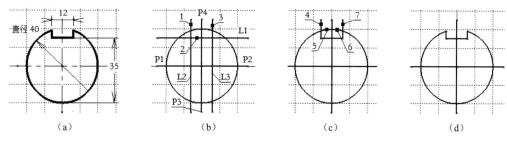

图 3-93　例 3-3 绘制的图形

（1）单击图标▦，启动"点捕捉"状态，如果未显示网格，单击如图 3-10 所示的"可视化"工具栏中的图标▦，切换为显示网格的状态。

（2）单击图标╱，参照网格，指定点 P1、P2 绘制一条长约 50mm 的水平线。以同样的操作指定点 P3、P4 绘制一条长约 50mm 的竖直线，如图 3-93（b）所示。

（3）单击图标 ⊙，参照网格和已有图线，指定两直线的交点为圆心，绘制半径为 20mm 的圆，如图 3-93（b）所示。

（4）单击图标 ✧，指定直线 P1P2，在"草图工具"工具栏的"偏移"文本框中输入"15"，得到偏移线 L1，如图 3-93（b）所示。

（5）单击图标 ✧，在"草图工具"工具栏选择图标 ✧，指定直线 P3P4，在"偏移"文本框中输入"6"，得到偏移线 L2 和 L3，结果如图 3-93（b）所示。

（6）单击图标 ✕，指定直线 L2 的点 1 和直线 L1 的点 2。再次单击该图标，指定直线 L1 的点 2 和直线 L3 的点 3，结果如图 3-93（c）所示。

（7）双击图标 ✐，指定图 3-93（c）所示的点 4～点 7，按 Esc 键，结果如图 3-92（d）所示。

（8）按住 Ctrl 键，选择水平线 P1P2 和竖直线 P3P4，在图 2-40 所示"图形属性"工具栏的"线形"下拉列表中选择中心线。选择其余的图线，在"图形属性"工具栏的"线宽"下拉列表中选择 4，结果如图 3-93（a）所示。

3.3.5 获取三维形体的投影

三维形体可以被看作由一些平面或曲面这样的表面围起来的，每个面还可以被看作由一些直线或曲线作为边界确定的。通过获取三维形体面、边在工作平面的投影，可以得到平面图形，可以获取三维形体与工作平面的交线。利用这些投影或交线，还可以进行编辑，构成新的图形。这里所说的工作平面为进入草图设计环境时选择的绘图平面。

单击图标 🗗，将弹出获取三维形体表面投影的工具栏 🗗 🗗 🗗 🗗。

1．获取三维形体的面、边在工作平面上的投影

单击图标 🗗，弹出如图 3-94 所示的"投影"对话框，选取待投影的面、边，例如，选择"xy 平面"进入草图设计环境后，单击如图 3-95（a）所示形体的三个上表面，单击"确定"按钮，即可在"xy 平面"上得到如图 3-95（b）所示的形体投影。

图 3-94 "投影"对话框

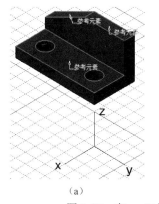

（a）

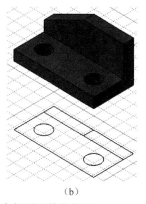

（b）

图 3-95 在 xy 工作平面上得到形体的投影

如果指定"zx 平面"为工作平面，以同样的操作，可得到如图 3-96 所示的形体投影。

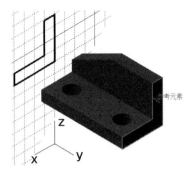

图 3-96　在 zx 工作平面上得到形体的投影

2. 获取三维形体与工作平面的交线

如果三维形体与工作平面相交，单击图标 ![icon]，选择形体、面、边，即可在工作平面上得到它们的交线或交点。

例如，如图 3-97 是一个有孔的六棱柱，它的底面与"xy 平面"平行。"平面.1"通过 x 轴，与"xy 平面"的夹角为 20°。选中特征树的结点 ![icon]平面.1，单击图标 ![icon]，进入草图设计环境。

单击图标 ![icon]，弹出如图 3-98 所示的"相交"对话框，选择这个形体作为要相交的元素，选择"平面.1"作为接近元素，单击"确定"按钮，即可在"平面.1"上的得到如图 3-97 所示的交线。

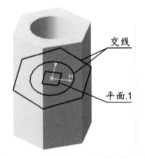

图 3-97　形体与工作平面的交线

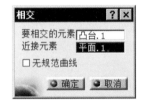

图 3-98　"相交"对话框

3. 获取曲面的投影

单击图标 ![icon]，选取待投影的曲面或曲面形体，即可在工作平面上得到曲面的投影。例如，如图 3-99（a）所示是选取手柄的圆柱面的投影，如图 3-99（b）所示是选取手柄的球面的投影，如图 3-99（c）所示是选取整个手柄的投影。

获取的是曲面边界和轮廓组成的投影。该投影是一个封闭的线框，整个线框是一个整体。

4. 获取单个曲面轮廓的投影

单击图标 ![icon]，选取待投影的曲面或曲面形体，即可在工作平面上得到曲面轮廓的投影。例如，如图 3-100（a）所示是选取手柄的圆柱面的投影；如图 3-100（b）所示是选取手柄球面的投影；如图 3-100（c）所示是选取整个手柄的投影。

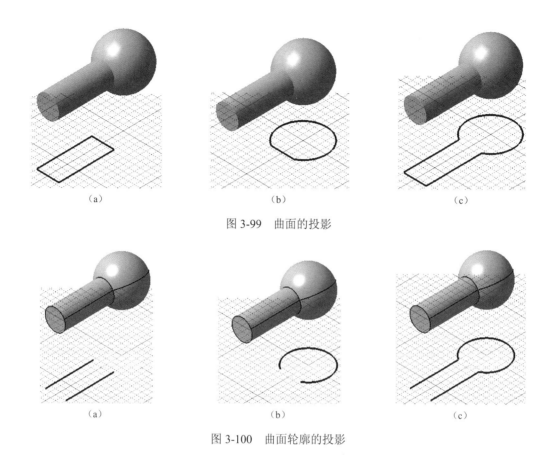

图 3-99　曲面的投影

图 3-100　曲面轮廓的投影

获取的投影是一些图线，每一条线段都是独立的图形对象。

3.4　约 束 控 制

利用约束功能，可以便捷、准确地绘制或编辑图形。通过如图 3-101 所示的有关约束的菜单或如图 3-102 所示的"草图工具"工具栏、如图 3-103 所示的"约束"工具栏的图标可以控制约束功能。

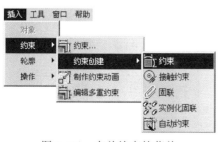

图 3-101　有关约束的菜单

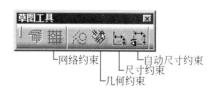

图 3-102　"草图工具"工具栏

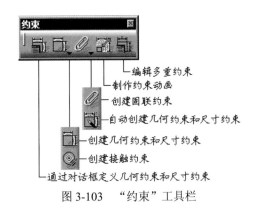

图 3-103　"约束"工具栏

3.4.1　网格约束

图标 ![] 的功能与如图 3-3 所示的"草图编辑器"选项卡中的"点捕捉"复选框等价。如图 3-104（a）所示为在关闭该功能时用光标绘制的直线；如图 3-104（b）所示为在单击该图标时，用光标在同样的位置绘制的直线。如果需要改变网格间距的大小，只能通过如图 3-3 所示的"草图编辑器"选项卡实现。

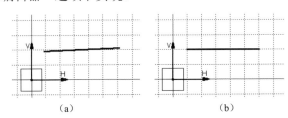

图 3-104　网格约束的作用

3.4.2　智能拾取

1. 概述

在启用智能拾取的环境下，当光标接近图形对象特定的位置（如直线的端点、中点、圆心等）或特定的方向（如水平、垂直、切线、平行等）时，系统会自动将光标的大概位置调整为特定的位置或特定的方向，同时以专用符号或辅助线的形式向用户报告特定的位置或特定方向的种类，若此时单击左键，即可得到特定的位置或特定的方向。

智能拾取也是一种约束，是将光标约束到光标附近已有图形对象的特征点或特定的方向上。

下面通过两个作图实例，讲解在智能拾取环境下，作图的操作过程和特点。

【例 3-4】　作折线 ABC，点 A 是直线的右端点、点 B 是圆心、点 C 是直线的中点，如图 3-105 所示。

（1）单击图标 ![]，将光标移至点 A 附近，若直线呈橙色显示，表示该直线为参考直线，同时出现符号"![]"，则表示要指定的点将约束在该直线上；若出现符号"![]"，表示要指定的点将约束在该直线的右端点与之重合，单击后得到点 A。

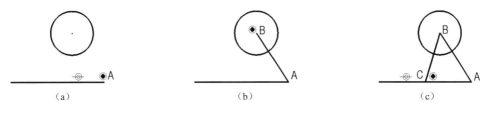

（a）　　　　　　　　　　（b）　　　　　　　　　　（c）

图 3-105　绘制折线 ABC

（2）将光标移至圆心附近，若出现符号"⊙"，则表示要指定的点将约束在该圆的圆心并与之重合，单击后得到点 B。

（3）将光标移至直线的中点附近，该直线呈橙色显示并出现符号"⊕"，则表示要指定的点将约束在该直线上；若出现符号"⊙"，则表示要指定的点将约束在该直线的中点与之重合，单击后得到点 C。

（4）按 Ese 键，作图完毕。

该例是用图形上的特征点约束光标的实例。

【例 3-5】　从两直线的交点作圆的切线，如图 3-106 所示。

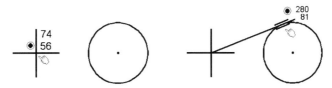

图 3-106　从两直线的交点作圆的切线

（1）单击图标 ╱，将光标移至两直线的交点，若出现符号"⊙"，则表示两直线的交点将为新直线的起点，单击即可。

（2）将光标移近圆，若圆呈橙色显示，则表示此圆为参考圆；若圆周某处出现符号"╱╱"，则表示此时新直线处在与该圆相切的方向，单击后该直线即与圆相切。

该例是用特殊方向约束光标的实例。

2. 设置智能拾取的种类

如图 3-3 所示，在"选项"对话框的"草图编辑器"选项卡中单击"智能拾取"按钮，弹出"智能拾取"对话框，如图 3-107 所示。通过该对话框的 6 个复选框可以设置适合自己所需的智能拾取的种类。

图 3-107　"智能拾取"对话框

注意：该对话框的第 4 个复选框"垂直"的含义是与参考对象垂直，第 6 个复选框"水平与垂直"中的"垂直"指的是铅垂或者竖直方向。

3. 打开或关闭智能拾取状态

如果关闭了"智能拾取"对话框中的全部复选框，就关闭了智能拾取状态。这样的做法是不可取的，应该将启用智能拾取设置为默认的状态。如果需要关闭智能拾取的状态时，只需按住 Shift 键操作即可。

4. 约束光标的特征点和特殊方向

只有用光标确定点的位置时，才可能产生约束光标的现象。当前约束光标的图形对象称为参考对象。参考对象呈橙色显示。

（1）约束光标的特征点。可以约束光标的特征点有以下几种：

① 独立的点；

② 线段的端点；

③ 线段的中点；

④ 圆、圆弧或椭圆的中心。

在例 3-4 中得到的是线段的端点和中点。

符号"◉"表示光标处于被特征点约束的状态。

（2）约束光标的特定方向。当光标与坐标系的原点或与图形对象处于特定位置时，就产生了约束光标的方向。能够约束光标的方向有以下几种：

① 与特征点对齐的水平或铅垂方向；

② 与直线平行的方向；

③ 与直线或曲线垂直的方向；

④ 与曲线相切的方向；

⑤ 与直线和曲线的延长线相交的方向。

在例 3-5 中得到的是圆的切线方向。

除了显示符号"⊕"，表示光标在参考线上之外，还可能在当前图形对象与参考图形对象之间显示"╚"（垂直）、"╫"（平行）、"∥"（相切）的符号或辅助作图线。

5. 智能拾取的快捷菜单

智能拾取的快捷菜单的内容与当前进行的操作和图形对象的种类相关。例如图 3-108（a）所示为确定直线起点时光标移近一条直线时的快捷菜单；图 3-108（b）所示为确定直线起点时光标移近一个圆弧时的快捷菜单。图 3-109（a）所示为确定直线终点时光标移近一条直线时的快捷菜单；图 3-109（b）所示为确定直线终点时光标移近一个圆弧时的快捷菜单。

6. 利用智能拾取的快捷菜单项约束光标到特征点或特殊方向

利用智能拾取的快捷菜单，可以快速地选择所需的特征点或特殊方向。以拾取直线的中点为例，如果不借助于智能拾取的快捷菜单，光标必须移近直线的中点，当出现符号"◉"

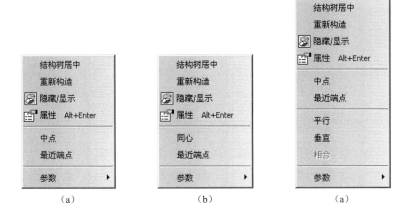

(a)	(b)
图 3-108　确定直线起点时直线和圆弧的快捷菜单	图 3-109　确定直线终点时直线和圆弧的快捷菜单

时，才能单击左键拾取到直线的中点。如果利用智能拾取的快捷菜单，只需将光标移近待选的直线（该直线呈橙色显示），右击，在弹出的快捷菜单中选择"中点"命令，即可拾取到直线的中点。

【例 3-6】　已知图形如图 3-110（a）所示，根据如图 3-110（f）提供的尺寸，绘制折线 ABCDE。

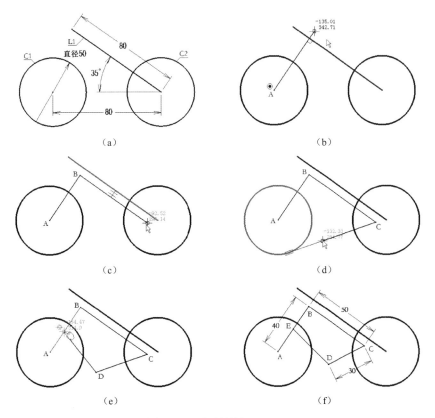

图 3-110　绘制折线 ABCDE

（1）单击图标 ⊿，将光标移至圆 C1 的圆心，出现了符号"◉"，单击后得到折线的起点 A，如图 3-110（b）所示。也可以将光标移至圆 C1 的圆周，圆 C1 呈橙色显示，右击，在弹出的快捷菜单中选择"同心"命名，该圆的圆心即为折线的起点 A。此步前者属于智能拾取，后者利用了智能快捷菜单。

（2）将光标移至直线 L1，直线 L1 呈橙色显示，右击，在弹出的快捷菜单中选择"垂直"命令，出现了过点 A 与直线 L1 的垂线，如图 3-110（b）所示。

（3）在"草图工具"工具栏的"长度"文本框中输入"40"，得到折线的点 B，如图 3-110（c）所示。

（4）将光标移至直线 L1，直线 L1 呈橙色显示，右击，在弹出的快捷菜单中选择"平行"命令，出现了过点 B 与直线 L1 的平行线，如图 3-110（c）所示。

（5）在"草图工具"工具栏的"长度"文本框中输入"50"，得到折线的点 C，如图 3-110（d）所示。

（6）将光标移至圆 C1，圆 C1 呈橙色显示，右击，在弹出的快捷菜单中选择"相切"命令，出现了过点 C 与圆 C1 的切线，如图 3-110（d）所示。

（7）在"草图工具"工具栏的"长度"文本框中输入"30"，得到折线的点 D，如图 3-110（e）所示。

（8）将光标移至直线 AB，直线 AB 呈橙色显示，如图 3-110（e）所示。

（9）右击，在弹出的快捷菜单中选择"中点"命令，得到折线的点 E，如图 3-110（f）所示。

3.4.3　几何约束

几何约束的作用是约束图形元素本身或图形元素之间的相对的大小、位置和方向。当图形元素之间建立了约束关系时，改变其中一个图形元素，与其相关的另一个图形元素有可能随之改变，但它们之间建立的约束关系并不改变。

智能拾取的功能是帮助用户快速、便捷、准确地作图。它只是在作图过程中帮助用户确定特殊点或特殊方向，它记录的是每个图形对象自身的几何和属性信息，并不记录图形对象之间的关系。例如完成一条直线与一个圆相切之后，"相切"的符号即消失。若改变圆的半径或位置，直线不会随之改变。

在几何约束状态下，不但记录这些图形对象的几何数据，还要记录它们之间的约束关系。例如，图 3-111（a）所示为一条直线与一个圆建立了相切的约束关系；若改变圆的半径或位置，直线随之改变，但直线与圆的相切关系不变，相切符号"∥"仍然保留，如图 3-111（b）所示；若改变直线，圆也会随之改变，但直线与圆的相切关系仍然不变，如图 3-111（c）所示。

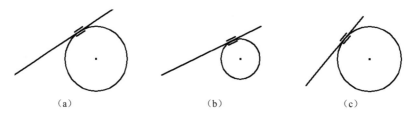

图 3-111　改变对象的大小或位置，相切的关系不变

CATIA 实用教程（第 3 版）

1. 几何约束的种类

几何约束的种类和参与约束的图形元素的种类与数量有关。当图形元素被施加约束时，在其附近显示着如表 3-1 所示的相应符号。被约束的图形元素，在解除或改变其约束之前，始终保持它的现有状态。

表 3-1 几何约束的种类和建立约束的对象

种类	符号	建立约束的对象和对该约束的补充说明
固定	土	所有的图形元素
水平	H	一些直线
竖直	V	一些直线
平行	⫴	一些直线
垂直	ㄴ	两条直线
相切	∥	两条曲线或一条曲线和一条直线
同心	◉	两个圆或椭圆种类的图形元素，或者其中一个是点
对称	⊪	直线两侧的两个相同种类的图形元素
中点	⤼	一个点和一条直线，点始终位于直线的中点
等距点	⤼	三个点，点 P1、P3 与点 P2、P3 的距离始终相等
固联	⌗	将多个种类的图形对象组成一个集合
相合	○、◎	两个相同种类的图形元素，或者其中一个是点。例如，两个点重合、两条直线共线、两个圆（圆弧）共圆或点在其他图形对象上。相合（Coincidence）在有的版本中称为"一致"或"重合"

注：圆和圆弧归于一类。

2. 自动建立几何约束

单击"草图工具"工具栏中的图标 ⬚，使之呈橙色显示，表明已进入几何约束状态。若选中图 3-3 所示的"选项"对话框中"草图编辑器"选项卡的"创建几何约束"复选框，同样可进入几何约束状态。

（1）通过实例了解自动建立几何约束的过程。在图 3-107 所示的设置智能拾取种类的全部复选框均为选中的状态。单击"草图工具"工具栏中的图标 ⬚，进入几何约束状态。首先单击图标 ⊙，绘制如图 3-112 所示的圆。然后单击图标 ⬚，从点 P1 开始，按照顺时针的方向绘制点 P1～P9 的折线。最后单击"草图工具"工具栏中的图标 ⬚，双击点 P1，得到如图 3-112 所示的图形。

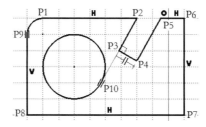

图 3-112 在几何约束状态下绘制图形

（2）通过约束符号了解图形元素的约束状态。在图 3-112 所示的图中看到：直线 P1P2、P5P6、P7P8 的上方出现符号"H"，说明它们已被约束为水平方向；直线 P6P7、P8P9 的右侧出现符号"V"，说明它们已被约束为铅垂方向；在点 P9、P10 的附近出现符号"∥"，说明该符号两边的对象已被约束为相切关系；在点 P3 的附近出现符号"凵"，说明直线 P2P3 与 P3P4 已被约束为垂直关系；在直线 P3P4 的下方出现符号"┨┠"，说明直线 P2P3 与 P4P5 已被约束为平行关系；在直线 P5P6 的上方出现符号"○"，说明点 P5 与直线 P1P2 共线。此时，用鼠标拖曳图中的任一对象，它们之间的相互关系不会改变。

（3）通过特征树了解图形元素的约束状态。分别展开特征树的结点"几何图形"和"约束"，结果如图 3-113 所示。

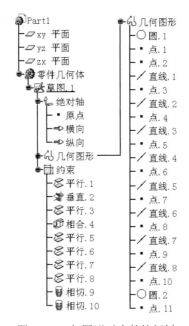

图 3-113　与图形对应的特征树

从特征树的几何图形部分看到：有 8 条直线、2 个圆、11 个点；图形对象的序号与创建它的顺序是一致的；其中"点.1"是"圆.1"的中心、"点.11"是"圆.2"的中心、其余是直线的端点。"点.2"与图中的点 P1 对应，"点.3"与点 P2 对应，其余类推。图中的点 P1～P10 是本插图为了表述而外加的注释，不属于图形对象。

将光标移近特征树的"约束"子树的结点"平行.1"，"几何图形"子树的结点"直线.1""绝对轴"子树的结点"横向"和直线 P1P2 加亮显示，如图 3-114（a）所示，说明该直线被约束为水平方向；将光标移近"约束"子树的结点"垂直.2"，"几何图形"子树的结点"直线.2""直线.3"、直线 P2P3 和直线 P3P4 加亮显示，如图 3-114（b）所示，说明直线 P2P3 与直线 P3P4 之间为垂直约束；将光标移近"约束"子树的结点"平行.3"，"几何图形"子树的结点"直线.2""直线.4"、直线 P2P3 和直线 P4P5 加亮显示，说明直线 P2P3 与直线 P4P5 之间为平行约束。

同样，将光标移近图形中的约束符号，特征树的图形结点和约束结点也会加亮显示。例如，将光标移近图形中的约束符号"┨┠"，特征树的结点"直线.2""直线.4""平行.3"

和图中的直线 P2P3、P4P5 也会加亮显示。

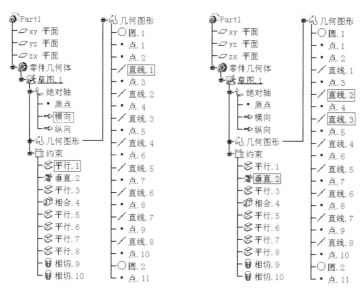

图 3-114　通过特征树了解图形对应的约束关系

注意："约束"子树中的结点"平行"有可能是与横向坐标轴或纵向坐标轴平行，对应的是约束符号"H"或"V"，例如"平行.1"和"平行.5"。

（4）智能拾取的种类与自动建立几何约束的关系。图 3-112 是在选中了全部智能拾取种类的状态下的作图结果。如果在智能拾取种类中没有选择"水平和垂直"复选框，则重复上例的作图过程，所得图形如图 3-115 所示。显然，没有约束符号"H"和"V"。

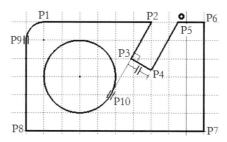

图 3-115　在具有平行、垂直和相切的智能状态下绘制的图形

对照表 3-1 几何约束的种类和图 3-107 所示的"智能拾取"对话框，可以看到几何约束的种类多于"智能拾取"的种类，如果关闭智能拾取的全部复选框，仍然可以自动建立"同心""相合"等几何约束。但若要自动建立"水平""垂直""相切""平行"等常用的几何约束，必须选择智能拾取功能为打开的状态。

展开特征树也可以看到，其几何图形部分与上例相同，约束部分只有平行、垂直和相切三种约束。约束的种类与智能拾取设置的种类完全一致。

3. 添加几何约束

（1）利用"约束定义"对话框添加几何约束。单击图标 ，使其呈橙色显示，这是建立几何约束的必要条件。选取图形对象，单击图标 ，在弹出的"约束定义"对话框中选择约束的种类，单击"确定"按钮即可，如图 3-116 所示。

图 3-116   "约束定义"对话框

说明： 在"约束定义"对话框中有 18 个复选框，分别属于尺寸约束和几何约束。可以定义的约束种类与所选图形对象的种类和数量有关。

例如，选取一条直线之后，单击图标 ，在弹出的"约束定义"对话框中只有"固定""水平""竖直"的几何约束和"长度"的尺寸约束的复选框是可用的。选中"固定"复选框，单击"确定"按钮，该直线附近增加了符号 ，在特征树上增加了结点"固定××"。在解除"固定"约束之前，不能改变该直线的位置或角度。

如果按住 Ctrl 键选取如图 3-117（a）所示的两个圆和一条直线之后，单击图标 ，弹出的"约束定义"对话框中只有"对称""固定""水平""竖直"的几何约束和"长度""半径/直径"的尺寸约束的复选框是可用的。打开"对称"复选框，单击"确定"按钮，即可得到如图 3-117（b）所示的图形。该图的 3 个对象都添加了符号"⸴"，在特征树上增加了结点"对称××"，本来位置和大小相对于直线都不对称的两个圆改变为位置和大小相对于直线都对称的状态。如果改变其中任一对象的位置或大小，它们仍然保持着对称的关系。

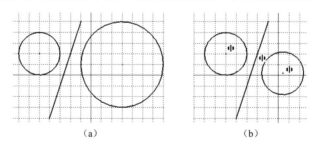

（a）   （b）

图 3-117   定义对称约束

注意： 建立对称约束不仅要求直线的两侧必须是同一类型的图形对象，而且要求作为对称轴的直线或轴线必须是所选的最后一个（第 3 个）对象。

（2）交互方式添加几何约束。单击图标 ，选取待标注的对象（或者先选取待标注的对象，再单击该图标），或者在特征树上选择图形对象的结点，右击，在弹出的快捷菜单中选择约束种类即可。

例如，选取如图 3-118（a）所示的小圆，单击图标 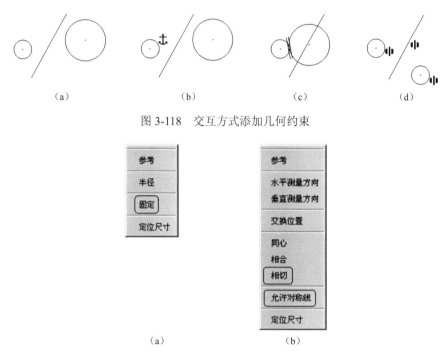，提示区出现"定位尺寸或选择另一个元素"的提示，右击，弹出如图 3-119（a）所示的快捷菜单，选择"固定"命令，结果如图 3-118（b）所示。如果此时不选择"固定"命令而是选择图中的大圆，提示区则出现"定位尺寸"的提示，右击，弹出如图 3-119（b）所示的快捷菜单，选择"相切"命令，结果如图 3-118（c）所示。如果此时不选择"相切"命令而是选择"允许对称线"命令，则提示区出现"定位尺寸或选择对称线"的提示，选择那条直线，结果如图 3-118（d）所示。

（a）　　　　　（b）　　　　　（c）　　　　　（d）

图 3-118　交互方式添加几何约束

（a）　　　　　　　（b）

图 3-119　添加约束的快捷菜单

4. 隐藏或显示约束符号

（1）右击图中的约束符号或者约束子特征树上的结点，在弹出的快捷菜单中选择"隐藏/显示"命令，即可切换所选的约束符号的显示状态。

（2）通过图 3-10"可视化"工具栏的图标 ，可以控制是否显示全部的几何约束符号。

5. 解除几何约束

在图中选取几何约束符号或者在约束子特征树上的约束的结点，按 Delete 键或在快捷菜单中选择"删除"命令，即可解除施加在图形对象上的几何约束。

6. 改变几何约束

选取被约束的图形对象之后，单击图标 ，重新选择约束种类即可。例如，选取被固定约束的一条直线，单击图标 ，弹出"定义约束"对话框，取消选中"固定"复选框，选中"水平"复选框，直线改变为水平方向，并标注符号"H"。

3.4.4 尺寸约束

尺寸约束的作用是用数值约束图形对象的大小或约束图形对象之间的相对位置。尺寸约束以尺寸标注的形式标注在相应的图形对象上。被尺寸约束的图形对象只能通过改变尺寸数值来改变它的大小。从草图设计返回零件设计模块后，将不再显示标注的尺寸或几何约束符号。尺寸约束的解除、显示或隐藏与几何约束相同。

1．自动建立尺寸约束

若激活"草图工具"工具栏的尺寸约束图标，则在绘制图形对象时，会根据用户在草图工具栏输入的数据，自动建立图形对象的尺寸约束。例如，单击图标，指定圆心之后在草图工具栏的"R"文本框输入"50mm"，即绘制出如图 3-120 所示的带有半径尺寸标注的圆，同时在特征树上得到"半径.1"的尺寸约束。

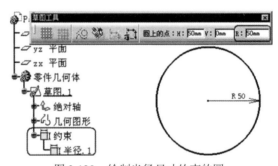

图 3-120　绘制半径尺寸约束的圆

若同时激活该图标右侧的自动尺寸约束，则通过光标输入的数据也可以得到同样的尺寸约束。

2．交互方式建立尺寸约束

单击图标，选取待标注的对象（或者先选取待标注的对象，再单击该图标），确定尺寸的位置，即可建立尺寸约束。

例如，单击图标，选取一条直线，确定尺寸的位置，即可建立长度的尺寸约束。同样的方法，选取一个圆或一个圆弧，确定尺寸的位置之后，即可得到直径或半径的尺寸约束。单击图标，选取两条直线，确定尺寸的位置，即可建立角度的尺寸约束。单击图标，选取圆和圆弧的中心，确定尺寸的位置，即可建立距离的尺寸约束。以上结果如图 3-121 所示。

通过如图 3-116 所示的"约束定义"对话框也可以定义以上 5 种尺寸约束。选取建立尺寸约束的对象，单击图标，通过"长度""半径/直径""角度"或"距离"复选框选择其中的约束种类即可，但只能用默认的尺寸位置。

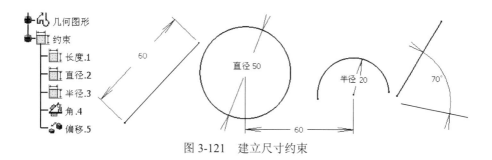

图 3-121　建立尺寸约束

3. 确定尺寸约束的标注方式

利用尺寸约束的快捷菜单可以确定尺寸约束的标注方式。下面以倾斜的直线段为例演示这一过程。单击图标 █，选取这条直线，提示区出现"定位尺寸或选择另一个元素"的提示，若指定尺寸的位置，结果如图 3-122（a）所示；若右击，则弹出如图 3-123 所示的快捷菜单，选择"水平测量方向"命令，指定尺寸的位置，结果如图 3-122（b）所示；若选择"垂直测量方向"命令后指定尺寸的位置，则结果如图 3-122（c）所示；若选择"参考"命令后，指定尺寸的位置，则结果如图 3-122（d）所示。

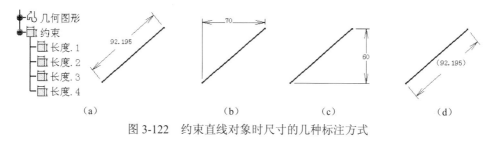

（a）　　　　　　　（b）　　　　　　　（c）　　　　　　　（d）

图 3-122　约束直线对象时尺寸的几种标注方式

参考的尺寸数值用括号括起，这样的尺寸无约束功能。

4. 用数值约束图形对象

双击尺寸（尺寸线、尺寸界线或尺寸数值）或特征树的相应的约束结点，例如图 3-122（a）所示的尺寸或特征树的结点"长度.1"，弹出如图 3-124 所示的"约束定义"对话框。输入新的数值之后单击"确定"按钮，该直线改变为新的长度。若选中"参考"复选框，则该尺寸将失去尺寸约束的作用，改变为图 3-122（d）所示的参考尺寸。

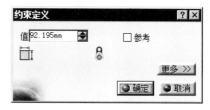

图 3-123　建立直线尺寸约束的快捷菜单　　　　　　图 3-124　"约束定义"对话框

若双击的是直径或半径尺寸约束,除了可以通过该对话框改变圆或圆弧的大小,还可以实现直径尺寸的约束方式和半径尺寸的约束方式之间的转换。

3.4.5 接触约束

接触约束施加于两个图形元素。所选对象的种类不同,接触的含义也不同。若选取的两个对象都是点,则第二个点移至与第一个点重合;若选取的两个对象都是直线或一个是点,则第二个对象移至与第一个对象共线;若选取的两个对象都是圆或圆弧,则第二个对象移至与第一个对象同心;若选取的两个对象一个是曲线,另一个是直线,则第二个对象移至与第一个对象(包括延长线)相切。

单击"约束"工具栏的图标 ,先选取约束前每格左上的对象,再选取该格右下的对象,操作的结果如图 3-125 所示。

约束类型	共线	共线	同心	相切	相切
约束前		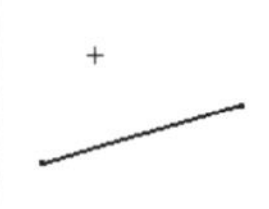 +			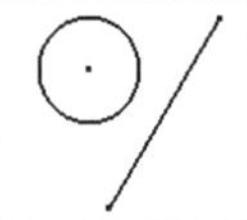
约束后			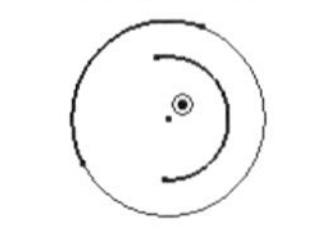		

图 3-125　接触约束

3.4.6 固联约束

固联约束可施加于多个不同种类的图形元素,将这些图形对象组成一个集合。若改变其中任一对象的位置,则这些图形元素都做相同的改变。

例如,图 3-126 所示为曲柄滑块机构中的滑块部分,滑块的 4 条直线应该与连杆的右下端点做相同的运动。固联约束解决的就是这样的问题。

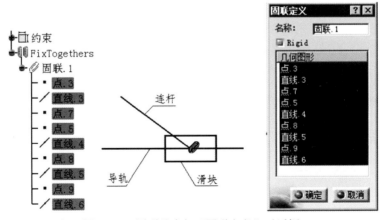

图 3-126　固联约束与"固联定义"对话框

单击图标 ✐，弹出"固联定义"对话框。选取连杆的端点和表示滑块的 4 条直线，单击"确定"按钮即可。

3.4.7　自动约束

自动约束，顾名思义，就是自动地为选取的多个图形对象添加几何和尺寸约束。单击图标 📑，弹出如图 3-127 所示的"自动约束"对话框。

图 3-127　"自动约束"对话框

该对话框中各参数的作用如下。

（1）要约束的元素。用于选取需要添加几何和尺寸约束的图形对象。例如选取图 3-128（a）所示的图形，对话框在"要约束的元素"编辑框报告了已选取图形对象的情况。此时单击"确定"按钮，结果如图 3-128（b）所示。

所得的尺寸标注通常还需要用鼠标调整位置。图 3-128（c）所示为调整尺寸的位置、隐藏全部的几何约束符号之后的结果。

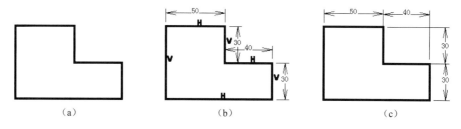

图 3-128　自动添加几何和尺寸约束

（2）参考元素。参考元素指的是定尺寸的基准线。通常需要在水平（x）和竖直（y）方向各选取一条直线。如果未指定参考元素，就默认最下和最左两条直线分别作为水平和竖直方向的参考元素，如图 3-128（b）所示。

（3）对称线。对称线是指对称图形的对称轴，如图 3-129（a）中的中心线。在单击"确定"按钮之前单击对称线框的"无选择"，随后选取该图的轴线，再单击"确定"按钮，结果如图 3-129（a）所示。如图 3-129（b）是调整尺寸位置、隐藏几何约束符号之后的结果。

（4）约束模式。用于确定尺寸约束的排列模式，有"链式"和"堆叠式"两种模式。"链式"是默认的约束模式，如图 3-128 所示。"堆叠式"模式也称为"基线"模式。如果选择"堆叠式"模式，必须指定参考元素。单击"参考元素"框的"无选择"，随后指定该图的最左和最下两条直线，再从"约束模式"的下拉列表中选择"堆叠式"，单击"确定"按钮，结果如图 3-130（a）所示。如图 3-130（b）是调整尺寸位置、隐藏几何约束符号之后的结果。

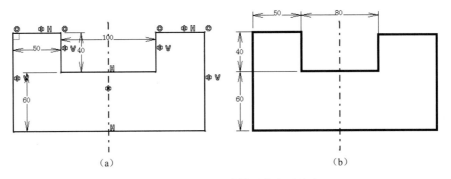

图 3-129　选择了对称轴时的自动约束

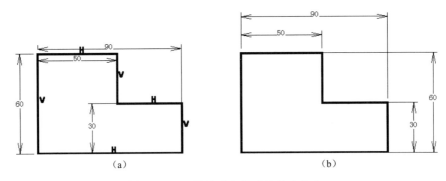

图 3-130　"堆叠式"模式的尺寸约束

3.4.8　动画约束

1. 动画约束的作用

对于一个约束完备的图形，改变其中一个约束的值，相关联的其他图形元素会随之作相应的改变。利用动画约束的功能可以检验机构的约束是否完备，自身是否会产生干涉，与其他部件是否会产生干涉。

如图 3-131 是一个曲柄滑块的原理图。曲柄绕轴旋转，带动连杆，连杆的另一端为滑块的中心点，滑块在导轨上滑动。如果将角度 45°定义为动画约束，其变化范围设置为 0°～360°，就可以检验该机构的运动情况。

图 3-131　曲柄滑块的原理图

CATIA 实用教程（第 3 版）

2. 操作说明

（1）单击图标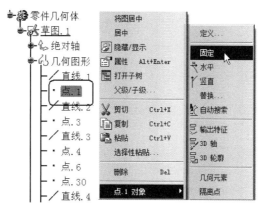，激活几何约束状态，绘制如图 3-131 所示的代表曲柄、连杆和导轨的三条直线和代表滑块的矩形。导轨应为水平方向，连杆的另一个端点应与导轨共线（相合约束）。

（2）单击图标，弹出如图 3-126 所示的"固联定义"对话框。选取连杆的端点和表示滑块的 4 条直线，单击"确定"按钮即可。

（3）右击特征树导轨左端点对应的点，该点是曲柄旋转的轴，弹出如图 3-132 所示的快捷菜单。选择"点.1"→"固定"命令，为曲柄的轴添加"固定"约束。

图 3-132　为曲柄的轴添加固定约束

（4）单击图标，创建如图 3-131 所示的两个长度和一个角度的尺寸约束。

（5）单击图标，选取角度尺寸 45º，随之弹出如图 3-133 所示的"对约束应用动画"对话框。

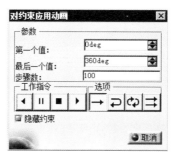

图 3-133　"对约束应用动画"对话框

在对话框参数栏填入"第一个值"为"0 deg"，"最后一个值"为"360 deg"，"步骤数"为"100"。这样将依次显示曲柄转角为 0°，3.6°，7.2°，…，360°时整个机构的状态。

① 单击动作栏中的按钮，曲柄将顺时针开始旋转；单击按钮，曲柄将逆时针开始旋转；单击按钮，机构暂停运动；单击按钮，机构停止运动。

② 单击选项栏中的按钮，将按指定方向从第一个值到最后一个值运动一次；单击按钮，将往返运动一次；单击按钮，将连续往返运动，直至单击按钮；单击按钮：将按指定方向连续运动，直至单击按钮。

③ 若选中"隐藏约束"复选框，将隐藏几何约束符号和尺寸标注。

【例 3-7】   已有燕尾槽的草稿如图 3-134（a）所示，要求首先利用几何约束功能，将该草稿修改为与如图 3-134（b）所示类似（水平和竖直的直线方向应准确，长度和燕尾的角度可以不同）。然后利用尺寸约束功能，将该图参数化，实现与如图 3-134（b）所示相同。

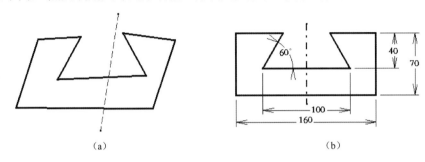

（a）   （b）

图 3-134   燕尾槽轮廓图

1. 利用几何约束功能，修正该草图

（1）激活图 3-10 所示的"可视化"工具栏的图标 ▥ 和 ▥，切换几何约束符号和尺寸为显示状态。

（2）右击轴线，在如图 3-135 所示的快捷菜单中选择"竖直"命令；也可以单击图标 ▥，选择轴线，在如图 3-123 所示的快捷菜单中选择"竖直"命令，为轴线添加"竖直"约束。

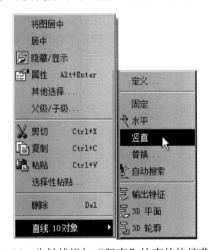

图 3-135   为轴线添加"竖直"约束的快捷菜单

类似的操作，右击如图 3-136（a）所示的直线 L1，在弹出的快捷菜单中选择"水平"命令，结果如图 3-136（b）所示。

（3）右击如图 3-136（b）中所示的直线 L2，在弹出的快捷菜单中选择"竖直"命令，为直线 L2 添加"竖直"约束。采用类似的操作，为直线 L3、L4 添加"水平"约束，结果如图 3-136（c）所示。

（4）单击图标 ▥，选择如图 3-136（c）所示的直线 L2，再选择直线 L5，右击，在如图 3-137 所示的快捷菜单中选择"允许对称线"命令，再选择轴线。以同样的操作，选择直线 L6、L7，选择轴线为对称轴，结果如图 3-136（d）所示。

（5）单击图标，选择如图 3-136（d）所示直线 L3，再选择直线 L8，右击，在如图 3-137 所示的快捷菜单中选择"相合"命令，结果如图 3-136（e）所示。

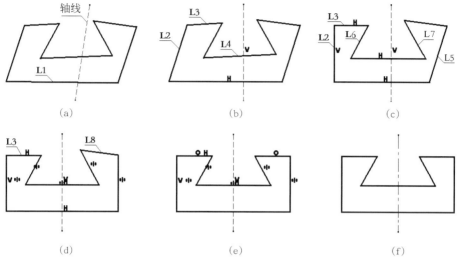

图 3-136　为图形添加几何约束

图 3-137　添加图形对象相对位置约束的快捷菜单

（6）选择如图 3-136（d）所示轴线，在如图 2-40 所示的"图形属性"工具栏的"线形"下拉列表中选择中心线。单击"可视化"工具栏中的图标，不显示几何约束符号，结果如图 3-136（f）所示。

2. 添加尺寸约束

（1）单击图标，选择如图 3-138（a）所示的直线 L1，指定其尺寸线在图中的位置即可。以同样的操作，标注直线 L2、L4 的长度尺寸。

（2）单击图标，选择直线 L3，右击，在如图 3-123 所示的快捷菜单中选择"竖直测量方向"命令，指定其尺寸线在图中的位置即可。

（3）单击图标，选择 L5 和 L1，指定其尺寸线在图中的位置，结果如图 3-138（b）所示。

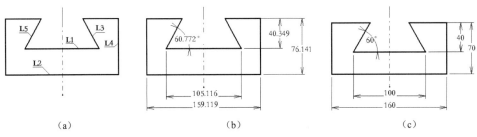

图 3-138 为图形添加尺寸约束

3. 尺寸驱动图形的大小

双击角度值"60.772°"，随后弹出如图 3-139 所示的"约束定义"对话框。输入新的值"60 deg"，单击"确定"按钮即可。

图 3-139 "约束定义"对话框

采用同样的操作，修改其余的尺寸，尺寸 105.116 改为 100、159.119 改为 160、40.349 改为 40、76.141 改为 70，结果如图 3-138（c）所示，满足了题目的要求。

习 题 3

1. 绘制如图 3-140 所示花键轴的断面轮廓图。
2. 绘制如图 3-141 所示的圆螺母视图。

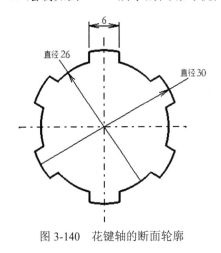

图 3-140 花键轴的断面轮廓　　　　图 3-141 圆螺母

3. 绘制如图 3-142 所示的图形。

4. 绘制如图 3-143 所示的图形。

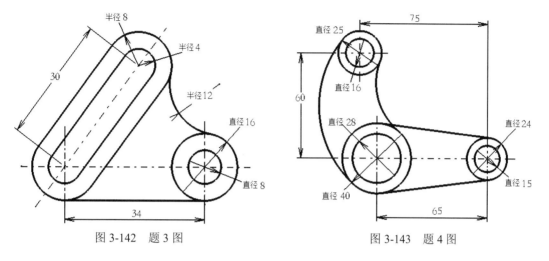

图 3-142 题 3 图   图 3-143 题 4 图

5. 图 3-144（a）所示为随意绘制的轴承座外形图。先利用几何约束，将其修改为与图 3-144（b）所示类似的轴承座，再利用尺寸约束，完成该轴承座的视图。

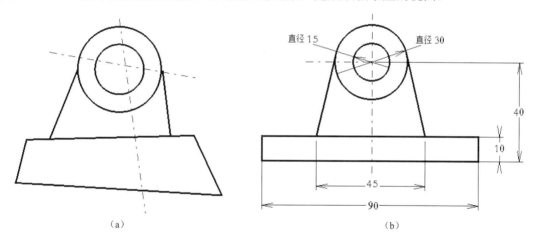

（a）   （b）

图 3-144 轴承座的视图

6. 图 3-145 所示为一个四连杆机构。将角度 56°作为可动约束，分析长度为 35mm 的连杆是否可以旋转一周。

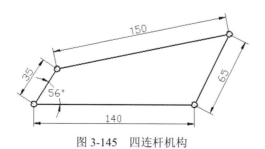

图 3-145 四连杆机构

第4章 零件的三维建模

4.1 概　　述

第 3 章介绍了在草图设计模块创建草图的方法。本章介绍如何利用草图创建三维特征以及进一步利用特征构造零件模型。

1. 实体造型的两种模式

第一种模式是以立方体、圆柱体、锥体、球体和环状体等为基本体素，通过交、并、差等集合运算，生成更为复杂的形体。

第二种模式是以草图为基础，建立基本的特征，以修饰特征方式创建形体。

两种模式生成的形体都具有完整的几何信息，是真实而唯一的三维实体。

CATIA 的零件设计模块侧重第二种模式。该模块利用草图拉伸、旋转、扫描等操作创建三维模型，通过倒角、抽壳等修饰操作生成复杂的三维实体的模型。该模块结合了以特征为基础的实体设计和实体间的布尔操作，建模效率高，易于修改和参数化。

2. 进入零件设计模块的几种途径

（1）选择"开始"→"机械设计"→"零件设计"菜单命令，即可进入零件设计模块。

（2）选择"文件"→"新建"菜单命令，弹出如图 4-1 所示的"新建"对话框。选择 Part，即可进入零件设计模块。

（3）单击如图 4-2 所示的"工作台"工具栏中的图标 ，即可进入零件设计模块。

图 4-1 "新建"对话框

图 4-2 "工作台"工具栏

4.2 基于草图建立特征

有关创建特征的菜单如图 4-3 所示，工具栏如图 4-4 所示。

图 4-3 创建特征的菜单

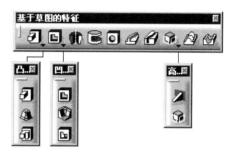

图 4-4 创建特征的"基于草图的特征"工具栏

4.2.1 拉伸

拉伸（凸台）的功能是将一个闭合的平面曲线沿着一个或相反的两个方向扫描成实体。例如，在草图设计模块绘制了图 4-5（a）所示的闭合的白色平面曲线。单击图标 🗗，弹出如图 4-5（b）所示的"定义凸台"对话框。输入"第一限制"的"长度"为"15mm"，即可得到该形体。

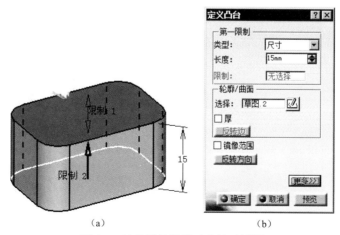

（a） （b）

图 4-5 拉伸形体及其对应的对话框

该对话框可以满足一般使用要求。若单击"更多"按钮，则对话框扩展为图 4-6（a）所示的样式。若单击扩展后的对话框的"更少"按钮，则对话框收缩为图 4-5（b）所示的样式。"更多"或"更少"按钮的功能同样适用于其他对话框。

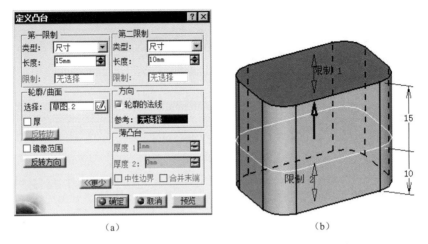

（a）　　　　　　　　　　　　　　（b）

图 4-6　向相反的两个方向拉伸的参数及其得到的形体

该对话框中的各项含义如下。

（1）"第一限制"栏。用于确定第一拉伸界限，有"尺寸""直到下一个""直到最后""直到平面""直到曲面"5 种类型。详细的解释请参照图 4-11 中有关孔深的选项。

若光标停留在拉伸操作模型中的绿色"限制 1"或"限制 2"上时，出现双向箭头，按住左键拖动鼠标，也可以改变界限。

（2）"第二限制"栏。用于确定第二拉伸界限，它和第一限制的方向相反，其操作相同。例如输入"第二限制"的"长度"为"10mm"，得到如图 4-6（b）所示的形体。

（3）"轮廓/曲面"栏。用于选择轮廓线，即选择在草图设计模块绘制的图形。轮廓线是由直线或曲线组成的闭合的、不能有缺口的、不能探出多余的线头的、不能自相交的平面图形。

若单击该栏的图标 ⚃ ，则进入创建该图形时的工作环境，可以修改该图形。单击图标⬚，返回到零件设计模块继续进行零件设计。该图标的含义与功能同样适用于本章其他对话框。

一个草图可绘制多条独立的轮廓线。轮廓线之内还可以包含一些轮廓线，但它们不能相交。可将多条轮廓线拉伸为实体，如图 4-7 所示。

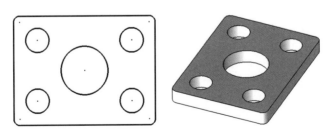

图 4-7　将多条轮廓线拉伸为实体

CATIA 实用教程（第 3 版）

（4）"厚"复选框。若选中该复选框，则需要在"薄凸台"栏输入"厚度 1"和"厚度 2"的厚度值，这样将以轮廓曲线为基准，形成向两侧偏移的薄壁类形体，如图 4-8 所示。该复选框的含义与功能同样适用于本章其他对话框。

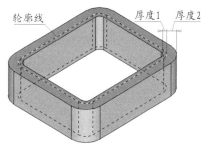

图 4-8　薄壁类形体

（5）"镜像范围"复选框。若选中该复选框，则"第二限制"等于"第一限制"，得到以草图平面为对称平面的形体。

（6）"反转方向"按钮。单击该按钮，反转改变拉伸方向。单击拉伸方向的箭头，也可以改变拉伸方向。该按钮的含义与功能同样适用于本章其他对话框。

（7）"轮廓线的法线"复选框。若选中该复选框，拉伸方向与草图平面垂直；若取消选中该复选框，需要指定拉伸方向。

4.2.2　挖槽

挖槽（凹槽）的功能是从已有形体上挖掉（Pocket）草图经拉伸而形成的一块形体，可以认为挖槽是拉伸的相反的结果，如图 4-9 所示。单击图标 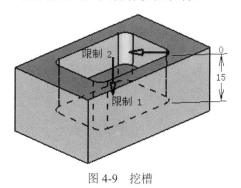，弹出"挖槽"对话框。该对话框与拉伸对话框的各项内容相同，其操作参见拉伸。

图 4-9　挖槽

4.2.3　打孔

打孔就是在实体上钻孔，可以创建盲孔、通孔、埋头孔、沉孔或螺纹孔等。单击图标，选择要打孔的表面，弹出如图 4-10（a）所示的"定义孔"对话框。该对话框有"扩展""类型""定义螺纹"3 个选项卡。

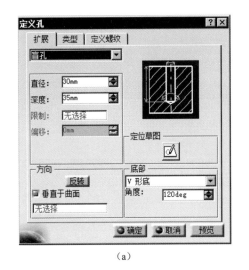
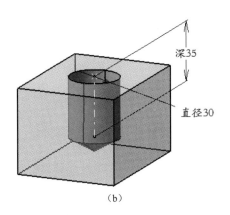

（a）   （b）

图 4-10   "定义孔"对话框及钻孔的实体

1."扩展"选项卡

该选项卡如图 4-10（a）所示，用于确定孔的直径和边界，其各项含义如下。

（1）下拉列表：用于确定孔的深度。若选择"盲孔"，此时深度为可用状态，在"深度"文本框输入孔的深度值；若选择"直到下一个""直到最后""直到平面""直到曲面"，其含义如图 4-11 所示。

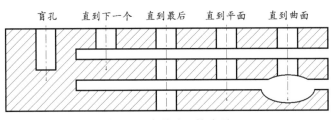

图 4-11   有关孔深的选项

（2）直径：输入孔的直径。

（3）深度：选择盲孔时输入孔的深度。

（4）限制：若选择"直到平面"或"直到曲面"，则该项为可用状态。需要指定孔终止到形体的哪一个平面或曲面。

（5）偏移：若选择的不是"盲孔"，则该项为可用状态。确定孔与指定终止面的偏移量。

（6）垂直于曲面：若选中该复选框，孔的轴线与所选平面垂直，若关闭该复选框，需指定孔的轴线方向。

（7）反转：单击该按钮，钻孔改变为相反的方向。

（8）定位草图：若所选的平面为整圆时，则该圆心是默认的孔的位置，否则是选择平面时光标指定的位置。单击图标 ，进入草图设计模块，可以重新确定孔的中心位置。

（9）底部：确定孔的底部形状，有平底和 V 形底两种选择。若选择 V 形底，则需要输入锥孔的角度。

例如，选择"盲孔"，输入"直径"为"30mm"、"深度"为"35mm"、选择"V形底"、"角度"为"120 deg"之后，单击"确定"按钮，结果如图4-10（b）所示。

2."类型"选项卡

该选项卡用于确定孔的类型及主孔以外细部结构的一些参数，如图4-12所示。

（a）

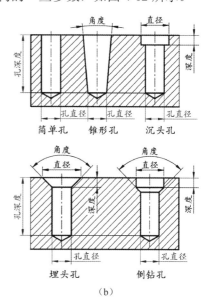
（b）

图4-12 "类型"选项卡及其选项说明

3."定义螺纹"选项卡

该选项卡如图4-13（a）所示，用于确定螺纹的基本要素。生成的螺纹在三维形体与普

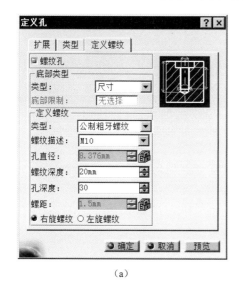
（a）

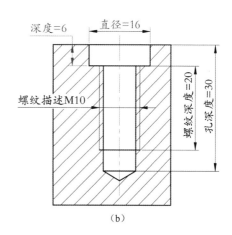
（b）

图4-13 "定义螺纹"选项卡及其选项说明

通孔相同，在二维工程图上采用螺纹的规定画法。

其各项含义如下。

（1）"螺纹孔"复选框：若选中该复选框，则"定义螺纹"栏的有关螺纹的选项才能成为可用状态。

（2）类型：应该首先确定螺纹的类型，有"公制粗牙螺纹""公制细牙螺纹""非标准螺纹"三个类型。若选择"非标准螺纹"，则"定义螺纹"栏的全部选项均可用，否则"孔直径"和"螺距"选项禁用。

（3）螺纹直径：若选择"公制粗牙螺纹"，则此项改为"螺纹描述"，从其下拉列表中选择"M10"等参数；若选择"公制细牙螺纹"，则从其下拉列表中选择"M10×1.5"等参数，此时"孔直径"和"螺距"选项禁用。

（4）单击"右旋螺纹"或"左旋螺纹"按钮，确定螺纹的旋向。

例如，选择螺纹的"类型"为"公制粗牙螺纹"，"螺纹描述"为"M10"，"螺纹深度"为"20mm"，"孔深度"为"30mm"。在"扩展"选项卡选择"盲孔"为"V形底"，选择"角度"为"120 deg"。在"类型"选项卡选择"沉头孔"的类型，沉头孔的"直径"为"16mm"，"深度"为"6mm"之后，单击"确定"按钮，其二维工程图的结果如图 4-13（b）所示。

4.2.4 旋转体

旋转体的功能是将一条轮廓线绕一条轴线旋转一定角度而形成的形体。轮廓线不能自相交或与轴线相交。如果轮廓线是开放的，其首、尾两点必须在轴线或轴线的延长线上。

例如，在草图设计模块绘制了如图 4-14 所示的轮廓线和轴线。单击图标 ，返回到零件设计模块。单击图标 ，弹出如图 4-15（a）所示的"定义旋转体"对话框。

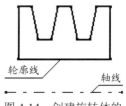

图 4-14 创建旋转体的
轮廓线和轴线

（a）

（b）

图 4-15 "定义旋转体"对话框及旋转形成的形体

"定义旋转体"对话框中各项的含义如下：

（1）"限制"栏。输入旋转体旋转的起始角度和终止角度，例如"0 deg"和"120 deg"。

（2）"厚轮廓"复选框。若选中该复选框，需要在"薄旋转体"栏输入"厚度1"和"厚度2"的值，生成以轮廓为基面向里或外偏移"厚度1"和"厚度2"的回转的"薄"壳体。

（3）"轴"栏。选择旋转轴线。轴线不能是普通的直线，必须是激活图标 时绘制的。

（4）"反转方向"按钮。单击该按钮，将反方向旋转轮廓线并生成形体。

其余选项的含义参见拉伸。

4.2.5 旋转槽

旋转槽的功能是从现有实体中去掉所选轮廓线绕轴线旋转一定角度所形成的形体，可以认为旋转槽是旋转体的相反的结果。单击图标 ，弹出如图 4-16（a）所示的"定义旋转槽"对话框。该对话框的内容与操作同旋转体。

（a）

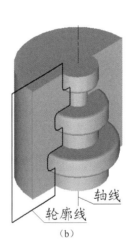
（b）

图 4-16 "定义旋转槽"对话框及形成的形体

4.2.6 肋

肋的功能是将指定的闭合的轮廓线，沿指定的中心曲线扫描而生成形体。如果中心曲线是三维曲线，那么它必须切线连续；如果中心曲线是平面曲线，则无须切线连续；如果中心曲线是闭合三维曲线，那么轮廓线必须是闭合的。

单击图标 ，弹出如图 4-17 所示的"定义肋"对话框。

"定义肋"对话框的"控制轮廓"栏有以下 3 种选择。

（1）保持角度：轮廓线所在平面和中心线切线方向的夹角保持不变，如图 4-18（a）所示。

（2）拔模方向：轮廓线方向始终保持与指定的方向不变。选择一条直线，即可确定指定拔模的方向，如图 4-18（b）所示。

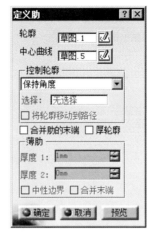

图 4-17 "定义肋"对话框

（3）参考曲面：轮廓线平面的法线方向始终和指定的参考曲面的夹角保持不变。选择一个表面即可，如图 4-18（c）所示。

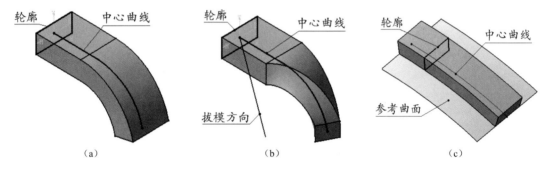

（a） （b） （c）

图 4-18 控制扫描过程中轮廓线的方向

4.2.7 开槽

开槽的功能是生成狭槽，是从已有形体去掉所选轮廓线沿中心曲线经扫描得到的形体，可以认为开槽是肋的相反的功能。单击图标 ，弹出"开槽"对话框。其对话框的内容和操作与肋相同。例如，选择如图 4-19（a）所示的轮廓线和中心曲线，结果如图 4-19（b）所示。

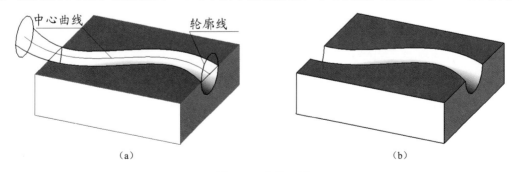

（a） （b）

图 4-19 实体开槽

4.2.8 加强肋

加强肋是在已有形体的基础上生成的。它的截面是通过指定的轮廓线和已有的形体的表面确定的。单击图标 ✎，弹出如图 4-20（a）所示的"定义加强肋"对话框。选择如图 4-20（b）所示的轮廓线，输入肋板的厚度即可。

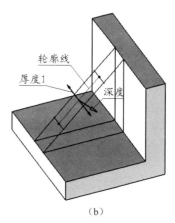

（a）　　　　　　　　　　　　　　　　　（b）

图 4-20　"定义加强肋"对话框及定义的形体

"定义加强肋"对话框的补充说明如下。

（1）"模式"栏。有"从侧边"和"从顶部"两种模式。以图 4-21 为例，若选择"从侧边"，则肋的深度方向相当于"侧视"，如图 4-21（b）所示；若选择"从顶部"，则肋的深度方向相当于"俯视"，如图 4-21（c）所示。

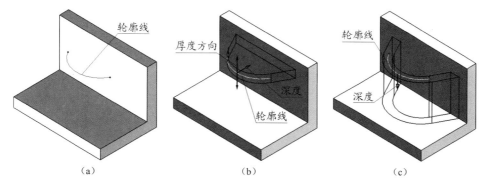

（a）　　　　　　　　　　　　　（b）　　　　　　　　　　　　　（c）

图 4-21　加强肋的生成模式

若轮廓线是闭合的，则只能选择"从顶部"模式，如图 4-22 所示。

（2）"线宽"栏。若选中"中性边界"复选框，则"厚度 1"对称于轮廓线，如图 4-20（b）所示；若取消选中"中性边界"复选框，则"厚度 1"在轮廓线的一侧。单击"反转方向"按钮，可将厚度调至轮廓线的另一侧。

轮廓线

图 4-22　闭合的轮廓线生成的加强肋

4.2.9　多截面实体

多截面实体也称作放样，是通过一组互不交叉的截面曲线和一条指定的或自动确定的脊线渐变扫描得到的形体。

单击图标 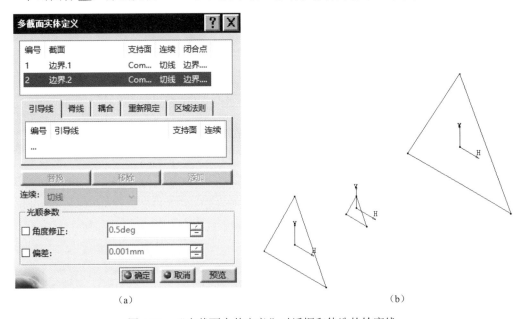，弹出如图 4-23（a）所示的"多截面实体定义"对话框。

（a）　　　　　　　　　　　　　　　　（b）

图 4-23　"多截面实体定义"对话框和待选的轮廓线

按照前后的顺序选择如图 4-23（b）所示的图形，在这些曲线上自动标注了截面和闭合点的名称，如图 4-24（a）所示。单击"确定"按钮，得到如图 4-24（b）所示的多截面实体。

"多截面实体定义"对话框上部的列表框按选择顺序记录了一组截面曲线。下部有"引导线""脊线""耦合""重新限定""区域法则"5 个选项卡，下部的"替换""移除""添加"3 个按钮分别是为选择点或曲线组作为输入或操作目标而设立的。

1."引导线"选项卡

引导线的作用是产生形体的边线，例如选择如图 4-25（a）所示的引导线，结果如图 4-25（b）所示。

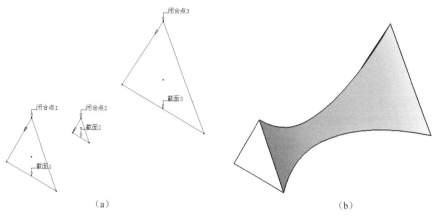

（a）　　　　　　　　　　　　　　（b）

图 4-24　创建多截面实体

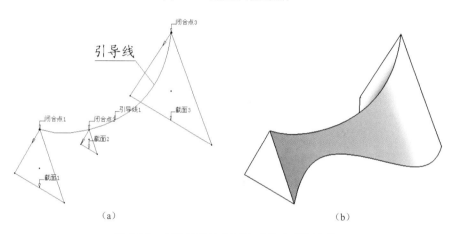

（a）　　　　　　　　　　　　　　（b）

图 4-25　在引导线控制下生成的多截面实体

2. "脊线"选项卡

脊线的作用是控制实体的伸展方向,默认的脊线是自动计算的。例如选择如图 4-26（a）所示的脊线,结果如图 4-26（b）所示。

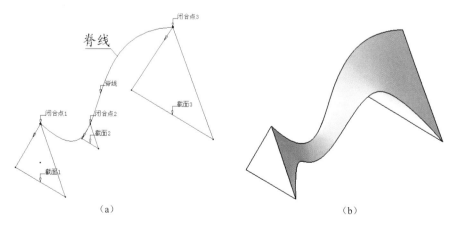

（a）　　　　　　　　　　　　　　（b）

图 4-26　在脊线控制下生成的多截面体实体

3. "耦合"选项卡

控制截面曲线的耦合，有以下4种情况。

（1）比率：截面通过曲线坐标耦合。

（2）相切：截面通过曲线的切线不连续点耦合，如果各个截面的切线不连续点的数量不等，则截面不能耦合，必须通过手工修改不连续点使之相同，才能耦合。

（3）相切然后曲率：截面通过曲线的曲率不连续点耦合，如果各个截面的曲率不连续点的数量不等，则截面不能耦合，必须通过手工修改不连续点使之相同，才能耦合。

（4）顶点：截面通过曲线的顶点耦合，如果各个截面的顶点的数量不等，则截面不能耦合，必须通过手工修改顶点使之相同，才能耦合。

截面线上的箭头表示截面线的方向，必须一致；各个截面线上的"闭合点"所在位置必须一致，否则放样结果会产生扭曲。

4. "重新限定"选项卡

该选项卡用于控制放样的起始界限。若该选项卡的复选框为选中状态，则放样的起始界限为起始截面；若该复选框为取消选中状态时指定脊线，则按照脊线的端点确定起始界限，否则按照选择的第一条导线的端点确定起始界限；若脊线和导线均未指定时，则按照起始截面线确定放样的起始界限。

5. "区域法则"选项卡

该选项卡用于按照输入的法则函数，控制相邻截面线之间的曲面和导线的偏差，此选项卡只在 CFO 铸造锻造优化模块配置有此功能。

6. "光顺参数"栏

若选中"角度修正"或"偏差"复选框，则可以自动光顺生成的曲面，使曲面连接的法线角度偏差小于角度修正值，曲面和控制线之间的偏差小于设定的偏差值。

4.2.10 减去放样

减去放样的功能是从已有形体上去掉放样形体，与放样（多截面实体）结果相反，如图 4-27 所示。单击图标 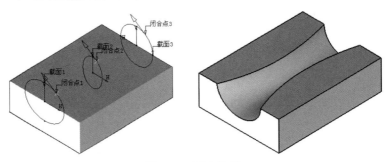，弹出"减去放样"对话框。该对话框的内容、参数的含义及操

图 4-27　减去放样

作过程与放样完全相同。

4.3 修 饰 特 征

修饰特征即对已创建的三维形体进行修改、编辑等处理，得到满足要求的零件的三维模型。有关修饰特征的菜单和工具栏如图 4-28 所示。

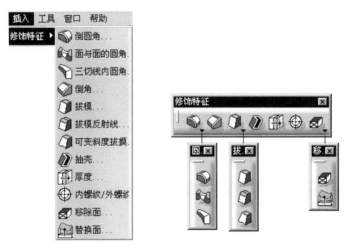

图 4-28 修饰特征的菜单和工具栏

4.3.1 倒圆角

根据圆角半径的特点，将倒圆角分为"常量"和"变量"两种类型。单击图标 ⬡，弹出如图 4-29 所示的"倒圆角定义"对话框。该对话框中"变化"栏的两个图标 ⬡ 和 ⬡ 对应着倒圆角的两种类型。

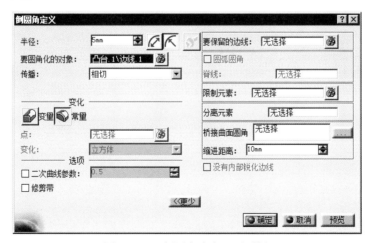

图 4-29 "倒圆角定义"对话框

1. 常量类型的倒圆角

常量类型的倒圆角是指在倒圆角的过程中圆角的半径是固定不变的。选择常量 之后的"倒圆角定义"对话框如图 4-29 所示，其主要选项的含义如下。

（1）半径。若激活图标 ⟋，输入的数值为圆角的半径；若激活图标 ⟍，输入的数值为圆角的弦长。

（2）要圆角化的对象。可选择多个棱边或面，若选择了面，面的边界处将生成圆角。例如图 4-30（a）所示为倒圆角时待选的形体，其后依次是选择一条棱边、三条棱边和顶面之后倒圆角的结果。

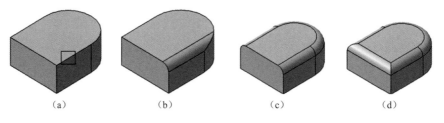

（a）　　　　　（b）　　　　　（c）　　　　　（d）

图 4-30　倒圆角

（3）传播。在"传播"下拉列表中有"最小""相切""相交""与选定特征相交"4 个选项。

若选择了"最小"，则只对被选的棱边倒圆角，有时向两侧延长少许。例如选中如图 4-30（a）所示的那条棱边时，再选择"最小"，结果如图 4-30（b）所示。

若选择了"相切"，则与被选棱边的邻接边具有相切关系的棱边也将被倒圆角，直到遇到不相切的棱边为止。若将"最小"改为"相切"，结果如图 4-30（c）所示。此例相当于选择了三条棱边。

"相交"通常用于生成形体相贯线的圆角，如图 4-31 所示。选择凸台 1，在"传播"的

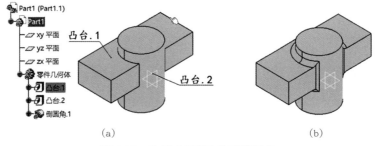

（a）　　　　　　　　　　　　　　　（b）

图 4-31　选择"相交"选项倒圆角

图 4-32　"候选特征"对话框

下拉菜单中选择"相交"，此时将弹出图 4-32 所示的"候选特征"对话框。CATIA 根据已选的对象，例如图 4-31（a）所示的一条棱边或面来确定凸台 1 作为候选特征。此时需要重新选择一个类型为特征的对象作为"要圆角化的对象"，例如选择凸台 2 或者在特征树上选择其相应的结点。单击"确定"按钮，结果如图 4-31（b）所示。

若选择"与选定特征相交",对话框如图 4-33 所示,单击"要圆角化的对象"文本框右侧的按钮 🖭,弹出如图 4-34(a)所示的"圆角边线"对话框,选择如图 4-35(a)所示的"凸台.3";单击图 4-33 中"所选特征"文本框右侧的按钮 🖭,弹出如图 4-34(b)所示的"所选特征"对话框,选择如图 4-35(a)所示的"凸台.1"和"凸台.2"。输入圆角半径,结果如图 4-35(b)所示。

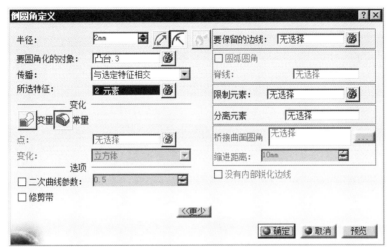

图 4-33 选择"与选定特征相交"选项时的"倒圆角定义"对话框

(a)　　　　　　　　　　(b)

图 4-34 "圆角边线"和"所选特征"对话框

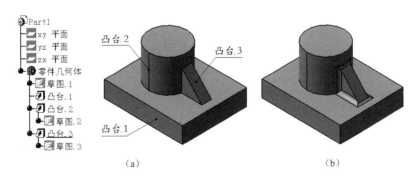

(a)　　　　　　　　　　(b)

图 4-35 选择"与选定特征相交"选项倒圆角

2. 变半径倒圆角

变半径倒圆角是指在倒圆角的过程中圆角半径可以变化。选择变量 🖭 之后的"倒圆角定义"对话框如图 4-36 所示,一些新增项目的含义如下。

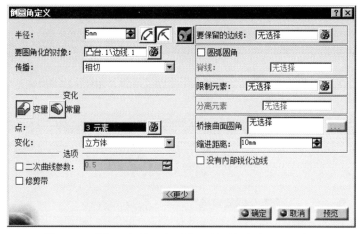

图 4-36　选择"变量"之后的"倒圆角定义"对话框

（1）点：确定改变圆角半径的位置。单击该输入框，在已被选的棱边上指定一个点，在该点处显示了默认的半径值。双击该半径值，弹出如图 4-37（a）所示的"参数定义"对话框。通过该对话框可以输入新的半径值。若单击按钮 ，则弹出如图 4-37（b）所示的"圆角值"对话框，通过该对话框可以修改表内任一点的半径值，结果如图 4-37（c）所示。

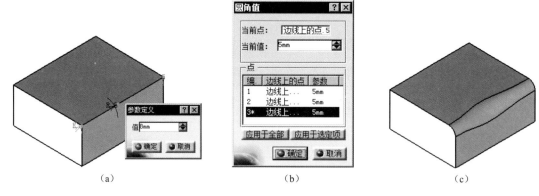

（a）　　　　　　　　　　　（b）　　　　　　　　　　　（c）

图 4-37　"参数定义"和"圆角值"对话框

（2）变化：控制半径变化的规律。该下拉列表中有"线性""立方体"两个选项供选择。若选择"线性"，则圆角半径呈线性变化，如图 4-38（a）所示；若选择"立方体"，则圆角半径呈立方曲线变化，如图 4-38（b）所示。

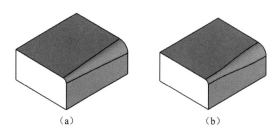

（a）　　　　　　　　　　　（b）

图 4-38　线性变化和立方曲线变化的圆角

（3）"圆弧圆角"和"脊线"：当选择变半径倒圆角时，这两个控件被激活，如图 4-39 所示。脊线（通常是一个草图）用来控制圆弧曲面的母线方位，此时的圆弧母线所在平面必须垂直于脊线相应点的切线方向。如图 4-40 所示是激活脊线前后的对比图。

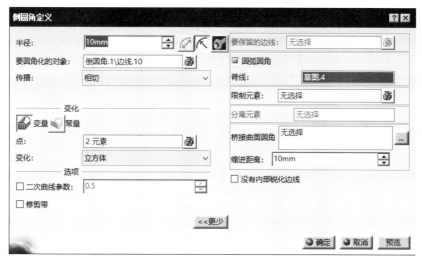

图 4-39　选择变半径倒圆角时，对话框中"圆弧圆角"和"脊线"被激活

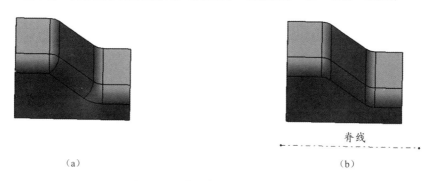

（a）　　　　　　　　　　　　　　　　　　　（b）

图 4-40　激活脊线前后的对比

3．适用于两种圆角的其他选项

（1）要保留的边线：当圆角的半径超出形体的尺寸时，就会产生过切现象，应该在"倒圆角定义"对话框的"要保留的边线"文本框中指定边界对象。

例如选择如图 4-41（a）所示的圆柱底面圆为圆角化对象，由于圆柱的高度 2 小于圆角的半径 3，此时单击"倒圆角定义"对话框的"要保留的边线"文本框，再指定圆柱的顶圆为边界对象，所得结果如图 4-41（b）所示。如果事先未指定"要保留的边线"，系统会提出如图 4-42 所示的修改参数的警告。此时补填此项，也能得到相同的结果。

（2）限制元素：选择倒角的界限，例如选择一个平面，如图 4-43 所示。

（3）修剪带：当两个棱边的圆角出现交叠时，系统会警告无法执行，此时若选中该复选框，则进行修剪处理，如图 4-43 所示。

（4）分离元素：从分离元素开始，一边倒圆角，另一边保持原来面（参见 4.3.5 节拔模中的定义）。

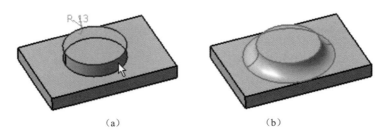

（a）　　　　　　　　　（b）

图 4-41　选择圆柱顶圆作为要保留的边线之后的倒圆角的结果

图 4-42　圆角的半径超出形体的尺寸时的提示和警告信息

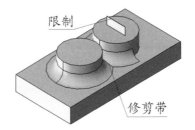

图 4-43　限制和修剪带

（5）二次曲线参数：控制圆角曲面素线的类型参数。如果选中"二次曲线参数"复选框，那么"要保留的边线"就不能使用，反之亦然。

① 参数<0.5，表示生成的是椭圆。

② 参数=0.5，表示生成的是抛物线。

③ 参数>0.5，表示生成的是双曲线。

（6）桥接曲面圆角：在三条以上的棱边相交处会产生一个顶角，如图 4-44（a）所示。若对此顶角不满意，则激活该选项，修改如图 4-44（b）所示尺寸的"缩进距离"值，以便得到较好的结果，如图 4-44（c）所示。

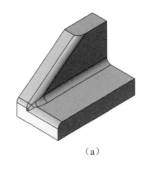
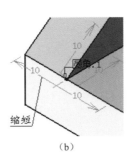
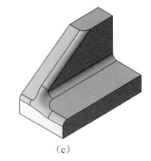

（a）　　　　　　　　　（b）　　　　　　　　　（c）

图 4-44　桥接曲面圆角

4.3.2　生成面与面的圆角

前面的倒圆角操作，都可以直接选择欲倒圆角的边。如果面与面没有相交，就无边可选，此时只能选择图标 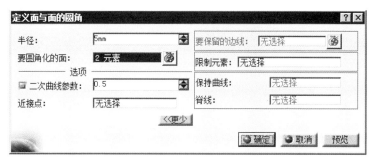。

单击图标 ，弹出如图 4-45 所示的"定义面与面的圆角"对话框。其中的多数选项和上述"倒圆角定义"对话框相同。

图 4-45　"定义面与面的圆角"对话框

选择两个面，例如选择如图 4-46 所示的两个锥面，输入圆角半径，单击"确定"按钮即可。

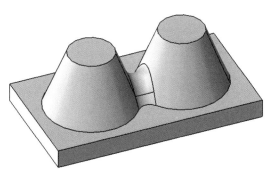

图 4-46　生成面与面的圆角

若选择"保持曲线"，则可以不输入圆角半径而实现曲面连接，保持曲线必须在其中的一个曲面上，最好是草图曲线，脊线是生成圆角曲面的控制线，如图 4-47 所示，此操作一般会产生变半径倒圆角结果。

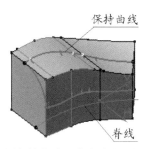

图 4-47　用保持曲线和脊线确定面与面的圆角

"近接点"输入框由于当倒圆角操作产生两个以上可能结果时，输入一个点，使距离这个点最近的圆角面作为最后结果，如图 4-48 所示。

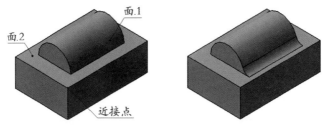

图 4-48　用近接点确定倒圆角的结果

4.3.3　生成与三面相切的圆角

单击图标 ，弹出如图 4-49 所示的"定义三切线内圆角"对话框。单击要圆角化的面，例如选择如图 4-50（a）所示形体的两侧面。单击要移除的面，选择如图 4-50（b）所示形体的顶面，单击"确定"按钮，结果如图 4-50（c）所示。

图 4-49　"定义三切线内圆角"对话框

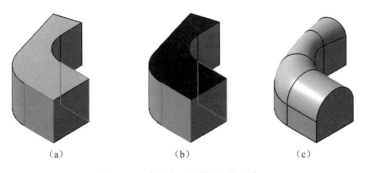

(a)　　　　　　　　(b)　　　　　　　　(c)

图 4-50　生成与三面相切的圆角

4.3.4　切角

单击图标 ，弹出如图 4-51 所示的"定义倒角"对话框。

"定义倒角"对话框中各项的含义如下。

（1）模式：该下拉列表中有"长度 1/角度""长度 1/长度 2""弦长度/角度""高度/角度"4 种模式。模式下面两个文本框的内容与模式相对应。例如选择了"长度 1/角度"模式，下面的两个文本框即为"长度 1"和"角度"，输入"2mm"和"45 deg"，结果如图 4-52

图 4-51　"定义倒角"对话框

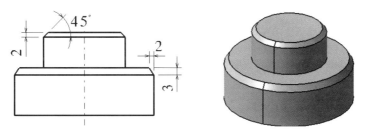

图 4-52　使用两种模式为圆柱倒角

所示的小圆柱；若选择了"长度 1/长度 2"模式，下面的两个文本框即为"长度 1"和"长度 2"，输入"3mm"和"2mm"，结果如图 4-52 所示的大圆柱。

（2）反转：若选中该复选框，则"长度 1"和"长度 2"互换。

（3）圆角捕获：默认的"圆角捕获"复选框是选中状态，效果如图 4-53（a）所示，否则如图 4-53（b）所示。

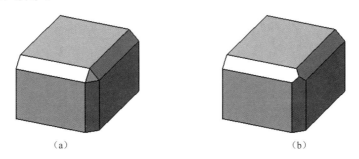

（a）　　　　　　　　　　　　　　　　（b）

图 4-53　圆角捕获

其余各项的含义同倒圆角，在此不再赘述。

4.3.5　拔模

为了便于从模具中取出铸造类型的零件，这些零件的侧壁都设计有一定斜度，即拔模角度。CATIA 可以为这类零件创建等角度和变角度的拔模斜度。

1. 等角度拔模

单击图标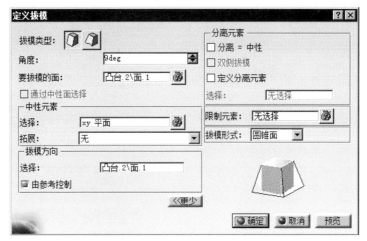，弹出如图 4-54 所示的"定义拔模"对话框。

图 4-54 "定义拔模"对话框

"定义拔模"对话框中各项的含义如下。

（1）拔模类型：左边的图标 是简单拔模；右边的图标 是变角度拔模。

（2）角度：即拔模角度，指拔模后拔模面与拔模方向的夹角。

（3）要拔模的面：选择需要改变斜度的表面，拔模面呈深红色显示。

（4）通过中性面选择：若选中该复选框，则通过中性面选择拔模的表面。

（5）中性元素：即中性面，指拔模过程中不变化的实体轮廓曲线，中性面呈蓝色显示。例如选择"xy 平面"为中性元素之后，显示如图 4-55（a）的中性元素的轮廓线所示。确定了中性面，也就确定了拔模方向。该栏的"拓展"项控制拔模面的选择，若选择"无"，则只选中一个面；若选择"光顺"，则在中性曲线上与选择曲面相切连续的所有曲面全被选中。

（6）拔模方向：通常，系统给出一个默认的拔模方向，如图 4-55（a）的箭头所示。当选择中性面之后，拔模方向垂直于中性面。

（7）分离元素：若未选择该栏，拔模面未被分割，结果如图 4-55（b）所示；若选中该栏的选项，拔模面将被分离。分离元素可以是平面、曲面或者实体表面。该栏有以下 3 个复选框。

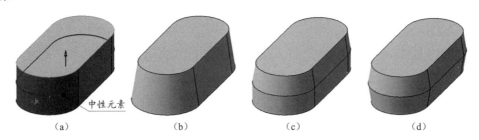

图 4-55 拔模前后的形体

① 分离=中性：若选中该复选框，则分离面和中性面是同一个面，结果如图 4-55（c）所示。此时"双侧拔模"复选框为可用但未被选中状态。

② 双侧拔模：若选中该复选框，则从分离面向两侧拔模，如图 4-55（d）所示。

③ 定义分离元素：若"分离=中性"复选框为取消选中状态时，选中该复选框，可以另选择一个分离面。

2. 变角度拔模

单击图标 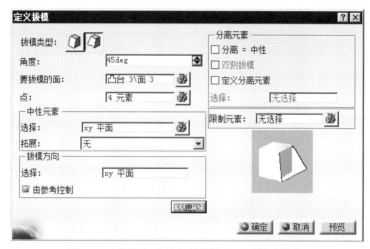，"定义拔模"对话框改变为如图 4-56 所示的样式。

图 4-56　变角度时"定义拔模"对话框的样式

比较如图 4-56 所示对话框与如图 4-54 所示对话框的区别，如图 4-56 所示对话框只是用"点"编辑框替换了"通过中性面选择"复选框。选择中性面和要拔模面之后，与这两种面临界的棱边的两个端点各出现一个角度值，双击此角度值，通过随后弹出的修改对话框即可修改角度值。

如果要增加角度控制点，首先单击"点"编辑框，再单击棱边，例如图 4-57 所示棱边的中点，棱边的点击处出现角度值显示。双击角度值，通过随后弹出的"参数定义"对话框修改角度值。

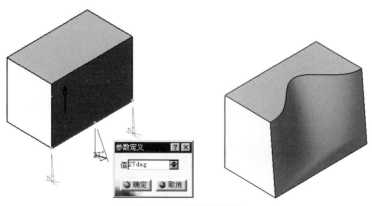

图 4-57　变角度拔模

单击"点"编辑框右侧的图标 ，弹出如图 4-58 所示的"点元素"对话框，通过该对话框可以移去或替换控制点。

图 4-58 "点元素"对话框

4.3.6 抽壳

抽壳也被称作定义盒体，它的功能是保留实体的一些表面，挖空实体的内部，在实体的内、外增加厚度。单击图标 ⏸️，弹出如图 4-59 所示的"定义盒体"对话框。

图 4-59 "定义盒体"对话框

"定义盒体"对话框中各项的含义如下。

（1）默认内侧厚度：从形体表面向内保留的默认厚度，例如输入"3mm"。

（2）默认外侧厚度：从形体表面向外增加的默认厚度，例如输入"0mm"。

（3）要移除的面：选择要去掉的表面，该面呈深红色显示，默认的厚度显示在该面上，例如选择如图 4-60（a）所示形体的顶面。

（4）其他厚度面：确定非默认厚度的表面，该面呈蓝色显示，并出现该面的厚度值，双击厚度值可以改变该面的厚度。例如，选择如图 4-60（a）所示形体的右前面，并将厚度"值"改为"4mm"。

（5）拓展要移除的面：可以使选择的移除面按照相切的联系向周围扩展，直到遇到不相切曲面为止。

（6）"偏差参数"栏：在"光顺模式"下拉列表中，可以选择"无""手动""自动"三种光顺模式，默认的选择为"无"，此时"最大偏差"输入框和"固定厚度"控件禁用。若选择"手动"，则需要输入一个最大偏差值，默认值为"0.1mm"，"固定厚度"控件可用；若选择"自动"，自动光顺盒体表面，"最大偏差"控件禁用，"固定厚度"控件可用。

"规则化"选项组包括"本地"和"全局"两个单选按钮，"本地"规则化产生一些顶点和边线，可以使偏差最小；"全局"规则化使整个盒体表面更改，结果显示在弹出的信息框中。

单击"确定"按钮，即可得到如图 4-60（b）所示的形体。

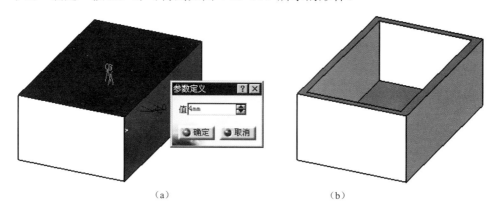

（a）　　　　　　　　　　　　　　　（b）

图 4-60　形体抽壳

4.3.7　改变厚度

单击图标🔳，弹出如图 4-61 所示的"定义厚度"对话框。

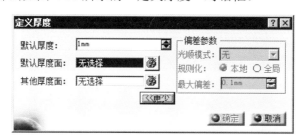

图 4-61　"定义厚度"对话框

"定义厚度"对话框中各项的含义如下。

（1）默认厚度：正数表示增加的厚度，负数表示减少的厚度，例如输入"5mm"。

（2）默认厚度面：选择改变默认厚度的形体表面，该表面呈红色显示，例如选择如图 4-62（a）所示圆柱的顶面。

（3）其他厚度面：选择改变非默认厚度的形体表面，该表面呈蓝色显示。例如选择如图 4-62（a）所示底板顶面。双击初始值厚度，将其改为"–2mm"。

（4）"偏差参数"栏：在"光顺（平滑）模式"下拉列表中可以选择"无""手动""自动"模式。"无"是默认的选择；"手动"需要输入一个最大偏差值，默认值为 0.1mm；选择"自动"需要输入一个厚度常数。"规则化"选择组包括"局部"和"全局"两个单选按钮。"局部"规则化产生一些顶点和边线，可以使偏差最小；"全局"规则化使整改抽壳面更改，结果显示在弹出的消息框中。

单击"确定"按钮，即可得到如图 4-62（b）所示的形体。

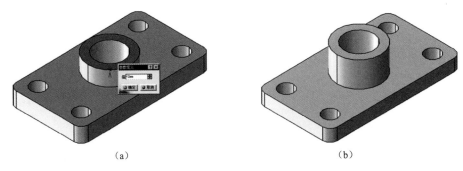

（a） （b）

图 4-62　改变底板和圆筒的厚度

4.3.8　创建外螺纹/内螺纹

为了节省存储空间，系统只是将螺纹的信息记录到数据库，进入工程制图模块后，根据记录的数据按照螺纹的规定画法画出形体的外螺纹/内螺纹。

单击图标 ⊕，弹出如图 4-63（a）所示的"定义外螺纹/内螺纹"对话框。该命令适于创建外螺纹，CATIA 建议用户使用孔命令 ◙ 创建内螺纹。

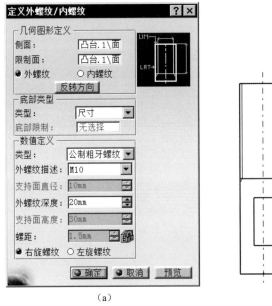

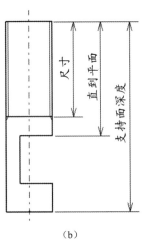

（a） （b）

图 4-63　"定义外螺纹/内螺纹"对话框

"定义外螺纹/内螺纹"对话框中主要选项的含义如下。

1．"几何图形定义"栏

（1）侧面：圆柱的外表面或圆孔的内表面。

（2）限制面：螺纹的起始界限。

（3）"外螺纹"和"内螺纹"按钮：确定所生成的是外螺纹还是内螺纹。如果选择的是圆柱的侧面，CATIA 将自动选中"外螺纹"按钮，如果选择的是圆孔的侧面，CATIA 将自动选中"内螺纹"按钮。

2."底部类型"栏

（1）类型：底部的类型有"尺寸""支持面深度"和"直到平面"3 种类型，如图 4-63（b）所示。

（2）底部限制：只有选择了"直到平面"的类型，该项才成为可用状态。需要指定一个平面作为底部限制。

3."数值定义"栏

（1）类型：可以选择"公制细牙螺纹""公制粗牙螺纹"或"非标准螺纹"。

（2）外螺纹类型：如果选择了公制的螺纹类型，则该项改为"外螺纹描述"，并且在其右端增加一个下拉列表。

（3）支持面直径：圆柱或圆孔的直径。此项由 CATIA 自动填入所选圆柱（孔）的直径。

（4）外螺纹深度：只有选择底部的类型为"尺寸"时，该项才成为可用状态，需要输入螺纹的深（高、长）度。

（5）支持面高度：圆柱或圆孔的总高（深、长）度。此项由 CATIA 自动填入所选圆柱（孔）的高（深）度。

（6）螺距：输入螺纹的螺距。如果选择公制的螺纹类型，则此项由 CATIA 自动填入螺距的标准值。

例如，"侧面"选择如图 4-64（b）所示圆柱的外表面，"限制面"选择圆柱的顶面，"底部类型"选择"尺寸"，"数值定义"栏的"类型"选择"公制粗牙螺纹"，在"外螺纹描述"的下拉列表中选择"M10"，在"外螺纹深度"的文本框输入 20 之后，单击"确定"按钮，该螺纹的特征树和形体如图 4-64（a）和图 4-64（b）所示。在"工程制图"模块，该螺纹的二维视图如图 4-64（c）所示。

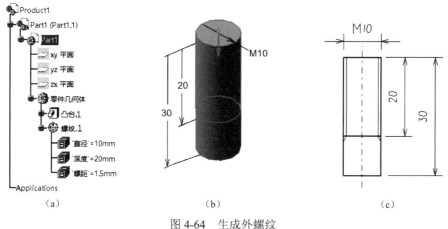

　　（a）　　　　　　　　　　（b）　　　　　　　　　　（c）

图 4-64　生成外螺纹

4.3.9 拉伸/拔模/倒圆角组合

单击图标 ![icon]，选择草图设计模块绘制的闭合的曲线，弹出如图 4-65 所示的"定义拔模圆角凸台"对话框。

图 4-65 "定义拔模圆角凸台"对话框

操作步骤如下：

（1）在"第一限制"栏的"长度"框输入拉伸该闭合曲线的长度值。

（2）单击"第二限制"栏的"限制"框，选择如图 4-66（a）形体的顶面。

（3）选中"拔模"和"圆角"栏的复选框，输入拔模角度和半径，这些选项用默认值。

（4）单击"确定"按钮，即可得到如图 4-66（b）所示的形体。

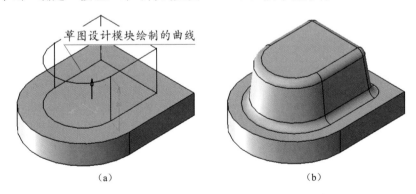

草图设计模块绘制的曲线

（a）   （b）

图 4-66 生成拉伸、拔模和倒圆角组合的形体

4.3.10 挖槽/拔模/倒圆角组合

单击图标 ![icon]，选择草图设计模块绘制的闭合的曲线，弹出与如图 4-65 所示对话框内容和操作相同的"定义拔模圆角凹槽"对话框。如图 4-67 所示为生成挖槽、拔模和倒圆角组

　　　　　　　　　　　　　　CATIA 实用教程（第 3 版）

合特征的实例。

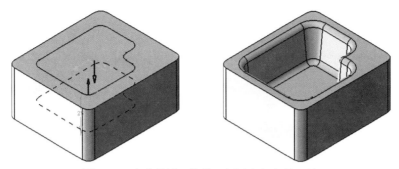

图 4-67 生成挖槽、拔模、倒圆角组合的形体

4.4 变 换 特 征

变换特征是指通过对已生成的形体进行平移、旋转等操作，生成新的形体。有关变换特征的菜单和工具栏如图 4-68 所示。

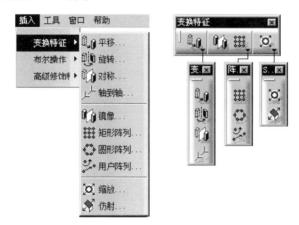

图 4-68 有关变换特征的菜单和工具栏

4.4.1 平移

单击图标 ，弹出如图 4-69 所示的提示对话框（以后略），选择"是"按钮，弹出如图 4-70 所示的"平移定义"对话框。

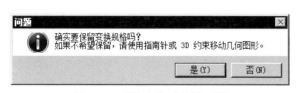

图 4-69 形体变换时的提示框

图 4-70 "平移定义"对话框

在"平移定义"对话框的"向量定义"下拉列表中，有"方向、距离""点到点"和"坐标"三种定义向量的方式。可以选择直线或平面确定方向，若选择平面，平面的法线即为移动的方向。例如选择"zx 平面"，y 轴即为平移的方向。若距离大于零，则形体沿给定的方向移动，否则形体沿给定方向的反方向移动。也可以用光标指向移动箭头，按住左键直接拖动形体。

完成操作后，在特征树上生成相应的平移特征，如图 4-71 所示。

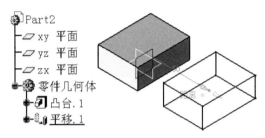

图 4-71　平移形体

4.4.2　旋转

单击图标🔳，弹出如图 4-72 所示的"旋转定义"对话框。

在"旋转定义"对话框的"定义模式"下拉列表中，有"轴线-角度""轴线-两个元素"和"三点"三种定义模式。轴线可以是普通的直线、形体的棱边或回转体的轴线。角度值为正数，表示逆时针旋转，负数表示顺时针旋转，也可以用光标指向旋转箭头，按住左键旋转形体。若选择"轴线-两个元素"，则两个元素定义了旋转的起止位置。"三点"定义的旋转模式如图 4-73 所示。

图 4-72　"旋转定义"对话框

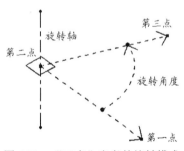

图 4-73　"三点"定义的旋转模式

"轴线-角度"模式的旋转实例如图 4-74 所示。

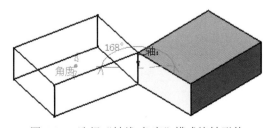

图 4-74　选择"轴线-角度"模式旋转形体

　　　　　CATIA 实用教程（第 3 版）

4.4.3 对称

对称的功能是将当前的形体变换到与指定平面对称的位置。单击图标![icon]，弹出如图 4-75 所示的"对称定义"对话框，选择一个平面，例如选择特征树的"xy 平面"，单击"确定"按钮，当前形体变换到与指定平面对称的位置，在特征树上生成相应的对称特征。

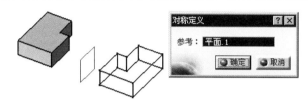

图 4-75　对称定义形体与"对称定义"对话框

4.4.4 镜像

镜像与对称的操作过程相同，不同之处如下：

（1）除了创建与镜像平面对称的新形体之外，还保留了原形体。

（2）被镜像的对象既可以是当前形体，也可以是一些特征。

单击图标![icon]，选择如图 4-76（a）所示的圆柱体，弹出如图 4-76（b）所示的对话框，选择其他形体的一个平面，单击"确定"按钮即可。

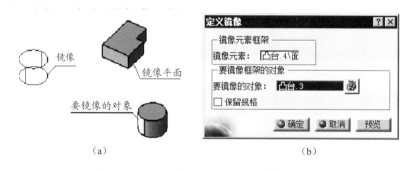

图 4-76　"定义镜像"对话框及其定义的形体

4.4.5 矩形阵列

矩形阵列的功能是将当前形体或者一些特征复制为 m 行 n 列的阵列。

选取要阵列的对象，如果不预先选择对象，则当前形体将作为阵列的对象（其余阵列同）。例如选择如图 4-77（a）所示的圆柱，单击图标![icon]，弹出如图 4-78 所示的"定义矩形阵列"对话框。

"定义矩形阵列"对话框中各项的含义如下。

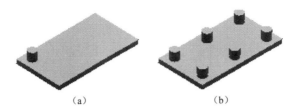

(a)   (b)

图 4-77   阵列一个特征

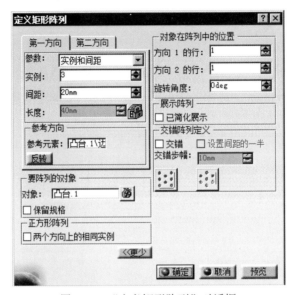

图 4-78   "定义矩形阵列"对话框

1."第一方向"和"第二方向"选项卡

"第一方向""第二方向"是指阵列的一个方向,该选项卡中有以下选项。

(1)参数:确定该方向参数的方法,可以选择"实例和长度""实例和间距""间距和长度"和"实例和不等间距"。例如选择"实例和间距"。

(2)实例:确定该方向复制的数目,例如输入"3"。

(3)间距:确定该方向阵列的间距,例如输入"20mm"。

(4)长度:确定该方向的总长度。

2."参考方向"栏

"参考方向"是指行(列)的方向。该栏有以下两项:

(1)参考元素:确定该方向的基准,例如选择如图 4-77(a)所示底板的长边。

(2)反转:单击该按钮,改变方向为当前的相反方向。

3. "要阵列的对象"栏

该栏有以下两项。

(1)对象:输入复制的对象。

(2)保留规格:若选中该复选框,则保持被阵列对象的界限参数,假如被阵列特征的

CATIA 实用教程(第 3 版)

界限参数为"只到曲面",则阵列后该特征的界限也是"只到曲面",如图 4-79 所示。

4. "对象在阵列中的位置"栏

该栏用于调整阵列的位置和方向。该栏有以下 3 项。

（1）方向 1 的行：被阵列的特征是第一个方向中的第几项，例如输入"2"。

（2）方向 2 的行：被阵列的特征是第二个方向中的第几项，例如输入"1"。

（3）旋转角度：阵列的旋转角，例如输入"30 deg"，结果见图 4-80。

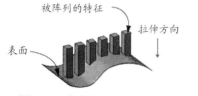

图 4-79　保持拉伸特征的界限　　　　　　　图 4-80　调整阵列的位置和方向

5. "展示阵列"栏

若选中该栏的"已简化展示"复选框，则复制的实例只在定义的时候按虚线显示，确认后不再显示。这样，在阵列较多时可以节省时间。

6. "交错阵列定义"栏

该栏用于生成交错模式的阵列。该栏有以下 3 项。

（1）交错：若选中"交错"复选框，则生成交错的阵列。例如，对于如图 4-81（a）所示的普通矩形阵列，若激活图标 ▦，则生成如图 4-81（b）所示的"多少多"的交错阵列；若激活图标 ▦，则生成如图 4-81（c）所示的"少多少"的交错阵列。

（2）交错步幅：通过该编辑框用于输入交错方向阵列的间距，必须小于第二阵列方向的间距。

（3）设置间距的一半：利用该复选框，设置交错间距为第二阵列方向间距的一半，如图 4-81（b）和（c）所示。

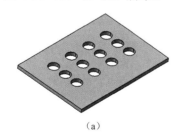
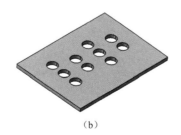
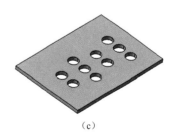

（a）　　　　　　　　　　（b）　　　　　　　　　　（c）

图 4-81　普通阵列与交错阵列

7. 补充说明

（1）如果阵列的参数选择"实例和不等间距"，输入的数据及预览的初始结果和"实例和间距"相同，但注有行和列的尺寸。双击尺寸数值，即可改变指定的行或列的间距，如

图 4-82 所示。

（2）所谓"矩形阵列"，第一方向和第二方向不一定垂直，如图 4-83 所示。

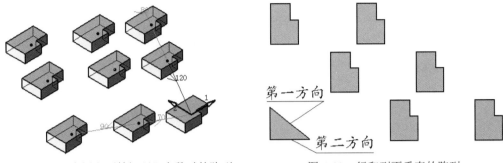

图 4-82　选择"实例和不等间距"参数时的阵列　　　　图 4-83　行和列不垂直的阵列

（3）"正方形阵列"：生成两个方向相同数量实例的阵列。

4.4.6　圆形阵列

圆形阵列的功能是将当前形体或一些特征复制为 m 个环，每环 n 个特征的圆形阵列。

选择如图 4-84（a）所示的小棱柱，单击图标 ，弹出如图 4-85 所示的"定义圆形阵列"对话框。

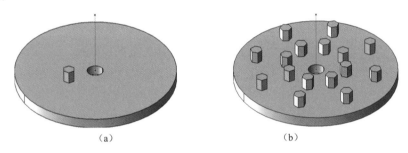

（a）　　　　　　　　　　　　　　（b）

图 4-84　圆形阵列一个特征

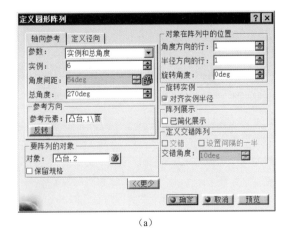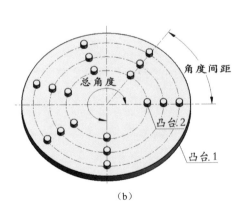

（a）　　　　　　　　　　　　　　（b）

图 4-85　"定义圆形阵列"对话框和轴向参数说明

CATIA 实用教程（第 3 版）

"定义圆形阵列"对话框中各项的含义如下。

1. "轴向参考"选项卡

围绕轴线方向的参数，有以下选项。

（1）参数：可以选择"实例和总角度""实例和角度间距""角度间距和总角度""完整径向"和"实例和不等角度间距"。例如选择"完整径向"。

（2）实例：确定环形方向复制的数目。

（3）角度间距：确定环形方向相邻特征的角度间隔，如图 4-85（b）所示。

（4）总角度：确定环形方向的总包角。

（5）参考元素：确定环形方向的基准，例如选择如图 4-84（a）所示的轴线或大凸台的侧表面。

（6）反转：单击该按钮，改变为当前的相反方向。

2. "定义径向"选项卡

该选项卡用于确定径向的参数，如图 4-86（a）所示，它有以下 4 项。

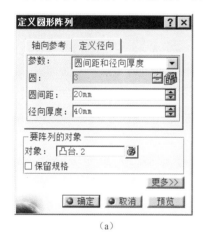
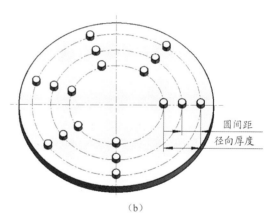

（a）　　　　　　　　　　　　　　　　　（b）

图 4-86　"定义径向"选项卡和参数说明

（1）参数：可以选择"圆和径向厚度""圆和圆间距""圆间距和径向厚"，如图 4-86（b）所示。

（2）圆：环形阵列的环数。

（3）圆间距：相邻两环之间的径向间隔。

（4）径向厚度：最内环与最外环之间的径向间隔，如图 4-86（b）所示。

例如，在"轴向参数"选项卡的"参数"栏选择"实例和总角度"、输入实例为"6"、"总角度"为"270 deg"、以"凸台.1"的侧表面为参考元素、选择"凸台.2"作为要阵列的"对象"。在"定义径向"选项卡的"参数"栏选择"圆间距和径向厚度"、输入圆间距"20mm"、"径向厚度"为"40mm"。单击"确定"按钮，即可得到图 4-86（b）所示的环形阵列。

3."要阵列的对象"栏

该栏用于确定复制的对象。该栏有以下两项。

（1）对象：输入复制的对象，默认的对象是当前实体。

（2）保留规格：是否保持被阵列特征的界限参数，参照矩形阵列。

4."对象在阵列中的位置"栏

该栏用于调整阵列的位置和方向。该栏有以下 3 项。

（1）角度方向的行：被阵列的特征是环形方向的第几项。

（2）半径方向的行：被阵列的特征是径向的第几项。

（3）旋转角度：本阵列相对于被选特征的旋转角度。

单击"确定"按钮，结果如图 4-84（b）所示。

5."旋转实例"栏

若选中该栏的"对齐实例半径"复选框，结果如图 4-87（a）所示，否则如图 4-87（b）所示。

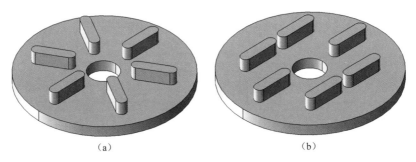

（a）　　　　　　　　　　　　　　　（b）

图 4-87　不同对齐方式的圆形阵列

6."定义交错阵列"栏

若选中"交错"复选框，通过输入"交错角度"，选中"设置间隔的一半"复选框设置交错角度，得到如图 4-88（b）所示的交错的圆形阵列。

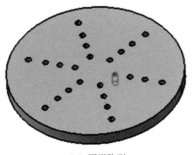
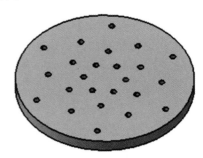

（a）圆形阵列　　　　　　　　　　　　（b）交错圆形阵列

图 4-88　不同对齐方式的圆形阵列

4.4.7　自定义阵列

用户阵列与上面两种阵列的不同之处在于阵列的每个成员的位置是在草图设计模块用"点"确定的。

如图4-89(a)所示为带有两个孔的六边形底板,选取六边形底板的上表面,单击图标 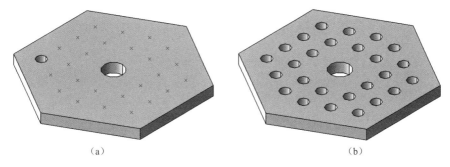,进入草图设计模块。单击图标 ，绘制一些点。单击图标 ，返回零件建模模块。预选如图4-89（a）所示的小孔,单击图标 ，弹出如图4-90所示的"定义用户阵列"对话框。

（a）　　　　　　　　　　　　　　　　　　（b）

图 4-89　用户阵列一个特征

图 4-90　"定义用户阵列"对话框

"定义用户阵列"对话框中各项的含义如下。

（1）位置：选择绘制点的草图。

（2）要阵列的对象：被阵列的对象,可以是单个特征、一些特征的组合或整个形体,例如预选的小孔。

（3）定位：用于改变阵列特征相对于草图点的位置。

（4）保留规格：是否保持被阵列特征的界限参数,参照矩形阵列。

单击"确定"按钮,即可得到如图4-89（b）所示的用户阵列的结果。

4.4.8　比例缩放

比例缩放的功能是沿"参考"方向缩放形体。单击图标 ，弹出如图4-91所示的"缩放定义"对话框。单击"参考"框，例如选择"zx 平面"，在"比率"文本框输入比例因子，例如"2"，单击"确定"按钮即可。

图 4-91 "缩放定义"对话框及比例缩放后的形体

说明：参考可以是点、平面或曲面。若参考是平面或曲面，则只在参考面的法线方向上缩放；若参考是点，则三维均匀缩放。

4.4.9 仿射缩放

单击图标 ，弹出如图 4-92 所示的"仿射定义"对话框，同时出现一个红色的坐标系。若直接输入比例因子，则默认出现坐标系的位置。通过选择对象，可以改变坐标系原点、"XY 平面"或"X 轴"。单击"确定"按钮，则按照"X""Y""Z"三个方向的"比率"缩放形体。

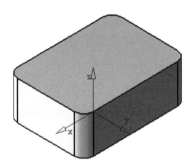

图 4-92 "仿射定义"对话框及仿射缩放后的形体

4.5 形体与曲面有关的操作

有关形体与曲面操作的菜单和工具栏如图 4-93 所示。

（a）菜单

（b）工具栏

图 4-93 有关形体与曲面操作的菜单和工具栏

4.5.1　分割

分割的功能是用平面、形体表面或曲面剪切（Split）当前形体。单击图标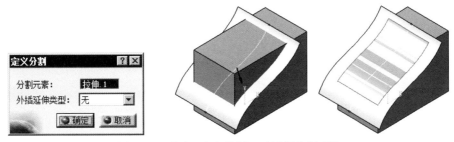，弹出如图 4-94 所示的"定义分割"对话框。选择一个曲面，出现箭头，箭头指向是形体的保留部分，单击箭头可以改变方向。单击"确定"按钮，即可得到如图所示的分割后的形体。"外插延伸类型"包括"无""切线"和"曲率"三种，定义了选择曲面时向四周延伸选择的边界连接条件，"无"是不延伸；"切线"是相切连续延伸，直到不相切为止；"曲率"是相邻两曲面曲率连续时延伸，直到不是曲率连续为止。

图 4-94　通过"定义分割"对话框分割形体

4.5.2　厚曲面

厚曲面的功能是为曲面添加厚度，使其成为形体。单击图标 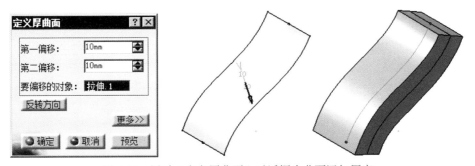，弹出如图 4-95 所示的"定义厚曲面"对话框。选择一个曲面，箭头所指方向是第一偏移的方向，可以给出两个方向的厚度，单击"反转方向"按钮可以改变等距的方向。单击"确定"按钮，即可得到如图所示的形体。

图 4-95　通过"定义厚曲面"对话框为曲面添加厚度

4.5.3　包围形体

包围形体的功能是将封闭曲面和一些开口曲面围成形体。单击图标 ，弹出如图 4-96 所示的"定义封闭曲面"对话框。

注意：非闭合曲面其开口的曲线必须是平面曲线才能调用此功能。

 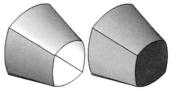

图 4-96   通过"定义封闭曲面"对话框定义封闭曲面

4.5.4   缝合形体

缝合形体的功能是把曲面和形体结合在一起，操作对象是整个形体，只需选择曲面，出现的箭头表示保留的形体部分，单击箭头可以改变方向。单击图标 ![icon]，弹出"定义缝合曲面"对话框，如图 4-97 所示。其中"简化几何图形"是默认的选项，可以使相切的曲面合并成一个曲面。若选中"相交几何体"复选框，则首先计算曲面和形体的相交部位，再去掉一部分形体材料，如果曲面和形体之间有空隙，则弥合这个缝隙。这是缝合和分割的区别。"偏差"下拉列表框定义了缝制实体表面和原来曲面的偏差大小，有"自动"和"手动"两种。"自动"是由软件设置偏差精度；"手动"可以在下面的"最大偏差"输入框中输入偏差精度值。

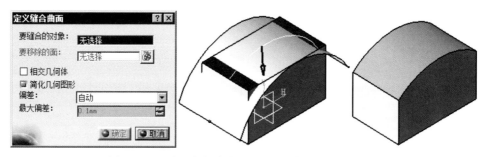

图 4-97   通过"定义缝合曲面"对话框定义缝合形体

4.6   形体的逻辑运算

有些形体可以被看作是由另一些形体组合而成的。将多个形体组合成一个形体，需要对形体进行逻辑运算。有关形体逻辑运算的菜单和工具栏如图 4-98 所示。

图 4-98   有关形体逻辑运算的菜单和工具栏

CATIA 实用教程（第 3 版）

4.6.1　插入新形体

基于草图建立、修饰特征的方式所创建的只是一个形体，必须再插入新的形体才能进行形体间的逻辑运算。

例如，当前只有一个形体即特征树上的"零件几何体"，如图 4-99（a）所示。单击"插入"工具栏的图标 ，特征树上增加了一个结点"几何体.2"，如图 4-99（b）所示。继续建模，例如进入草图设计模块绘制一个圆，返回零件设计模式将圆块拉伸为一个圆柱体，圆柱体即为新插入的"几何体.2"。用同样的方法和操作可以插入"几何体.3"。

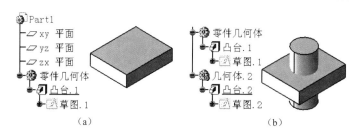

图 4-99　插入一个新形体

4.6.2　装配

装配（Assemble）就是把多个形体组装在一起，形成一个新的形体。

例如，如图 4-99（b）所示的长方体（零件几何体）和圆柱体（"几何体.2"）看起来像一个形体，其实各自是独立的，通过装配操作可以将多个形体组装在一起。单击图标 ，弹出如图 4-100（a）所示的"装配"对话框，选择圆柱体或者在特征树上选择"几何体.2"，单击"确定"按钮即可。从特征树上可以看到"几何体.2"已作为"装配.1"归属到"零件几何体"，如图 4-100（b）所示。

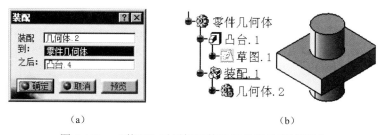

图 4-100　"装配"对话框及装配后的形体和特征树

4.6.3　添加

添加（Add）的功能是将两个形体合并在一起，形成一个新的形体。例如，将图 4-99 所示的长方体和圆柱体合并在一起的操作步骤是，单击图标 ，弹出如图 4-101（a）所示的"添加"对话框，选择圆柱体或者在特征树上选择"几何体.2"，单击"确定"按钮即可。

从特征树上看到"几何体.2"已作为"添加.1"规属到"零件几何体"，如图 4-101（b）所示。

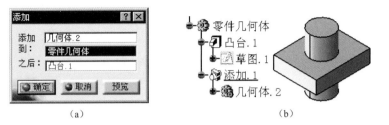

（a）　　　　　　　　　（b）

图 4-101　"添加"对话框及添加后的形体和特征树

4.6.4　移除

移除（Remove）的功能是从当前形体减去一些形体。例如，从图 4-99 所示的长方体中减去圆柱体的操作步骤是，单击图标，弹出如图 4-102（a）所示的"移除"对话框，选择圆柱体或者在特征树上选择"几何体.2"，单击"确定"按钮即可。从特征树上可以看到"几何体.2"已作为"移除.1"归属到零件几何体，如图 4-102（b）所示。

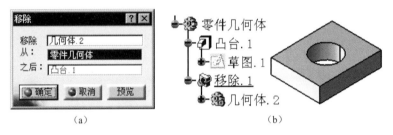

（a）　　　　　　　　　（b）

图 4-102　"移除"对话框及移除后的形体和特征树

4.6.5　交集

交集（Intersect）的功能是将多个形体的共有部分形成一个新的形体。例如求出图 4-99 所示的长方体和圆柱体的共有部分的操作步骤是，单击图标，弹出如图 4-103（a）所示的"相交"对话框，选择圆柱体或者在特征树上选择"几何体.2"，单击"确定"按钮即可。从特征树上可以看到"几何体.2"已作为"相交.1"归到零件几何体，如图 4-103（b）所示。

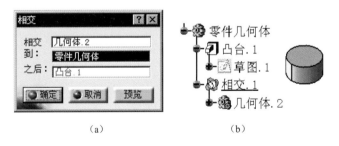

（a）　　　　　　　　　（b）

图 4-103　"相交"对话框及相交后的形体和特征树

在以上4种操作过程中，如果按住 Ctrl 键，可以选择多个形体。

4.6.6　合并修剪

合并修剪（Union Trim）具有加和减两种运算的特点，可以有选择地保留或去掉所选形体的部分结构，形成一个新的形体。

图 4-104（a）所示的 4 条平行的长方体是"零件几何体"，三条平行的长方体是"几何体.2"。将"几何体.2"合并修剪到零件几何体的操作步骤是，单击图标 $\boxed{}$，选择"几何体.2"，弹出如图 4-104（b）所示的"定义修剪"对话框。对话框的前两项显示了当前是用"零件几何体"修剪"几何体.2"。第三项用于指定去掉的"几何体.2"的一些面，未被选者将保留。第四项用于指定保留的"几何体.2"的一些面，未被选者将去掉。如果后两项均输入一些表面，第三项的选择被忽略。

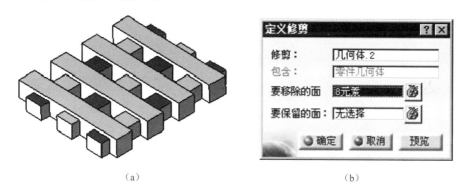

（a）　　　　　　　　　　　　　　　　（b）

图 4-104　"定义修剪"对话框及其合并修剪的形体

例如，在"要移除的面"文本框中指定"几何体.2"的一些表面，被选中的表面呈深红色显示，单击"确定"按钮，结果如图 4-105 所示。

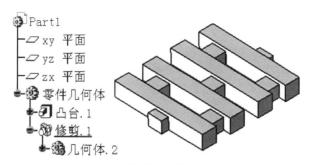

图 4-105　合并修剪之后的形体和特征树

如果在"要保留的面"文本框中指定"几何体.2"的一些表面，被选中的表面呈浅蓝色显示，如图 4-106（a）所示，单击"确定"按钮，结果如图 4-106（b）所示。

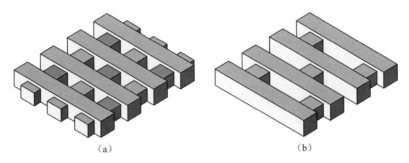

图 4-106 保留"几何体.2"的一些表面之后合并修剪的结果

4.6.7 去除一些几何体的多余部分

该功能是从参与运算的几何体中去掉选中的某些部分。

例如，如图 4-107 所示为一个长方体和一个方盒，二者的相对位置如图 4-108（a）所示。单击图标，从长方体移除长方盒的结果如图 4-108（b）所示。由于方盒是空的，因此长方体保留了方盒内的部分。利用图标的功能可以去掉方盒内的部分。

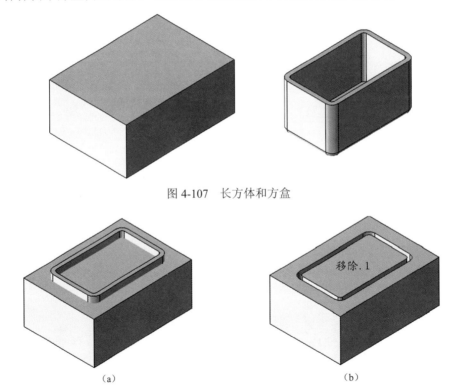

图 4-107 长方体和方盒

图 4-108 从长方体减去方盒前后的状态

操作步骤是，单击图标，选择特征树上或如图 4-108（b）所示的"移除.1"，随后弹出如图 4-109（a）所示的"定义移除块（修剪）"对话框。在"要移除的面"文本框中，指定长方体的顶面，被选中的表面呈深红色显示。单击"确定"按钮，结果如图 4-110 所示。

CATIA 实用教程（第 3 版）

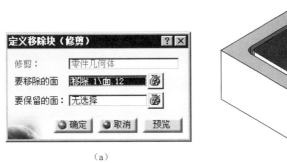

（a）　　　　　　　　　　　　　　（b）

图 4-109　"定义移除块（修剪）"对话框及选择移去部分的表面

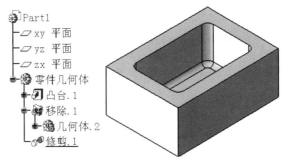

图 4-110　去除多余部分之后的几何体和特征树

4.7　填 加 材 料

　　该功能是为形体填加材料。单击图标 ，弹出如图 2-37 所示的"库"对话框。从对话框中选取一种材料，选取填加该材料的形体，单击"应用材料"按钮，被选形体即填加了该材料。

　　注意：只有选择含材料着色显示模式 ，才能显示出材料效果，详见 2.12.5 节。

　　如图 4-111（a）是填加 Granite（花岗岩）材料之后的形体；如图 4-111（b）是填加 DS Star 材料之后的形体。

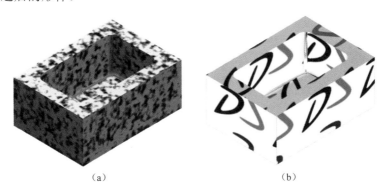

（a）　　　　　　　　　　　　　　（b）

图 4-111　填加材料后的形体

4.8　三维建模实例

【例4-1】　建立如图4-112所示连杆的三维模型。

图4-112　连杆的三维模型

（1）选择"xy平面"，单击图标 ，进入草图设计模块，绘制如图4-113所示的"草图.1"。单击图标 ，返回零件设计模块。

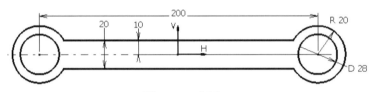

图4-113　草图.1

（2）单击图标 ，弹出如图4-114所示的"定义凸台"对话框。选择"类型"为"尺寸"，"长度"为"6mm"，"轮廓"为"草图.1"，单击"确定"按钮，生成如图4-115所示的连杆。

图4-114　"定义凸台"对话框　　　　图4-115　拉伸连杆草图的结果

（3）单击图标 ，弹出如图4-116（a）所示的"倒圆角定义"对话框。选择如图4-116（b）所示的4个棱边，输入圆角"半径"为"5mm"，单击"确定"按钮。

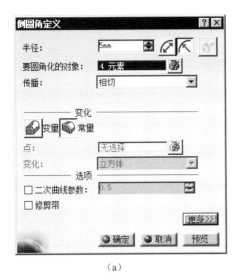
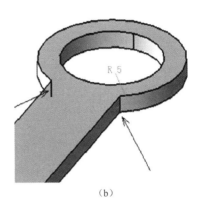

（a）   （b）

图 4-116　倒连杆的 4 个圆角

（4）选择连杆的上表面，单击图标 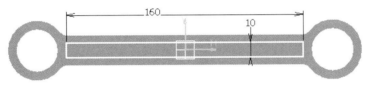，绘制如图 4-117 所示的"草图.2"（矩形），单击图标，返回零件设计模块。

图 4-117　草图.2

（5）单击图标，弹出如图 4-118 所示的"定义拔模圆角凹槽"对话框。输入"深度"值为"4mm"，指定形体的上表面为第二限制，拔模的"角度"为"5 deg"，所有的圆角"半径"为"2mm"，单击"确定"按钮，结果如图 4-119 所示。

图 4-118　"定义拔模圆角凹槽"对话框　　　图 4-119　经过挖槽、拔模、倒角之后的连杆

（6）单击图标 ，弹出如图 4-120（a）所示的"定义拔模"对话框。输入拔模"角度"为"5 deg"，选择连杆的侧壁为"要拔模的面"，指定中性元素为连杆的上表面，拔模方向为 CATIA 自动给定的方向，单击"确定"按钮，连杆的上表面不变，下表面变大，如图 4-120（b）所示。

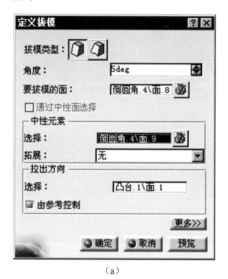

（a）

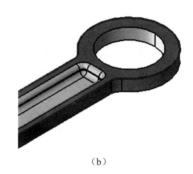

（b）

图 4-120　"定义拔模"对话框

（7）单击图标 ，弹出如图 4-121 所示的"倒圆角定义"对话框。指定选择连杆上表面外棱为"要圆角化的对象"，输入圆角"半径"为"1mm"，单击"确定"按钮，结果如图 4-121（b）所示。

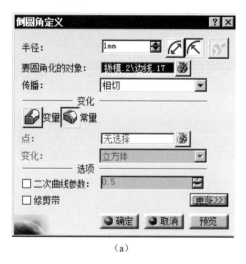

（a）

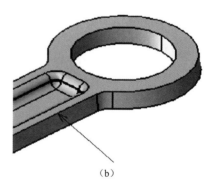

（b）

图 4-121　为连杆上表面的外棱倒圆角

（8）单击图标 ，弹出如图 4-122 所示的"定义镜像"对话框。指定"xy 平面"或形体的下表面作为镜像元素，单击"确定"按钮，完成连杆的三维模型，结果如图 4-112 所示。

（9）右击特征树顶端结点 Part1，在弹出的快捷菜单中选择"属性"命令，弹出如图 4-123 所示的"属性"对话框，切换至"产品"选项卡，输入零件编号为"Rod"。最后，单击图标 🖫进行保存。

图 4-122　"定义镜像"对话框

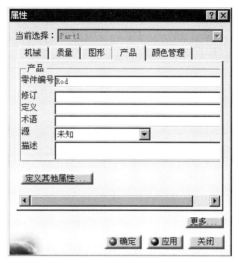

图 4-123　"属性"对话框

【例 4-2】　建立如图 4-124 所示的摇杆的三维模型。

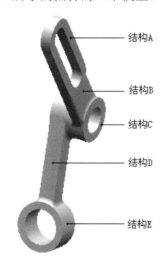

图 4-124　摇杆的三维模型

为了便于叙述，将摇杆划分为 A、B、C、D、E 这 5 个结构。

（1）建立结构 C。

① 选择"zx 平面"，单击图标 🖉，进入草图设计模块，绘制如图 4-125 所示的两个同心圆。单击图标 🖆，返回零件设计模块。

② 单击图标 🗗，弹出如图 4-126（a）所示的"定义凸台"对话框。选择"类型"为"尺寸"，输入"长度"为"42mm"，选择结构 C 的草图为轮廓，单击"确定"按钮，生成如图 4-126（b）所示的结构 C。

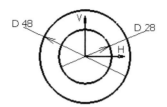

图 4-125 结构 C 草图

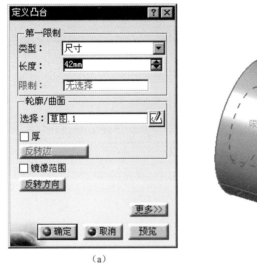

(a)

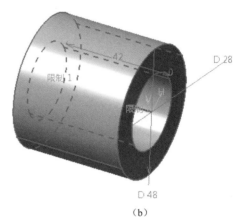

(b)

图 4-126 "定义凸台"对话框及结构 C

（2）建立结构 A。

① 选择"zx 平面"，单击图标![icon]，进入草图设计模块。绘制如图 4-127 所示的图形，单击图标![icon]，返回零件设计模块。

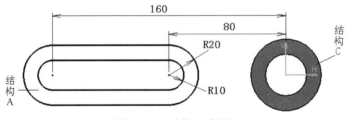

图 4-127 结构 A 草图

② 单击图标![icon]，选择结构 A 草图，拉伸长度为"12mm"，结果如图 4-128 所示。

（3）建立连接结构 A 与结构 C 的结构 B。

① 选择"zx 平面"，单击图标![icon]，进入草图设计模块。绘制如图 4-129 所示的图形，单击图标![icon]，返回零件设计模块。

② 单击图标![icon]，弹出如图 4-130（a）所示的"定义凸台"对话框。选择结构 B 的草图作为拉伸的轮廓，输入"第一限制"的"长度"为"12mm"，输入"第二限制"的"长度"为"-2mm"，结果如图 4-130（b）所示。

CATIA 实用教程（第 3 版）

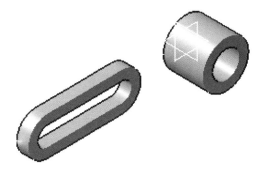

图 4-128　结构 A 和结构 C

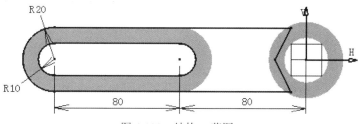

图 4-129　结构 B 草图

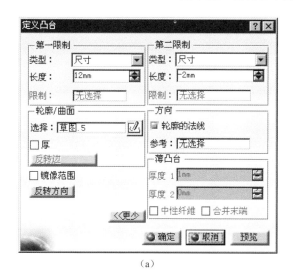

（a）

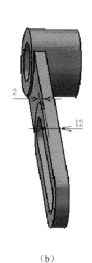

（b）

图 4-130　通过"定义凸台"对话框建立结构 B

（4）建立与"xy 平面"呈 45°的平面 1，作为结构 D、E 草图的基准面。

① 单击图标 ，弹出如图 4-131 所示的"点定义"对话框。选择"点类型"为"坐标"，"X""Y""Z"均为"0mm"，生成第一点。用同样的方法生成（0,10,0）的第二点。

② 单击图标 ，弹出如图 4-132 所示的"直线定义"对话框。选择"线形"为"点-点"，依次选择上述生成的两点，得到直线。

③ 单击图标 ，弹出如图 4-133 所示的"平面定义"对话框。选择"平面类型"为"与平面成一定角度"，选择前面生成的直线为旋转轴，选择"xy 平面"为参考平面，输入"角度"为"45 deg"，生成经过 y 轴与"xy 平面"呈 45°的"平面.1"。

图 4-131　"点定义"对话框

图 4-132　"直线定义"对话框

（5）生成结构 D。

① 单击图标 ◉，在特征树上得到"几何体.2"，并自动将其作为当前工作特征。

② 单击图标 ◿，选择"平面.1"，进入草图设计模块，绘制如图 4-134 所示的草图。单击图标 ⬆，返回零件设计模块。

图 4-133　"平面定义"对话框

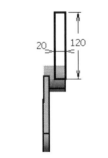

图 4-134　结构 D 的草图

③ 单击图标 ⬈，弹出"拉伸"对话框。选择结构 D 的草图作为轮廓，输入"第一限制"的"长度"为"24mm"，"第二限制"的"长度"为"−4mm"，结果如图 4-135 所示。

④ 单击图标 ◉，选择如图 4-136 所示结构 D 的 4 条棱，在随后弹出的"倒圆角："对话框的圆角半径域输入"3mm"，结果如图 4-136 所示。

（6）生成结构 E。

① 单击图标 ◉，在特征树上得到"几何体.3"，并自动将其作为当前工作特征。

② 单击图标 ◿，选择"平面.1"，进入草图设计模块。绘制如图 4-137 所示的矩形草图。单击图标 ⬆，返回三维建模模块。

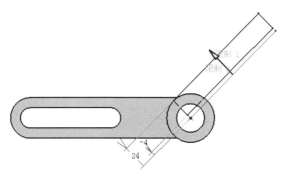
图 4-135　拉伸得到结构 D

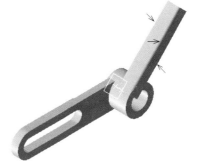
图 4-136　将结构 D 的 4 个棱边倒圆角

③ 单击图标![icon]，在随后弹出的"拉伸"对话框的轮廓域选择如图 4-137 所示的圆，输入"第一限制"的"长度"为"28mm"，结构 E 的结果如图 4-138 所示。

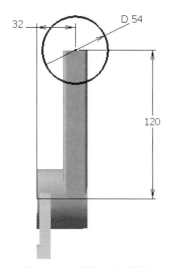
图 4-137　结构 E 的草图

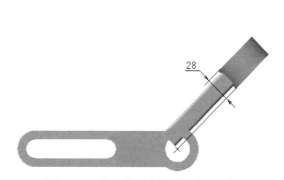
图 4-138　将结构 E 的草图拉伸为圆柱

④ 单击图标![icon]，弹出如图 4-139（a）所示的"定义盒体"对话框。输入"默认内侧厚度"为"8mm"，选择图 4-139（b）所示的圆柱体（结构 E）的上下底面作为要移除的面，单击"确定"按钮，结果如图 4-140（b）所示。

（a）

（b）

图 4-139　将结构 E 经抽壳得到圆孔

（7）将结构 D（"几何体.2"）与结构 E（"几何体.3"）联成一体，去掉孔内的多余部分。

① 单击"布尔操作"工具栏的图标![icon]，弹出如图 4-140（a）所示的"定义修剪"对话框。选择"几何体.2"，指定圆孔内的多余部分为"要移除的面"，结果如图 4-140（b）所示。结束操作后，在特征树上可以看到"几何体.2"与"几何体.3"已经合并为一体。

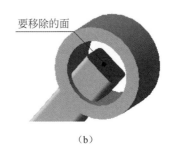

（a）   （b）

图 4-140　连接结构 D 和 E，去掉孔内多余的部分

② 单击图标![icon]，将如图 4-141 所示交线倒圆角，圆角半径设置为"5mm"。

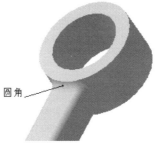

图 4-141　倒圆角

（8）将所有的结构合并一体，并去掉圆孔内的多余部分。单击图标![icon]，弹出"定义修剪"对话框，选择"几何体.3"，指定圆孔内的多余部分为"要移除的面"，如图 4-142（a）所示。结束操作后，在特征树上可以看到"几何体.3"与零件几何体已经合并为一体。由于结构 A、B、C 同属于零件几何体，所以此时所有结构已经合并为一体，如图 4-142（b）所示。

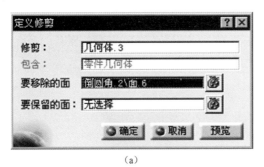

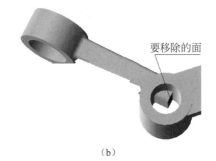

（a）   （b）

图 4-142　去掉圆孔内的多余部分

（9）单击图标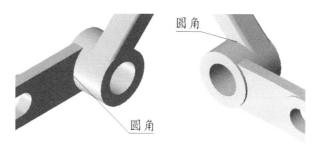，将图 4-143 所示的交线倒圆角，圆角半径为"5mm"，结果如图 4-124 所示。

图 4-143　结构 B、C、D 连接部分倒圆角

零件摇杆的三维模型创建完毕，单击图标 🖫，保存文件为 yaogan. CATPart。

【例 4-3】　建立图 4-144 所示支座的三维模型。

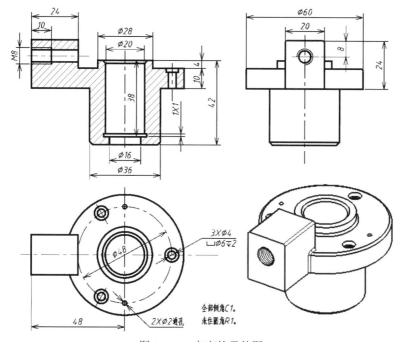

图 4-144　支座的零件图

（1）选择"zx 平面"，单击图标，进入草图设计模块，绘制图 4-145 所示的图形。单击图标，返回零件设计模块。

（2）单击图标，弹出如图 4-146（a）所示的"定义旋转体"对话框。输入"第一角度"为"360 deg"，"第二角度"为"0 deg"，选择如图 4-145 所示的草图为轮廓，单击"确定"按钮，得到如图 4-146（b）所示的旋转体。

（3）单击图标，弹出如图 4-147（a）所示的"倒圆角定义"对话框。输入圆角"半径"为"1mm"，选择如图 4-147（b）所示的两条棱线，生成圆角。

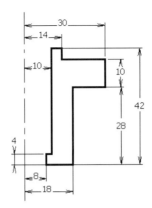

图 4-145　支座的旋转体草图

（a）

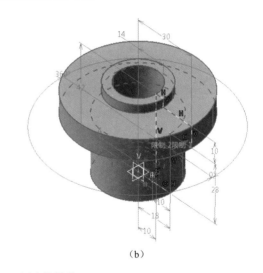

（b）

图 4-146　创建旋转体

（a）

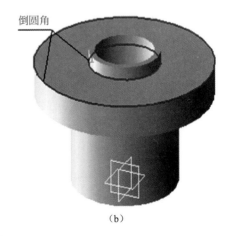

（b）

图 4-147　倒圆角

（4）单击图标 ，弹出如图 4-148（a）所示的"定义倒角"对话框。输入倒角的"长度 1" 为 "1mm" 和 "角度" 为 "45 deg"，选择如图 4-148（b）所示的两条棱线，生成倒角。

(a)

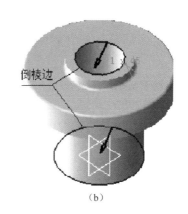

(b)

图 4-148　倒棱边

（5）选择 "zx 平面"，单击图标，进入草图设计模块，绘制如图 4-149 所示的矩形。单击图标，返回零件设计模块。

（6）单击图标，弹出如图 4-150（a）所示的"定义旋转槽"对话框。输入"第一角度"为 "360 deg" 和 "第二角度" 为 "0 deg"，选择如图 4-149 所示矩形草图为轮廓，单击旋转体的侧面（以旋转体的轴线为轴），在旋转体内表面创建了沟槽，如图 4-150（b）所示。

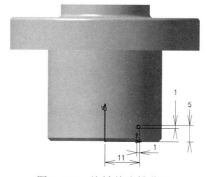

图 4-149　旋转体沟槽草图

(a)

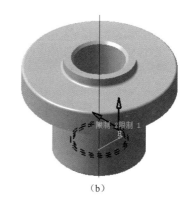

(b)

图 4-150　创建旋转体内的沟槽

（7）选择形体的 $\phi 60$ 顶面，单击图标，进入草图设计模块，绘制如图 4-151 所示的两条直线、一个"直径"为"48mm"的圆和点 P1、P2。点 P1、P2 用于确定沉孔和小孔的位置。单击图标，返回零件设计模块。

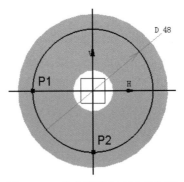

图 4-151　确定沉孔和小孔的位置

（8）预选点 P1，单击图标🔘，单击旋转体的上表面，弹出如图 4-152（a）所示的"定义孔"对话框。在"扩展"选项卡的下拉列表中选择"直到下一个"，输入"直径"为"4mm"。在"类型"选项卡中选择孔的"类型"为"沉头孔"，输入沉孔"直径"为"6mm"和"深度"为"2mm"，生成沉孔，如图 4-152（b）所示。

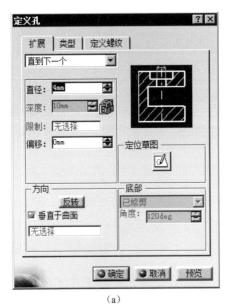

（a）

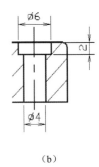

（b）

图 4-152　生成沉孔

（9）单击图标✛，弹出如图 4-153（a）所示的"定义圆形阵列"对话框。选择"参数"为"实例和角度间距"，输入"实例"为"3"和"角度间距"为"120 deg"，指定"参考元素"为旋转体的上表面，指定"要阵列的对象"为已生成的沉孔，结果如图 4-153（b）所示。

（10）预选点 P2，单击图标🔘，单击旋转体的上表面，弹出如图 4-152（a）所示的对话框。在"扩展"选项卡的下拉列表中选择"直到下一个"选项，输入孔的"直径"为"2mm"。在"类型"选项卡中选择"简单"类型，在旋转体的上表面生成如图 4-154 所示的一个通孔。

————————— CATIA 实用教程（第 3 版）

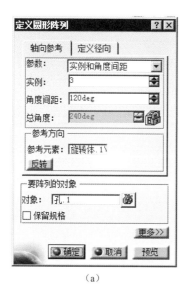

(a)

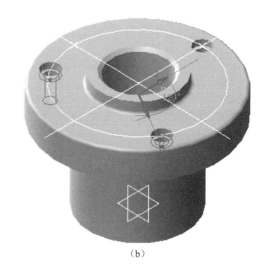

(b)

图 4-153　生成沉孔的圆形阵列

图 4-154　在支座上表面打小圆孔

（11）选择镜像图标🔲，选择小孔为镜像对象，弹出如图 4-155（a）所示的"定义镜像"对话框。选择"zx 平面"为对称面，生成如图 4-155（b）所示的镜像孔。

(a)

(b)

图 4-155　镜像小圆孔

（12）选择"yz平面"，单击图标 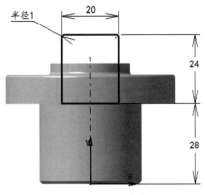，进入草图设计模块，绘制如图 4-156 所示含有两个圆角的矩形。单击图标 ，返回零件设计模块。

图 4-156　长方体草图

（13）单击图标 ，弹出如图 4-157（a）所示的"定义凸台"对话框。在"第一限制"栏输入"长度"为"48mm"，在"第二限制"栏输入"长度"为"–24mm"，生成如图 4-157（b）所示的"长方体"。

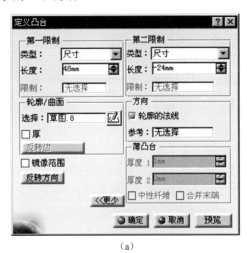

（a）

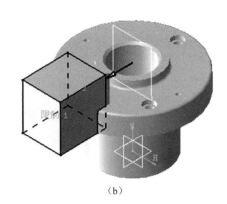

（b）

图 4-157　生成长方体

（14）单击图标 ，选择如图 4-158 所示的交线，生成半径为 1mm 的圆角。

（15）单击图标 ，单击如图 4-158 所示长方体的右面，弹出如图 4-159（a）所示的"定义孔"对话框。在"扩展"选项卡的下拉列表中选择"直到下一个"，在"定义螺纹"选项卡中选中"螺纹孔"复选框，选择螺纹"类型"为"公制粗牙螺纹"，选择"螺纹描述"为"M8"，"螺纹深度"为"10mm"，单击"确定"按钮，即可生成螺纹孔。

图 4-158　倒圆角

　　　　　　CATIA 实用教程（第 3 版）

检查螺孔的位置，若未满足要求，则用步骤（8）的方法，约束螺孔为如图 4-159（b）
所示的位置。

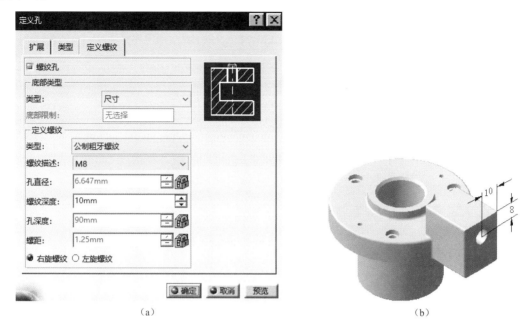

（a）

（b）

图 4-159　在长方体上生成螺纹孔

零件支座的实体模型创建完毕，单击图标 ![]，保存文件为 zhizuo. CATPart。

【例 4-4】　建立如图 4-160 所示支架的三维模型。

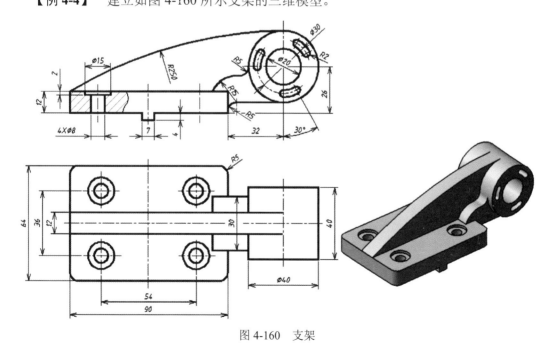

图 4-160　支架

（1）选择"yz 平面"，单击图标 ![]，进入草图设计模块，绘制如图 4-161 所示的"草图.1"。单击图标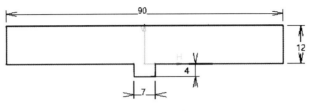，返回零件设计模块。

图 4-161　绘制"草图.1"

（2）单击图标 ，弹出如图 4-162（a）所示的"定义凸台"对话框，在"第一限制"栏选择"类型"为"尺寸"，选择"长度"为"32mm"，选择"草图.1"为轮廓，选中"镜像范围"复选框。单击"确定"按钮，结果如图 4-162（b）所示。

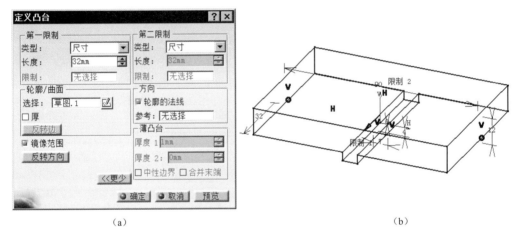

（a）　　　　　　　　　　　　　　　　　　　　　　（b）

图 4-162　拉伸"草图.1"

（3）单击图标 ，弹出如图 4-163（a）所示的"倒圆角度义"对话框，选择形体的 4 个棱边，输入圆角"半径"为"5mm"，生成 4 个棱边的圆角，如图 4-163（b）所示。

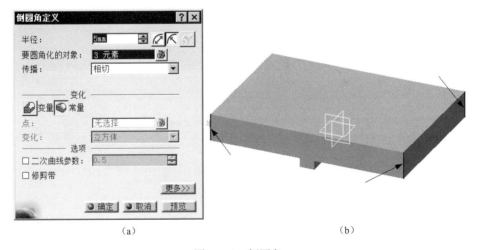

（a）　　　　　　　　　　　　　　　　　　　（b）

图 4-163　倒圆角

（4）选择"yz 平面"，单击图标 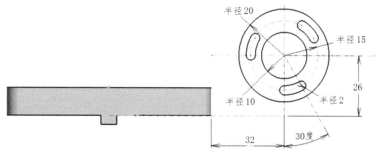，进入草图设计模块，绘制如图 4-164 所示的"草图.2"。单击图标 ，返回零件设计模块。

图 4-164　绘制"草图.2"

（5）单击图标 ，弹出如图 4-165（a）所示的"定义凸台"对话框，在"第一限制"栏选择"类型"为"尺寸"，选择"长度"为"20mm"，选择"草图.2"为轮廓，选中"镜像范围"复选框。单击"确定"按钮，结果如图 4-165（b）所示。

（a）

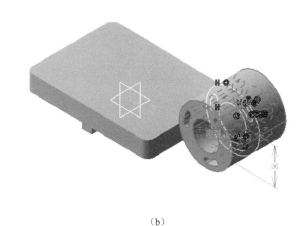

（b）

图 4-165　拉伸"草图.2"

（6）选择"yz 平面"，单击图标 ，进入草图设计模块，绘制如图 4-166 所示的"草图.3"。单击图标 ，返回零件设计模块。

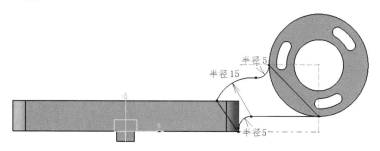

图 4-166　绘制"草图.3"

（7）单击图标 ，弹出如图 4-167（a）所示的"定义凸台"对话框，在"第一限制"

栏选择"类型"为"尺寸",选择"长度"为"15mm",选择"草图.3"为轮廓,选中"镜像范围"复选框。单击"确定"按钮,结果如图4-167(b)所示。

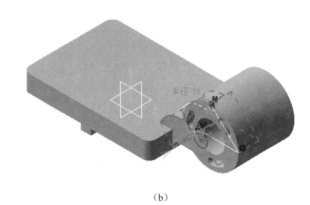

(a)　　　　　　　　　　　　　　　　　　(b)

图4-167　拉伸"草图.3"

(8)选择"yz平面",单击图标，进入草图设计模块,绘制如图4-168所示的"草图.4"。单击图标，返回零件设计模块。

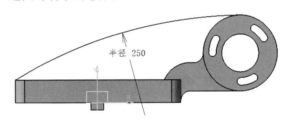

图4-168　绘制"草图.4"

(9)单击图标，弹出如图4-169(a)所示的"定义加强肋"对话框。选择"模式"为"从侧面",选择"厚度1"为"12mm",选中"中性边界"复选框,选择"草图.4"为轮廓,单击"确定"按钮,结果如图4-169(b)所示。

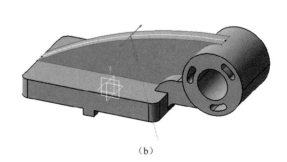

(a)　　　　　　　　　　　　　　　　　　(b)

图4-169　生成加强肋

CATIA实用教程(第3版)

（10）选择底板的上表面，单击图标 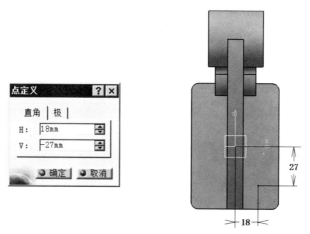，进入草图设计模块，绘制如图 4-170 所示的"草图.5"（一个点）。单击图标 ，返回零件设计模块。

图 4-170　绘制"草图.5"

（11）预选图 4-170 所生成的点，单击图标 ，单击底板的上表面，弹出如图 4-171 所示的"定义孔"对话框。单击孔的位置，在"扩展"选项卡的下拉列表中选择"直到下一个"，输入"直径"为"8mm"。

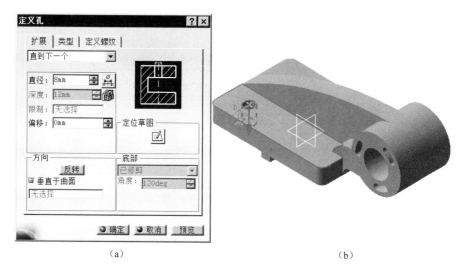

（a）　　　　　　　　　　　　　　　　　　（b）

图 4-171　定义通孔

在"类型"选项卡的下拉列表选择孔的"类型"为"沉头孔"，输入"直径"为"15mm"，输入"深度"为"2mm"，单击"确定"按钮，生成如图 4-172 所示的沉头孔。

（12）选取沉头孔，单击图标 ，弹出如图 4-173 所示的"定义矩形阵列"对话框。在"第一方向"选项卡中输入"实例"数量为"2"，输入"间距"为"36mm"，选择底板的较短的棱线为参考方向。

在如图 4-174 所示的"第二方向"选项卡中，输入"实例"数量为"2"和"间距"为"54mm"，选择底板的较长的棱线为参考方向。单击"确定"按钮，支架的造型完毕。

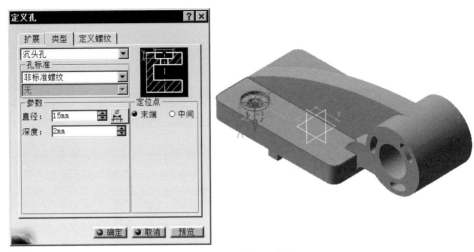

图 4-172　生成沉头孔

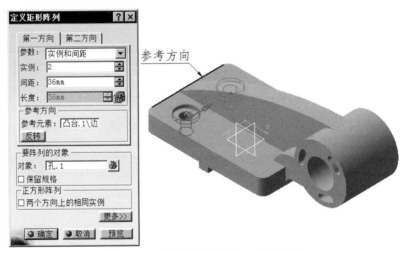

图 4-173　确定矩形阵列第一方向距离

图 4-174　确定矩形阵列第二方向的距离

　　　　　　　　　CATIA 实用教程（第 3 版）

至此，完成了支架的三维模型，如图 4-160 所示。单击图标■，将支架的三维模型文件命名为 zhijia.CATPart 并保存。

习　题　4

1. 创建如图 4-175 所示底座的三维模型。

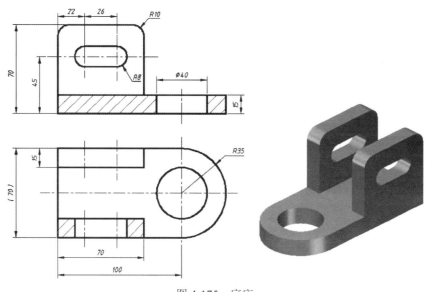

图 4-175　底座

2. 创建如图 4-176 所示支架的三维模型。

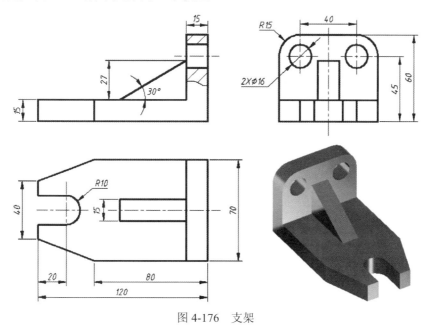

图 4-176　支架

3. 创建如图 4-177 所示箱座的三维模型。

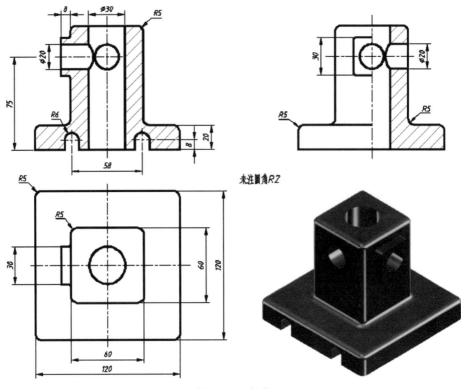

图 4-177　箱座

4. 创建如图 4-178 所示接头的三维模型。

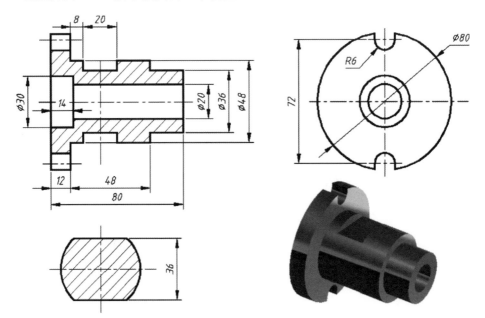

图 4-178　接头

CATIA 实用教程（第 3 版）

5. 创建如图 4-179 所示支座的三维模型。

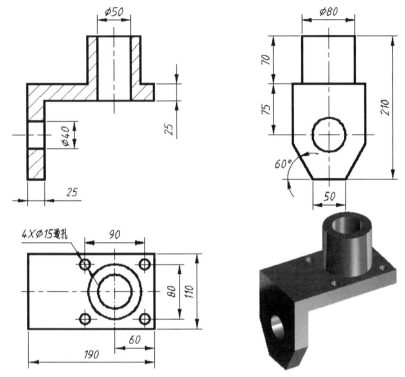

图 4-179　支座

6. 创建如图 4-180 所示花键套的三维模型。

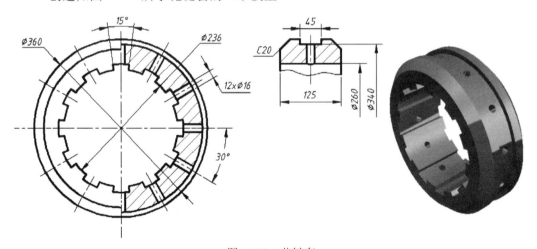

图 4-180　花键套

7. 创建如图 4-181 所示基座的三维模型。

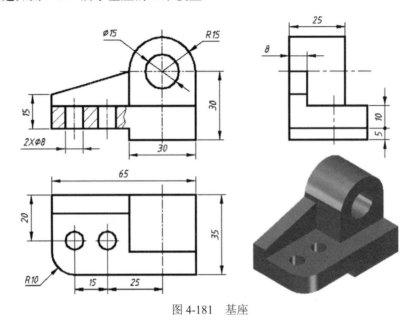

图 4-181　基座

8. 创建图 4-182 所示轴承座的三维模型。

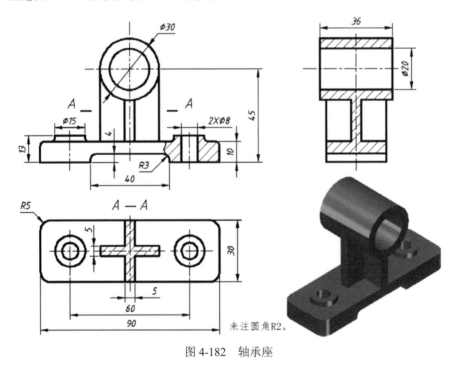

未注圆角R2。

图 4-182　轴承座

CATIA 实用教程（第 3 版）

9. 创建如图 4-183 所示支座的三维模型。

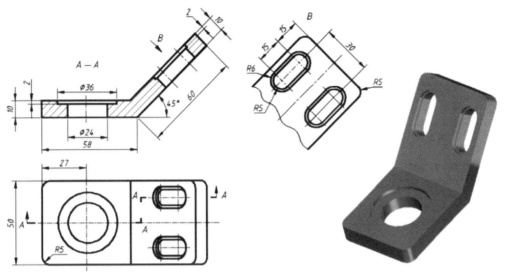

图 4-183　支座

第5章 部 件 装 配

5.1 概　　述

部件装配（Assembly Design）是 CATIA 最基本、也是最具有优势和特色的功能模块。该模块包括创建装配体，添加指定的部件或零件到装配体，创建部件之间的装配关系，移动和布置装配成员，生成部件的爆炸图，装配干涉和间隙分析等主要功能。

产品（Product）是装配设计的最终产物，它是由一些部件（Component）组成的。部件也称作组件，它至少由一个零件（Part）组成。产品和部件是相对的。例如，变速箱相对于汽车是一个部件，而相对于齿轮或轴，就是一个产品。某个产品也可以是另外一个产品的成员，某个部件也可以是另外一个部件的成员。在构成产品的特征树上不难看到，树根一定是某个产品，树叶一定是某个零件。

在设计进程中，当需要装配整部汽车或整架飞机等非常复杂的装配体时，为了提高加载效率，CATIA 提供了可供选择的配置方式和调入模式。

可以通过以下几种途径进入部件装配模块。

（1）选择"开始"→"机械设计"→"装配设计"菜单命令，进入部件装配模块。

（2）选择"文件"→"新建"菜单命令，弹出如图 5-1 所示的"新建"对话框，在"类型列表"框中选中选择 Product，进入部件装配模块。

（3）单击"工作台"工具栏中的图标 ，进入部件装配模块，如图 5-2 所示。

图 5-1　"新建"对话框　　　　　　　　　　　图 5-2　"工作台"工具栏

装配文件的类型是 CATProduct，在特征树上最顶部的结点的默认名称是 Product.1。

5.2 创 建 部 件

有关部件操作的菜单和工具栏如图 5-3 所示。

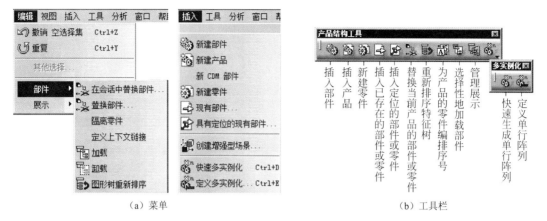

(a) 菜单　　　　　　　　　　　　　　　　(b) 工具栏

图 5-3　有关部件操作的菜单和工具栏

5.2.1　插入部件

选择要装配的产品，例如选择特征树的结点 Product1，再选择"插入"→"新建部件"菜单命令或单击图标 ![icon]，此时特征树就会增加了一个新结点，插入前后的对比如图 5-4 所示。

图 5-4　插入一个部件

有关这个部件的数据直接存储在当前产品内。在这个部件之下还可以插入其他产品、部件或零件。

5.2.2　插入产品

选择要装配的产品或部件，再选择"插入"→"新建产品"菜单命令或单击图标 ![icon]，特征树增加了一个新结点，如图 5-4 所示。

5.2.3　插入新零件

选择要装配的产品或部件，例如选择特征树的结点 Product2，再选择"插入"→"新建零件"菜单命令或单击图标 ![icon]，特征树增加了一个新结点，如图 5-5（b）所示。

将该特征树展开，如图 5-5（c）所示。双击该特征树的最下"零件几何体"结点，则进入零件设计模块，将创建一个以 Part1 为默认文件名的新零件。这个零件是新创建的，它的数据存储在独立的新文件内。

(a)   (b)   (c)

图 5-5　插入一个新零件

5.2.4　插入已经存在的部件或零件

选择要装配的产品或部件，例如选择特征树的结点 Product2，再选择"插入"→"现有部件"菜单命令或单击图标🔁，弹出"文件选择"对话框，输入已经存在的部件或零件的文件名。特征树增加了一个新结点，结点的名字在装配模块称之为零件编号，插入前后对比如图 5-6 所示的 Part1。

(a)   (b)

图 5-6　插入一个新零件

若插入零件的零件编号与当前装配体已插入的零件编号同名，则弹出如图 5-7 所示的"零件编号冲突"对话框。选择产生冲突的零件编号，单击"重命名"按钮，弹出如图 5-8 所示的"零件编号"对话框，输入自定义的名字，如"齿轮"，则按输入的零件的名字进行保存，如图 5-9（a）所示；如果单击"自动重命名"按钮，则由系统自动改名，如图 5-9（b）所示。

图 5-7　"零件编号冲突"对话框　　　　　　　图 5-8　"零件编号"对话框

(a)   (b)

图 5-9　重新命名零件编号之后的特征树

5.2.5　替换部件

选择要替换的部件或零件，例如选择如图5-9（a）所示的特征树的结点"齿轮"，再选择"编辑"→"部件"→"替换部件"菜单命令或单击图标 ，在弹出的"选择文件"对话框中选择一个已经存在的部件或零件的文件名，例如零件曲轴的文件名，弹出如图5-10（a）所示的"对替换的影响"对话框。单击"确定"按钮，即可替换已选的部件或零件，结果如图5-10（b）所示。

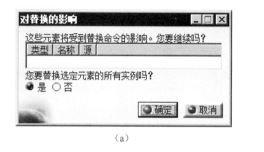

（a）

（b）

图 5-10　"对替换的影响"对话框和替换后的特征树

5.2.6　重新排序特征树

选择要重新排序的产品或部件，例如选择如图5-11(a)所示特征树的"活塞连杆机构"，再选择"编辑"→"部件"→"图形树重新排序"菜单命令或单击图标 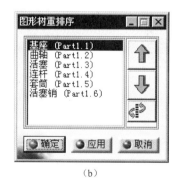，弹出如图5-11（b）所示的"图形树重排序"对话框。

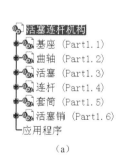

（a）

（b）

图 5-11　特征树和"图形树重排序"对话框

该对话框右侧三个按钮的功能如下。

（1）⬆：将选到的对象上移一个位置。

（2）⬇：将选到的对象下移一个位置。

（3）🔁：将先选到的对象与随后指定的对象位置对调。

单击"应用"或"确定"按钮，特征树随之改变。

5.2.7 编号

编号的功能是将产品的零件编上序号。选择要编号的对象，例如选择图 5-11 所示特征树中的活塞连杆机构，单击图标 ，弹出如图 5-12（a）所示的 "生成编号"对话框。选择"整数"或"字母"单选按钮。如果要编号的零件已经有了编号，现有编号栏将被激活，可以选择"保留"或"替换"单选按钮。

右击部件或零件，例如右击特征树中的结点"活塞"，在弹出的快捷菜单中选择"属性"命令，弹出如图 5-12（b）所示的"属性"对话框，在"产品"选项卡中可以看到部件的编号是"3"。

（a）

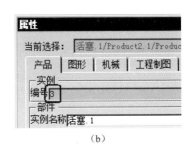
（b）

图 5-12 "生成编号"对话框和零件"属性"对话框的"产品"选项卡

5.2.8 部件载入管理

当产品的部件较多时，如果将全部部件加载，就会占用较大的存储空间。选择性地载入部分部件可以减轻系统的负担，提高系统的运行效率。

1. 快速装入

快速装入是指只装入产品或部件的装配关系等少量信息。选择"工具"→"选项"菜单命令，弹出"选项"对话框。选择目录树的"常规"结点，"选项"对话框的"常规"选项卡如图 5-13 所示。若选中"加载参考的文档"复选框，则产品全部部件的全部信息装入内存；否则，只装入部件的装配关系等少量信息，而不装入部件的完整信息。

2. 选择性地载入部件

选择"编辑"→"部件"→"加载"菜单命令或单击图标 🖳，弹出如图 5-14 所示的"产品加载管理"对话框。

"产品加载管理"对话框中各项的功能如下。

（1）🖳：加载选取的部件。

（2）打开深度：打开级别，从下拉列表中选择"1""2"或"所有"。

在特征树上选取一个部件，单击"产品加载管理"对话框左上角的图标 🖳，单击"应用"按钮,所选部件全部加载。以同样的操作加载其他部件或单击"确定"按钮结束操作。

图 5-13　在"选项"对话框中设置快速装入功能

3. 卸载部件

选择要卸载的部件或零件在特征树上的结点,例如选择特征树上的结点"活塞",选择"编辑"→"部件"→"卸载"菜单命令或右击要卸载的部件或零件在特征树上的结点,选择快捷菜单中的"部件"→"卸载"选项,弹出如图 5-15 所示的"要卸载的所有文档的列表"对话框。在其列表框中选择要卸载的文件,单击"确定"按钮即可。

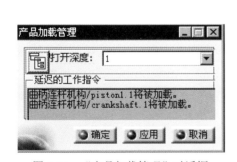

图 5-14　"产品加载管理"对话框

图 5-15　"要卸载的所有文档的列表"对话框

5.2.9　定义单行阵列

定义单行阵列的功能是定义在 x、y、z 或给定方向上复制等间距的多个部件,形成单行阵列。但是在部件之间并不施加约束。选择"插入"→"定义多实例化"菜单命令或单击图标🗱或按 Ctrl+E 组合键，弹出如图 5-16 所示的"多实例化"对话框。

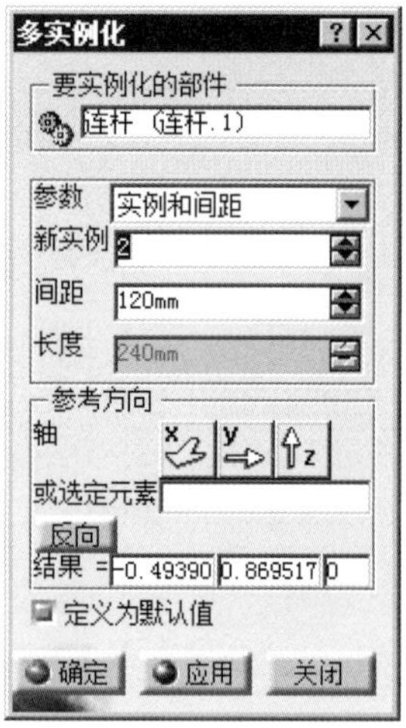

"多实例化"对话框中各项的功能如下。

（1）要实例化的部件：输入要形成阵列的部件。

（2）参数：确定阵列参数的方法，有以下 3 种选择。

① 实例和间距：单行阵列的项数和间距。

② 实例和长度：单行阵列的项数和总长度。

③ 间距和长度：单行阵列的间距和总长度。

（3）新实例：输入阵列的项数。

（4）间距：输入阵列的间距。

（5）长度：输入阵列的总长度。

（6）参考方向：定义单行阵列的方向，有以下 4 种选择。

① 轴：指定 x、y、z 坐标轴之一作为单行阵列的方向。

图 5-16　"多实例化"对话框

② 或选定元素：选择一条直线作为单行阵列的排列方向。

③ 反向：改为阵列的排列方向的相反方向。

④ 结果：显示选定方向的三个坐标分量。

（7）定义为默认值：选中该复选框，将当前参数作为下次阵列的默认参数。

例如选取如图 5-17（a）所示的连杆，其余参数如图 5-16 对话框所示，单击"确定"按钮，增加了如图 5-17（b）所示的两个连杆。

　　　　　　　（a）　　　　　　　　　　　　　　　　　　（b）

图 5-17　生成连杆的单行阵列

5.2.10　快速生成单行阵列

选择一个部件或零件，例如选择图 5-18（a）所示的活塞，选择"插入"→"快速多实例化"菜单命令，按 Ctrl+D 组合键或单击图标🗱，继承上一个"多实例化"命令的阵列参数，快速地生成单行阵列，如图 5-18（b）所示。

　　　　　　　（a）　　　　　　　　　　　　　　　　　　（b）

图 5-18　快速生成单行阵列

———————————————　CATIA 实用教程（第 3 版）

5.3 部件的移动

在进行装配时，必须明确装配的级别，总装配是最高级，其下级是各级的子装配，即各级的部件。对哪一级的部件进行装配，这一级的装配体必须处于激活状态。双击特征树上某装配体，若其呈蓝色显示，表明该装配体处于激活状态。CATIA 的大部分操作只对处于激活状态的部件及其子部件有效。

如果要移动某个对象，首先要保证该对象所属的装配体处于激活状态，然后单击该对象或该对象在特征树上对应的结点，使之处于被选状态（亮显），这样才能通过指南针或命令改变所选对象的方位。如图 5-19 所示为与部件或零件移动或旋转有关的菜单和工具栏。

（a）　　　　　　　　　　　　　　（b）

图 5-19　与部件或零件移动或旋转有关的菜单和工具栏

5.3.1　通过指南针移动对象

将光标移至指南针的红方块，当光标呈现为移动箭头时，按下左键拖曳指南针到需要移动的形体表面上后松开，指南针便附着在形体上，如图 5-20 所示。将光标移至指南针，当光标呈现为手的形状时，按住左键，将光标沿指南针的轴线或圆弧拖曳鼠标，形体就会随之平移或旋转。

图 5-20　通过指南针移动对象

5.3.2　改变对象的位置或方向

　　选择"编辑"→"移动"→"操作"菜单命令或单击图标 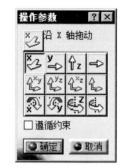 ，弹出如图 5-21 所示的"操作参数"对话框。对话框中的第 1 行显示的是当前选中的图标；第 2 行图标的功能是沿 x、y、z 或给定的方向平移；第 3 行图标的功能是沿 xy 平面、yz 平面、zx 平面或给定的平面平移；第 4 行图标的功能是分别绕 x、y、z 或给定的轴线旋转。若选中"遵循约束"复选框，则选取的部件要遵循已经施加的约束，即满足约束条件下调整部件的位置。该复选框可以检验施加的约束，并可实现总装配体的运动学分析。

图 5-21　"操作参数"对话框

　　从对话框内选择一个图标，用光标即可拖动零（部）件。一次选择的图标可以多次拖动不同的对象，也可以重选图标拖动部件，直至单击"确定"按钮结束操作。

5.3.3　对齐

　　对齐的功能是通过捕捉自两个对象的几何元素的对齐，实现改变形体之间的相对位置。选择"编辑"→"移动"→"捕捉"菜单命令，或单击图标 ，依次选择两个元素，出现对齐箭头，在空白处单击"确认"按钮，第一个元素移动到第二个元素处并与之对齐，从而改变第一个形体的方位。表 5-1 所示为捕捉移动定义的两元素情况。

表 5-1　捕捉移动定义的两元素情况

第一被选元素	第二被选元素	结　　果
点	点	两点重合
点	线	点移动到直线上
点	平面	点移动到平面上
线	点	直线通过点
线	线	两线重合
线	平面	线移动到平面上
平面	点	平面通过点
平面	线	平面通过线
平面	平面	两面重合

　　例如，单击图标 ，将光标指向如图 5-22（a）所示螺栓的轴线，当亮显该轴线时，单击，该轴线就作为第一被选元素。将光标指向螺母的轴线，当亮显该轴线时，螺母的轴线就作为第二被选元素。单击，待圆柱移至螺母的内孔，两轴线重合，如图 5-22（b）所示，在空白处单击，操作结束。如果单击绿色的箭头，则第一被选元素改变为轴线的反方向，如图 5-22（c）所示。

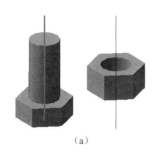
（a）

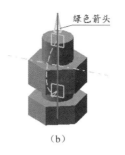
绿色箭头
（b）

（c）

图 5-22　对齐螺栓和螺母

5.3.4　智能移动

选择"编辑"→"移动"→"智能移动"菜单命令或单击图标![icon]，弹出如图 5-23 所示的"智能移动"对话框。若选中"自动约束创建"复选框，则将形体对齐并建立形体之间的约束关系，否则只进行对齐。其用法与对齐相同。用向上和向下的箭头可以调整约束的先后顺序。

图 5-23　"智能移动"对话框

5.3.5　爆炸图

选择"编辑"→"移动"→"在装配设计中分解"菜单命令或单击图标![icon]，弹出如图 5-24 所示的"分解"对话框。通过"深度"下拉列表选择爆炸的层次是"所有级别（全部爆炸）"或"第一级别"，在"类型"下拉列表可以选择 3D、2D 和"受约束（按照约束状态移动）"

图 5-24　"分解"对话框

类型，在"选择集"文本框输入要炸开的产品之后，在"固定产品"输入框中可以选择一个产生爆炸视图后位置不变的产品（零件），单击"应用"按钮即可。

图 5-25 所示为皮带轮部件及其 3D 爆炸图；图 5-26 所示为皮带轮部件的 2D 爆炸图；图 5-27 所示为皮带轮部件按照约束状态移动的爆炸图。

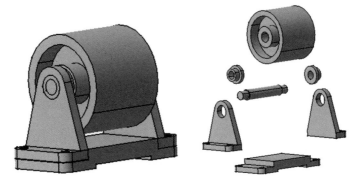

图 5-25   皮带轮部件及其 3D 爆炸图

图 5-26   皮带轮部件的 2D 爆炸图

图 5-27   皮带轮部件按照约束状态移动的爆炸图

5.4   创 建 约 束

约束指的是部件之间相对几何关系的限制条件，有关约束的菜单和工具栏如图 5-28 所示。

（a）

（b）

图 5-28   有关约束的菜单和工具栏

CATIA 实用教程（第 3 版）

5.4.1　相合

相合也称为重合，它的功能是在两几何元素之间施加重合约束。几何元素可以是点（包括球心）、直线（包括轴线）、平面、形体的表面（包括球面和圆柱面）。选择"插入"→"相合"菜单命令或单击图标 ，选择如图 5-29（a）所示圆柱体的轴线作为第一元素，再选择如图 5-29（a）所示长方体圆孔的轴线作为第二元素，第一元素移动到第二元素位置，将两者重合，如图 5-29（b）所示。其装配关系可以是同心、同轴、共线或共面。

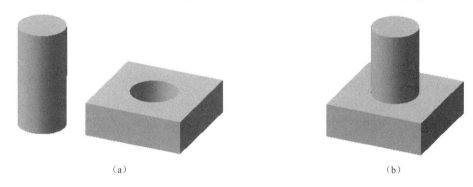

（a）　　　　　　　　　　　　　　（b）

图 5-29　孔和轴的两条轴线的重合约束

5.4.2　接触

接触约束的功能是在平面或形体表面施加接触约束，约束的结果是两平面或表面的外法线方向相反。选择"插入"→"接触"菜单命令或单击图标 ，依次选择两个元素，则第一元素移动到第二元素位置，两面外法线方向相反。表 5-2 所示为接触约束可以选择的对象，实例如图 5-30 所示。

表 5-2　接触约束可以选择的对象

	形体平面	球面	柱面	锥面	圆
形体平面	可以	可以	可以	—	—
球面			—	可以	可以
柱面	—	可以	—	—	—
锥面	—	可以	—	可以	可以
圆					—

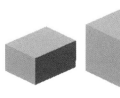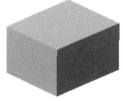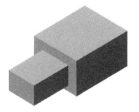

图 5-30　两个长方体表面的接触约束

5.4.3 偏移

偏移约束的功能是确定两选择面的外法线方向是相同还是相反，同时还可以指定两面之间的偏移距离。选择"插入"→"偏移"菜单命令或单击图标 🎯，依次选择两个元素，则第一元素移动到第二元素位置，观察两面外法线的方向，单击箭头可以使方向反向。表 5-3 所示是偏移约束可以选择的对象；如图 5-31 所示是施加偏移约束的实例。

表 5-3 偏移约束可以选择的对象

🎯	点	线	平面	形体表面
点				—
直线	可以	可以	可以	—
平面				
形体表面	—	—		可以

图 5-31 两平面施加偏移约束

5.4.4 角度约束

角度约束的对象可以是直线、平面、形体表面、柱体轴线和锥体轴线。选择"插入"→"角度"菜单命令或单击图标 📐，依次选择两几何元素，在弹出的"约束属性"对话框中输入角度值，即可确定角度约束，如图 5-32 所示。

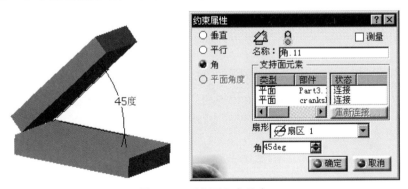

图 5-32 两表面角度约束

CATIA 实用教程（第 3 版）

5.4.5　空间固定约束

空间固定约束即固定形体在空间的位置。选择"插入"→"固定"菜单命令或单击图标 ![icon], 选择待固定的形体, 即可施加固定约束。

已经施加固定约束的形体, 若参与"相合""接触""偏移"约束, 如果是第一个被选形体, 将保持不变的位置, 而是改变第二个被选形体实现约束。

5.4.6　固联约束

固联约束是施加在两个以上的形体的约束, 使它们彼此之间相对静止, 没有任何相对运动。选择"插入"→"固联"菜单命令或单击图标 ![icon], 依次选择固联的形体, 即可施加该约束。

5.4.7　在不同的装配体之间施加约束

上面是 6 种最常用的约束。施加约束时注意所选的形体是否属于被激活的装配体。以图 5-33 所示特征树为例, 假定激活了装配体 A 的子装配体 B, 应注意以下问题。

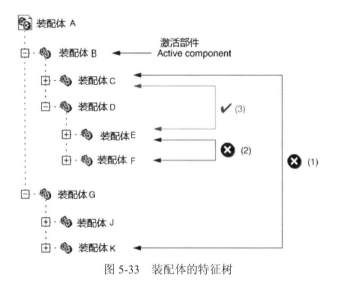

图 5-33　装配体的特征树

（1）在装配体 C 和 K 之间不能施加约束, 因为装配体 K 不是当前激活装配体 B 的部件, 要在 C 和 K 之间施加约束, 必须激活装配体 A。

（2）在装配体 E 和 F 之间不能施加约束, 因为 E 和 F 同属于装配体 D, 而装配体 D 尚未被激活。如果在装配体 E 和 F 之间施加约束, 必须激活装配体 D。

（3）装配体 C 和 E 之间可以施加约束, 它们是激活装配体 B 的第一或第二部件。

5.4.8 重复利用实体阵列

重复利用实体阵列是指重复利用实体建模时定义的阵列，按照原有阵列模式产生一个新的实体阵列。

选择"插入"→"接触"菜单命令或单击图标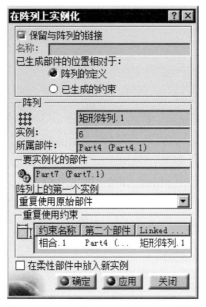，弹出如图 5-34 所示的"在阵列上实例化"对话框。

图 5-34 "在阵列上实例化"对话框

该对话框主要选项的含义如下。

（1）保留与阵列的链接：该复选框用于控制本功能生成的对象和原来阵列保持链接关系，如果原阵列修改，本对象自动更新。

（2）已生成部件的位置相对于：若选中"阵列的定义"单选按钮（默认），则按照阵列定义的尺寸确定新生成部件的位置；若选中"已生成的约束"单选按钮，则自动检测阵列元素的全部原有约束，并列于"重复使用约束"下的文本框内。

（3）阵列：用于选取实体建模时定义的阵列，下面的"实例"和"所属部件"文本框由 CATIA 自动填写。

（4）要实例化的部件：用于选取用来阵列的实体模型。

（5）阵列上的第一个实例：有"重复使用原始部件""创建新实例""剪切并粘贴原始部件"三个选项，是新阵列中第一个对象的生成模式。

（6）重复使用约束：如果选中了"已生成的约束"单选按钮，则自动检测阵列元素的所有原有约束的结果列于该文本框，可以选择其中要保留的约束，施加到新生成的阵列组件上。

（7）在柔性部件中放入新实例：如果选中该复选框，则在参数树上产生一个柔性组件，用来放置所有产生的阵列部件，否则所有阵列部件分列到参数树上。

例如图 5-35（a）所示底板的 6 个孔是由矩形阵列形成的，有一个孔已安装了螺栓。单击图标 ，弹出如图 5-34 所示的"在阵列上实例化"对话框。选取底板孔，再选取螺栓。单击"应用"按钮，在其余 5 个孔也安装了螺栓，如图 5-35（b）所示。

（a）   （b）

图 5-35　重复利用形体的阵列

5.5　部　件　分　析

部件分析包括部件的测量、干涉检查和截面分析。有关部件分析的菜单和工具栏如图 5-36 所示。

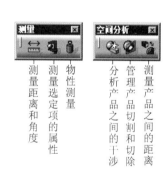

图 5-36　有关部件分析的菜单和工具栏

5.5.1　物性测量

物性测量的功能是测量形体的体积、重量、重心坐标、主惯性矩、惯性积等部件或零件的物性。在零件设计模块也可以进行这些测量工作。

例如，选择"分析"→"测量惯量"菜单命令或单击图标 📊，弹出如图 5-37 所示的"测量惯量"对话框。

在特征树上选取曲柄连杆机构，对话框扩展为如图 5-38 所示的状态，显示出该部件的"质量""重心""贯性矩"等物性数据和一些复选框、控制按钮。这些复选框和控制按钮的作用如下。

（1）图标 📊：测量 3D 的惯量。

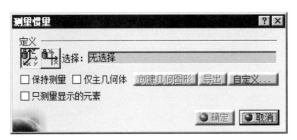

图 5-37　"测量惯量"对话框

（2）图标⬛：测量 2D 的惯量。

（3）保持测量：该复选框用于使测量结果保留在参数树上，并且保持关联性、测量结果可以作为参数使用。

（4）仅主几何体：选中该复选框将只计算主几何体（参数树上的"零件几何体"），否则将计算整个零件的几何体参数。

（5）创建几何图形：该按钮可以把一些计算结果，例如质心、重心等特征元素创建到一个新的零部件里面，并弹出"创建几何图形"对话框供用户选择要生成的几何元素。

（6）导出：单击按钮，弹出"导出"对话框，将测量结果输出到指定的文件。

（7）自定义：该按钮由用户选择和显示输出计算对象的类型。

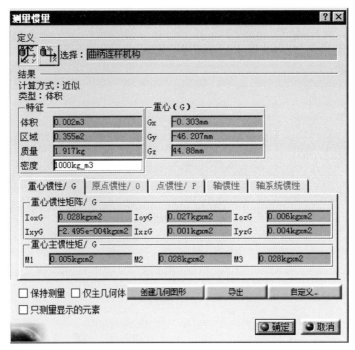

图 5-38　选择"曲柄连杆机构"之后的"测量惯量"对话框

5.5.2　碰撞检测

选择"分析"→"计算碰撞"菜单命令，弹出如图 5-39（a）所示的"碰撞检测"对话框。利用 Ctrl 键选取待分析的两个形体。在下拉列表中选择"碰撞"选项，单击"应用"按钮，结果栏可能显示以下结果。

（1）红灯、碰撞：说明两形体发生干涉，同时两形体的干涉部分呈深红色显示。

（2）绿灯、无干涉：说明两形体不发生干涉。

（3）黄灯、接触：说明两形体的表面发生接触。

若在下拉列表中选择"间隙"，则增加了用于输入间隙数值的编辑框，如图 5-39（b）所示。在下拉列表右边的文本框中输入间隙数值，单击"应用"按钮，结果栏可能显示以下结果。

（1）红灯、碰撞：说明两形体发生干涉，同时两形体的干涉部分呈深红色显示。

（2）绿灯、无干涉：说明两形体不发生干涉。

（3）黄灯：若表面接触，则显示接触；若间隙不足，则显示违规。

（a）　　　　　　　　　　（b）

图 5-39　"碰撞检测"对话框

5.5.3　干涉分析

干涉分析是从电子数字样机 DMU 模块中移植过来的，分析的种类多于前面的"碰撞检测"。选取要检测的一些对象，选择"分析"→"碰撞"菜单命令或单击图标 ，弹出如图 5-40 所示的"检查碰撞"对话框。

图 5-40　"检查碰撞"对话框

1. 按照分析的类型可进行的选择

（1）接触+碰撞：检测产品之间是否接触或碰撞。

（2）间隙+接触+碰撞：检测产品之间是否有间隙、接触或碰撞。如果存在间隙，是否超出设定的间隙；同时显示接触区域。

（3）已授权的贯通：检测产品之间是否有碰撞，如果有碰撞，是否超出设定的碰撞界限。

（4）碰撞规则：允许使用知识顾问的规则等检测碰撞。

2. 按照被分析对象的范围可进行的选择

（1）一个选择之内：在一个选择范围之内的所有实体之间进行干涉检测。

（2）选择之外的全部：在选择的对象和剩余对象之间进行干涉检测。

（3）在所有部件之间：在所有部件之间进行干涉检测。

（4）两个选择之间：在两组实体或装配体之间进行干涉检测。

例如，选取了基座和曲轴作为检测对象、"接触+碰撞"作为检测的类型、"一个选择之内"作为检测的范围，单击"应用"按钮，检测结果如图 5-41 所示。

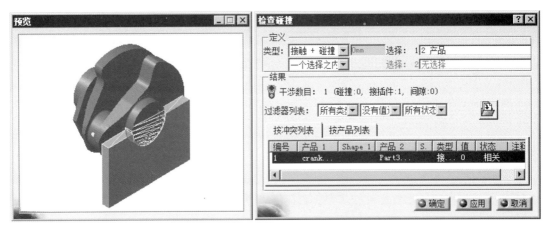

图 5-41　基座和曲轴的干涉检测结果

5.5.4　截面分析

利用截面分析功能，可以自动生成部件的任意位置、任意方向的截面或切片，以供用户或设计人员详细观察、分析部件的内部结构。下面以发动机为例，介绍截面分析的功能。

选择"文件"→"打开"菜单命令，输入发动机的装配模型文件 engone.CATProduct，进入装配模块，显示如图 5-42 所示的发动机的装配模型。

选择"分析"→"切割"菜单命令或单击图标 ⬚，弹出如图 5-43 所示的"剖切定义"对话框和截面显示窗口。

1. 创建截面

通过"定义"选项卡可以创建单个截面、双截面、六截面及剖切的截面对象。

（1）⬚：创建普通的单个截面。该图标是"定义"选项卡的默认选项。用一个窗口显示着新创建的截平面，另一个窗口显示着这个截面相对于发动机的位置。选择"窗口"→"垂直平铺"菜单命令，结果如图 5-44 所示。

图 5-42　发动机的装配模型

图 5-43　"剖切定义"对话框

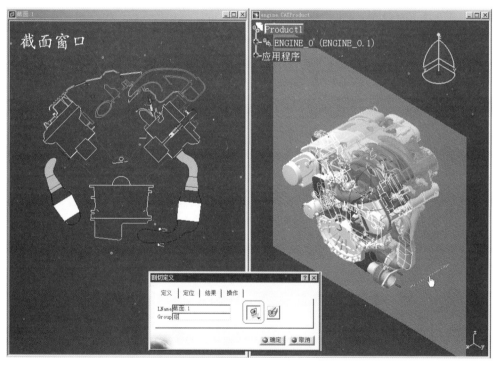

图 5-44　截平面及其相对于发动机的位置

　　截面的显示是动态的，当光标停留在截平面上时，会出现绿色的双向箭头。若光标停留在截平面的内部，箭头的方向与截面垂直，此时移动光标，可以改变截面的截切位置。若光标停留在截平面的边界，箭头的方向与截面平行，此时移动光标，可以改变截面的大小。

　　（2）　：创建双平行截面。选择"定义"选项卡的该图标，得到如图 5-45 所示的双平行截面。新增加的截平面称为辅助截平面，原有的截平面称为主截平面。光标停留在辅助截平面的边界时，拖动绿色的双向箭头可以改变其与主截平面的距离。改变主截平面的位置和大小与单个截平面时相同，只是辅助截平面随之做同样的改变。

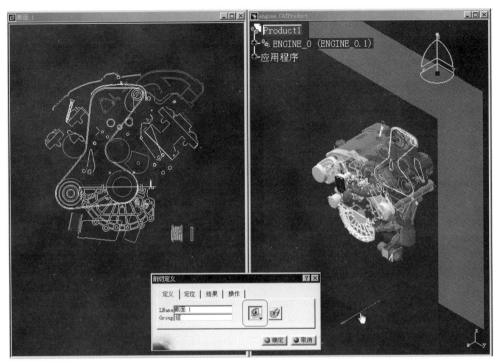

图 5-45　用双平行截面截切发动机

（3）　：创建六截面的方盒。选择"定义"选项卡的该图标，得到如图 5-46 所示的六截面的方盒。用光标可以改变六截面方盒的位置和大小。

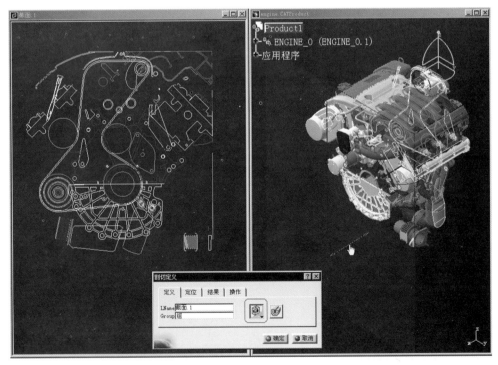

图 5-46　用六截面的方盒截切发动机

（4）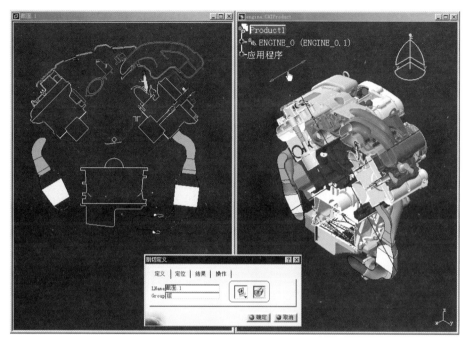：创建剖切的截面对象。选择"定义"选项卡的该图标，显示截平面的法线正方向被切除的效果。同时选择图标和的结果如图 5-47 所示，也可以同时选择图标和或。

图 5-47　创建剖切的截面对象

2. 改变截平面的位置、大小和方向

（1）用鼠标改变截平面的位置、大小和方向。用鼠标拖曳如图 5-44 所示的截面内的双向箭头可以改变截平面的位置，拖曳截平面的边界可以改变截平面的大小。

用鼠标改变截平面的方向可以通过如图 5-48 所示的 UVW 局部坐标系符号。该符号位于剖切平面图的中心，如图 5-44 所示。类似于指南针的 UVW 局部坐标系符号，W 轴垂直于截平面。光标放在圆弧上可以拖曳截平面绕中心旋转，从而改变截平面的角度，截面窗口的内容也随之改变。

（2）通过"定位"选项卡。如果要准确地确定截平面的位置、大小和方向，应该通过"定位"选项卡。单击"剖切定义"对话框中的"定位"标签，显示如图 5-49 所示的选项卡，其各项功能如下。

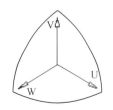

图 5-48　UVW 局部坐标系符号

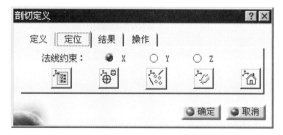

图 5-49　"定位"选项卡

① ● X ○ Y ○ Z：确定截平面的法线方向。如图 5-44 所示的截平面的法线为 X 轴方向，若选中单选按钮 Z，则截平面垂直于 Z 轴，结果如图 5-50 所示。

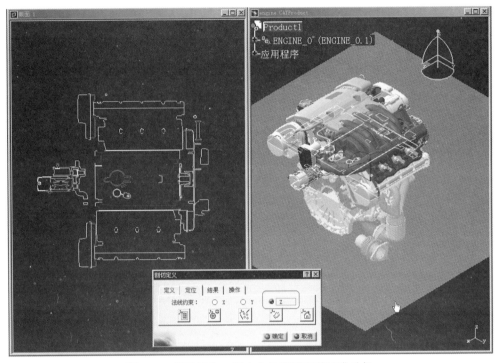

图 5-50　用法线为 Z 轴方向的截平面截切发动机

② 囦：确定截平面的位置和大小。单击该图标，弹出如图 5-51 所示的"编辑位置及尺寸"对话框。其中，"原点"栏用于设置截平面的中心、"尺寸"栏用于设置截平面的宽度和高度。"平移"栏通过编辑框设置步长，每单击一次该栏的按钮，截平面平移一个步长。例如单击按钮 +Tu，截平面沿 U 轴的正方向平移一个步长。"旋转"栏与"平移"栏的操作相同。底行的两个按钮 囦囦 的功能是放弃和重做。

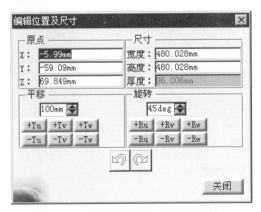

图 5-51　"编辑位置及尺寸"对话框

③ 囦：通过捕捉直线、平面、曲面等图形对象确定截平面。例如，单击该图标，将光

标移至如图 5-52（a）所示的位置，光标显示的样式和截面法线如图所示，单击，截平面改变为如图 5-52（b）所示的位置，所得截面如图 5-52（c）所示。

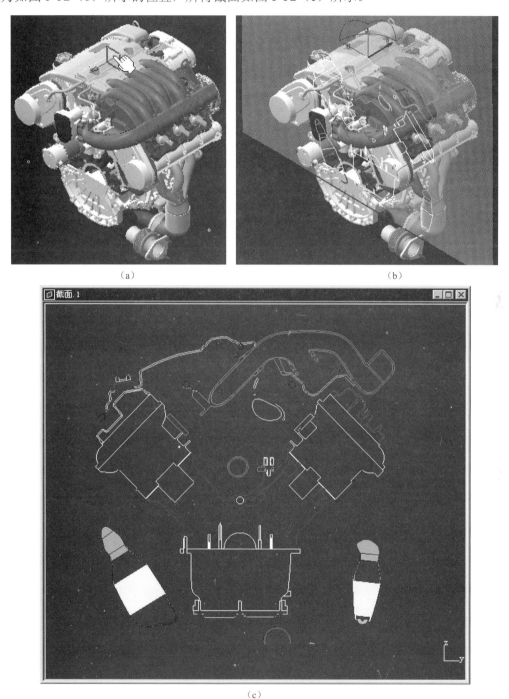

（a）   （b）

（c）

图 5-52　捕捉几何对象确定截平面

④ 🔲：通过 2 或 3 个几何元素确定截平面。例如，单击该图标，选择如图 5-53（a）

所示的形体的轴线，再选择另一形体的轴线，截平面改变为如图 5-53（b）所示的位置，所得截平面如图 5-53（c）所示。

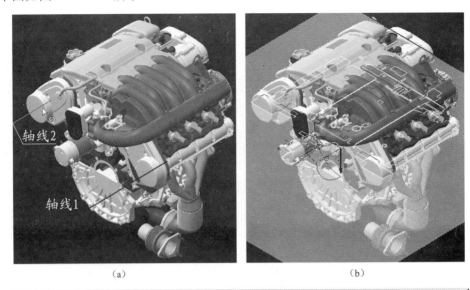

（a）　　　　　　　　　　　　　　　　　　　（b）

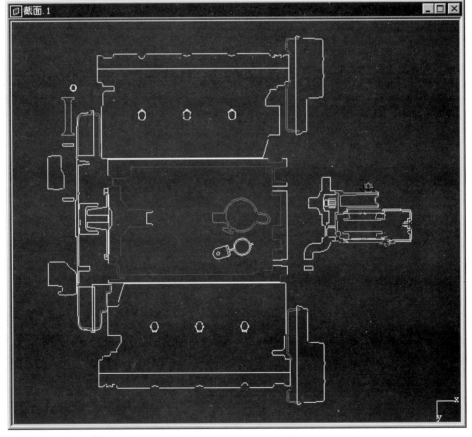

（c）

图 5-53　通过两条直线确定截平面

———————— CATIA 实用教程（第 3 版）

⑤ 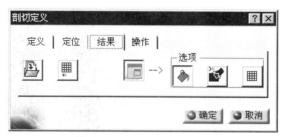：切换截平面的法向方向，即 W 轴反向。

⑥ ：返回到以原点为中心，X 轴作为法线方向的截平面。

3. 查看截面的结果

单击"剖切定义"对话框中的"结果"标签，显示如图 5-54 所示的"结果"选项卡。

图 5-54　"结果"选项卡

该选项卡中一些图标的功能如下。

（1） ：将截面对象输出到外部文件。可以选择 CATIA Part、Drawing 格式，可以选择是产生一个新零件保存，也可以保存在现有零件里。

（2） ：网格格式编辑及显示。单击该图标，弹出"编辑网格"对话框，在截面窗口显示坐标网格，如图 5-55 所示。

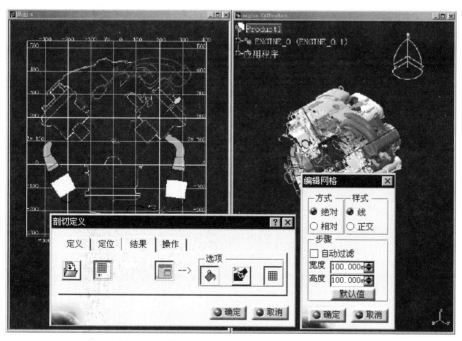

图 5-55　截面网格及其"编辑网格"对话框

"编辑网格"对话框的各项含义如下。

① "方式"栏：可以选择绝对坐标或相对坐标方式。

② "样式"栏：选择"线"，则显示网格线；选择"正交"，则在结点处显示一个小十字。

③"步骤"栏：通过宽度和高度设置网格的间距。若选中"自动过滤"复选框，则网格可以随截面窗口缩放或大小自动调节疏密，否则网格不随窗口变化，默认值为"100mm"。

（3）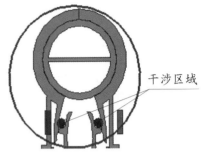：激活该图标可以在截面窗口进行以下操作。

① ◆|：切换填充显示方式。

② ◘|：在截面图高亮显示干涉区域，如图5-56所示。

③ ▦|：切换网格显示。

干涉区域

图5-56　截面图高亮显示干涉区域

如果激活了图标 ▣,还可以在截面窗口通过图标 ▦▦进行尺寸测量和标注，如图5-57所示。测量结果可以随截面输出到指定文件。

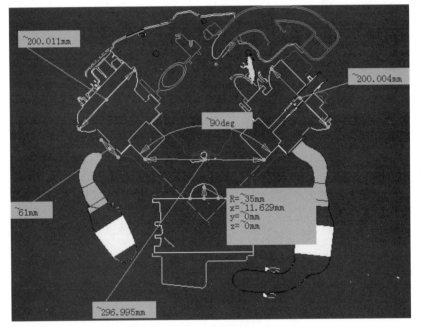

图5-57　在截面图测量和标注尺寸

5.6　有关装配设计的环境设置

5.6.1　显示模式和设计模式

当装配模块处于设计模式时，将部件的完整信息调入内存，此时可以修改部件的特征参数，但需要较大的内存空间。

当装配模块处于显示模式时，只把部件的一个数据子集调入内存，其余数据存放于缓冲区，根据需要可另外调入。虽然可以显示部件的形状、对部件进行测量和干涉分析等，但不能得到部件的详细信息，部件之间也不能施加约束。

选择"工具"→"选项"菜单命令，弹出如图5-58所示的"选项"对话框。在目录树上选择"基础结构"→"产品结构"，出现"产品结构"等多个选项卡。选中"高速缓存管理"选项卡的"使用高速缓存系统"复选框，设置缓冲区的路径和大小，装配模块就会处于显示模式。

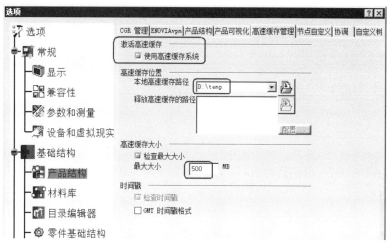

图 5-58　设置缓冲区的路径和大小

选择"编辑"→"展示"→"可视化模式"菜单命令，从设计模式切换到显示模式；选择"编辑"→"展示"→"设计模式"菜单命令，从显示模式切换到设计模式。

5.6.2　实体的激活

实体模型调入内存后，其几何信息如果不激活，也不显示实体。"选项"对话框中的"产品可视化"选项卡的内容如图5-59所示。若选中该选项卡中的"请勿在打开时激活默认形状"复选框，则实体模型调入内存后，就会激活实体的几何信息。

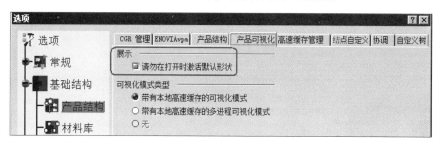

图 5-59　选中"请勿在打开时激活默认形状"复选框

5.7　装　配　实　例

装配如图5-60所示的活塞连杆机构。

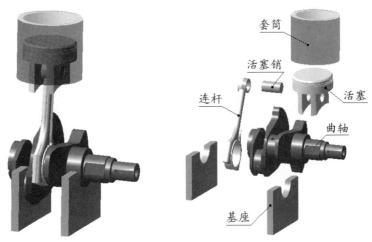

图 5-60　活塞连杆机构

（1）选择"文件"→"新建"菜单命令，选择 Product 类型，建立一个新的装配文件。

（2）选择"插入"→"现有部件"菜单命令或单击图标🔁，选中特征树的根结点"活塞连杆机构"，在"选择文件"对话框选择曲轴、活塞销、基座、活塞、连杆和套筒对应的文件，单击"确定"按钮，上述零件全部加入到装配体中，如图 5-61 所示。

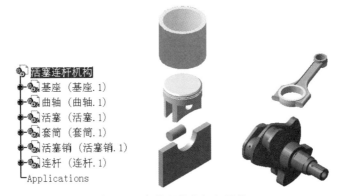

图 5-61　在装配体中加入零件

（3）为了便于操作，单击图标🖼，将套筒、活塞、活塞销和连杆隐藏。

（4）选择"插入"→"固定"菜单命令或单击图标🔩，在特征树或图形窗口选择基座，向基座施加固定约束，结果如图 5-62 所示。

图 5-62　向基座施加固定约束

（5）单击图标 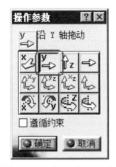，在"选择文件"对话框再次选择基座，单击"确定"按钮，在如图 5-61 所示的"活塞连杆机构"特征树上增加了结点"基座（基座.2）"。

（6）选择"编辑"→"移动"→"操作"菜单命令或单击图标，弹出如图 5-63 所示的"操作参数"对话框。选择 ，将"基座.2"沿 Y 轴反方向移动一段距离，结果如图 5-63 所示。

图 5-63　将"基座.2"沿"Y 轴"反方向移动一段距离

（7）选择"插入"→"偏移"菜单命令，或单击图标，弹出如图 5-64 所示的"约束属性"对话框。选择两个基座的前表面，方向"相同"情况下的输入偏移距离为"–108mm"，单击"确定"按钮，结果如图 5-64 所示。

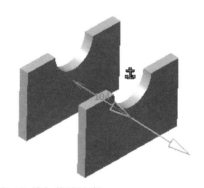

图 5-64　对"基座.2"施加偏移约束

（8）选择"插入"→"固联"菜单命令或单击图标，弹出如图 5-65 所示的"固联"对话框。选择两个基座，为"基座.2"施加了与"基座.1"的"固联"约束，结果如图 5-65 所示。

图 5-65　对"基座.2"施加"固联"约束

（9）选择"插入"→"相合"菜单命令或单击图标 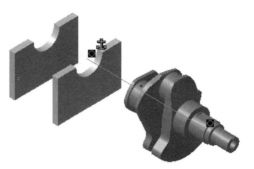，选择曲轴的轴线和基座半圆孔的轴线，使两者重合，如图 5-66 所示。

图 5-66　对曲轴和基座孔的轴线施加相合约束

（10）单击图标 ，选择如图 5-67 所示的基座前平面和曲轴的一个端面，在"方向"为"相同"的情况下、输入"偏移"为"–13mm"，单击"确定"按钮，结果如图 5-67 所示。

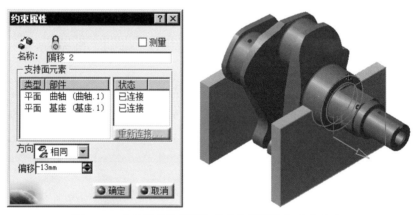

图 5-67　曲轴轴承段端面和基座前端面施加重合约束

（11）单击图标 ，恢复连杆显示。

（12）单击图标 ，选择如图 5-68（a）所示连杆的大孔轴线和与之配合的曲轴段的轴线，使两者重合，结果如图 5-68（b）所示。

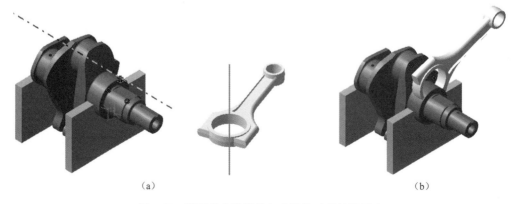

（a）　　　　　　　　　　　　　　　　　　　　（b）

图 5-68　连杆的大孔轴线与曲轴的对应轴线重合

（13）单击图标 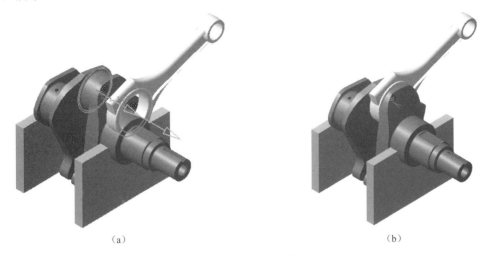，选择如图 5-69（a）所示连杆的大孔端面和曲轴的一个端面，在"方向"为"相同"的情况下输入"偏移"值为"–19mm"，单击"确定"按钮，结果如图 5-69（b）所示。

（a）   （b）

图 5-69　确定连杆的轴向位置

（14）单击图标 ，恢复套筒、活塞和活塞销的显示。

（15）单击图标 ，选择如图 5-70（a）所示活塞销和连杆小孔的轴线，使两者重合，结果如图 5-70（b）所示。

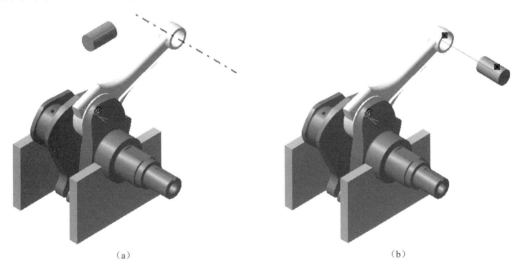

（a）   （b）

图 5-70　对活塞销的轴线和连杆小孔的轴线施加相合约束

（16）单击图标 ，选择如图 5-71（a）所示活塞销和连杆的前平面，在"方向"为"相同"的情况下输入"偏移"值为"–12mm"，单击"确定"按钮，结果如图 5-71（b）所示。

（17）单击图标 ，选择如图 5-72（a）所示活塞销的轴线和活塞小孔的轴线，使两者重合，结果如图 5-72（b）所示。

(a)   (b)

图 5-71   确定活塞销的轴向位置

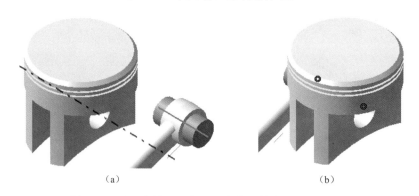

（a）   （b）

图 5-72   对活塞销和活塞小孔各自的轴线施加相合约束

（18）单击图标 ![icon]，选择如图 5-73（a）所示活塞的平面和连杆的平面（为便于选择，先将活塞隐藏，选择后将其恢复），"方向"为"相同"的情况下，输入"偏移"值为"–12mm"，单击"确定"按钮，结果如图 5-73（b）所示。

（a）   （b）

图 5-73   确定活塞的轴向位置

（19）单击图标 ![icon]，选择如图 5-74（a）所示套筒和活塞各自的轴线，使两者重合，结果如图 5-74（b）所示。

（20）单击图标 ![icon]，选择套筒和基座各自的顶面，在"方向"为"相同"的情况下，输入"偏移"值为"–255mm"，单击"确定"按钮，结果如图 5-75 所示。

（21）选择"视图"→"已命名的视图"菜单命令，弹出如图 5-76（a）所示的"已命名的视图"对话框，在列表框中选择"*仰"或单击图标 ![icon]，得到如图 5-76（b）所示的活塞连杆机构的仰视图。

CATIA 实用教程（第 3 版）

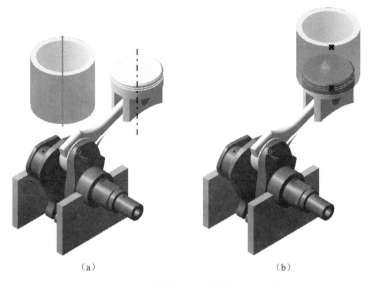

（a） （b）

图 5-74 对套筒和活塞施加相合约束

图 5-75 对套筒施加相对于基座的偏移约束

（a）

（b）

图 5-76 活塞连杆机构的俯视图

（22）选择"编辑"→"移动"→"操作"菜单命令，或单击图标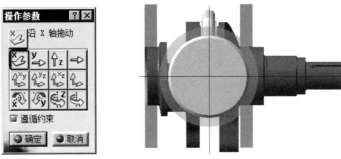，弹出如图 5-77（a）所示的"操作参数"对话框。选择，将套筒沿 x 轴方向移动至如图 5-77（b）所示的位置。

图 5-77　将套筒向下移至其中心与曲轴轴线重合的位置

（23）单击图标，对套筒施加固定约束。单击图标，隐藏所有的约束符号。单击图标，恢复等轴测显示。结果如图 5-78（b）所示。

（24）选择"编辑"→"移动"→"操作"菜单命令或单击图标，弹出如图 5-78（a）所示的"操作参数"对话框。在对话框中选中"遵循约束"复选框，选择绕任意轴旋转图标，再选择曲轴的轴线。用光标拖动曲轴绕其轴线旋转，连杆带动活塞，活塞即可沿套筒的轴线上下运动，如图 5-78（b）所示。

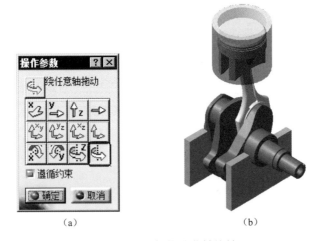

（a）　　　　　　　　　　　（b）

图 5-78　用光标拖动曲轴旋转

习　题　5

1. 装配模块产生的文件类型是什么？Product、Component 和 Part 模型之间的关系是什么？

2. 如何实现装配级别的转换？特征树是否有相应的变化？

3. 如何使用指南针实现形体的定量移动？

　CATIA 实用教程（第 3 版）

4. 两个平面的相合约束与接触约束有何区别？

5. 使用偏移约束能否实现两个平面的重合或接触约束？

6. 固定和固联两个约束之间有何区别？在一个装配体中可以对多个形体施加固定约束吗？

7. 如何分析装配体组件的自由度？

8. 装配体在显示模式下可以施加约束吗？显示模式下是否可以测量形体的尺寸？

9. 什么是设计模式？如何实现设计模式和显示模式之间的转换？

10. 在操纵形体时，如何使形体按照设定的约束关系移动？

11. 如何把已经施加的约束所涉及的几何元素替换成另外的几何元素？

12. 控制调入形体信息到内存但不激活的选项是什么？如何激活未激活的形体？

13. 控制是否调入形体信息到内存的选项是什么？如何有选择地调入形体？

14. 打开大的装配模型文件时如何节约内存空间？如何提高调入速度？

15. 参照图 5-79 所示的皮带轮部件的装配图和图 5-80 所示的皮带轮部件的零件图，建立该部件所有零件的三维模型。参照图 5-25～图 5-27，用这些零件的三维模型完成下列任务：

（1）生成皮带轮部件装配模型；

（2）生成皮带轮部件装配模型的 3D 爆炸图；

（3）生成皮带轮部件装配模型的 2D 爆炸图；

（4）生成皮带轮部件装配模型按照约束状态移动的爆炸图。

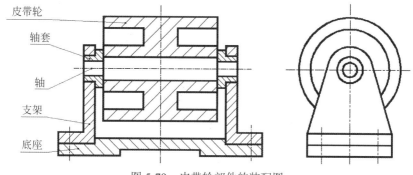

图 5-79　皮带轮部件的装配图

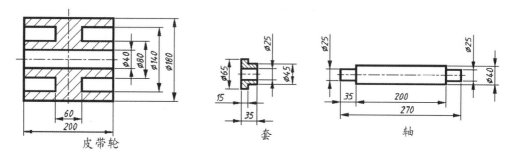

图 5-80　皮带轮部件的零件图

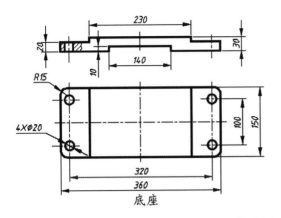

底座

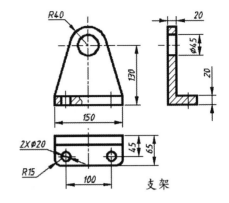

支架

图 5-80 （续）

第 6 章　绘制工程图

6.1　绘制工程图的环境

产品在研发、设计和制造过程中，只有三维模型通常是不够的，因为诸如尺寸精度、形位公差、表面结构等技术要求尚不能完整地表达清楚，还需要借助于二维的工程图。这些二维的工程图与传统的"图纸"所表达的内容是相同的，但主要的内容不是逐笔画出来的，而是从三维模型中直接获取的。

CATIA 通过工程制图模块创建产品的二维工程图。

6.1.1　工程制图模块的功能

工程制图模块的功能包括：将零件的三维形体映射为注有尺寸的一些指定方向的投影图、剖视图或断面图；添加尺寸、尺寸公差和形位公差，表面结构、焊接等工程符号，文本注释、零件编号、标题栏和明细栏；创建产品在研发、设计和制造过程中所需的工程图。

工程制图模块也可以不依赖三维模型，而是利用绘制图形和图形编辑的功能直接创建二维工程图。

工程制图模块生成 CATDrawing 类型的文件。

工程制图模块与草图设计模块都能够创建和编辑二维图形，不同的是前者绘制的工程图是相对独立的，可以打印输出，也可以和其他 CAD 系统交换图形信息，而后者绘制的二维图形只能提供给零件设计等模块用于创建三维的形体或曲面等对象。

工程制图模块的绘制图形和图形编辑功能的命令与操作和草图设计模块基本相同，因此本章着重介绍工程制图模块的视图管理和图形标注等功能。

6.1.2　进入和退出绘制工程图的环境

1. 从"开始"菜单进入绘制工程图的环境

选择"开始"→"机械设计"→"工程制图"菜单命令，弹出如图 6-1 所示的"创建新工程图"对话框。

该对话框的第一行是自动布局视图的 4 个图标，依次是"空图纸""所有视图""正视图、仰视图和右视图""正视图、俯视图和左视图"。第二行左边显示着图幅横向的图标🄰，或图幅纵向的图标🄰；中间显示着该图幅采用的标准、格式和纸张的大小；右边显示着第一角投影法的图标◖◉或第三角投影法的图标◉◖。

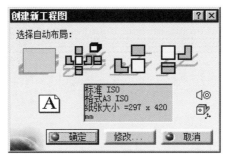

图 6-1 "创建新工程图"对话框

（1）在该对话框中选择一种布局方式，例如"空图纸"，单击"确定"按钮，即可进入如图 6-2 所示的绘制工程图的环境，开始创建一个新的图形文件。

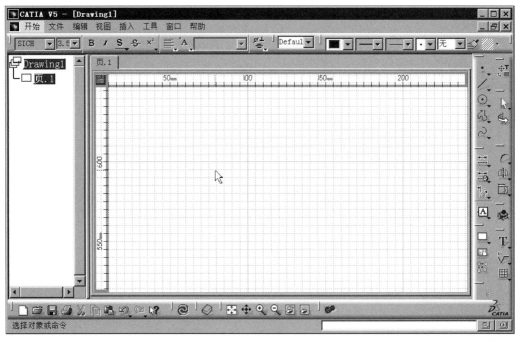

图 6-2　绘制工程图的环境

（2）若单击该对话框的"修改"按钮，则弹出如图 6-3 所示的"新建工程图"对话框。通过该对话框的"标准"下拉列表选择制图的标准。该列表有 ISO（国际标准）、ANSI（美国标准）等 11 种选择。通过"图纸样式"下拉列表栏选择图幅的规格。例如在 ISO 标准下，则有 A0 ISO、A1 ISO 等 8 种规格。通过"纵向"和"横向"按纽确定图幅的方向。若选中"启动工作台时隐藏"复选框，则再次开始一个新图时将不再显示该对话框。如果修改了以上某些选项，则单击"确定"按钮之后，返回的是更新之后如图 6-1 所示的"创建新工程图"对话框。

2. 从文件菜单进入绘制工程图的环境

选择"文件"→"新建"菜单命令或单击图标 ⬜，弹出如图 6-4 所示的"新建"对话框。

图 6-3　"新建工程图"对话框　　　　　　图 6-4　"新建"对话框

选中 Drawing，单击"确定"按钮，弹出如图 6-3 所示的"新建工程图"对话框。通过该对话框的操作，可进入绘制工程图的环境，开始建立一个新的图形文件。

3．以现有的图形文件为起点进入绘制工程图的环境

选择"文件"→"新建自"菜单命令，弹出"选择文件"对话框。选择一个已存在的 CATIA 工程图类型的图形文件，然后单击"确定"按钮，即可进入绘制工程图的环境，以该文件为起点建立一个新的图形文件。

4．退出绘制工程图的环境

选择"文件"→"关闭"菜单命令或单击当前窗口右上角的图标▣即可退出当前的图形文件。选择"开始"或"文件"菜单的"退出"命令或单击 CATIA 窗口右上角的图标▣即可退出 CATIA 环境。

打开、保存或另存为一个图形文件的操作与 Windows 支持的其他应用程序相同。

6.1.3　设置绘制工程图的环境

选择"工具"→"选项"菜单命令，弹出"选项"对话框，单击该对话框内特征树上的"工程制图"结点，即可显示如图 6-5 所示的"常规"等多个选项卡。

简要介绍前 3 个选项卡的功能如下。

通过"常规"选项卡可以设置网格的间距、网格的显示状态及是否启用网格捕捉等（参照 3.1.2 节），若选中"显示标尺"复选框，将显示如图 6-2 所示的水平和垂直方向的标尺。

通过"布局"选项卡可以控制是否显示视图的名称、框架和缩放比例。

通过"视图"选项卡可以控制是否生成三维形体的轴线、中心线、圆角、螺纹等图形对象。

在创建工程图的过程中，通过快捷菜单也可以设置或改变当前的绘图环境。

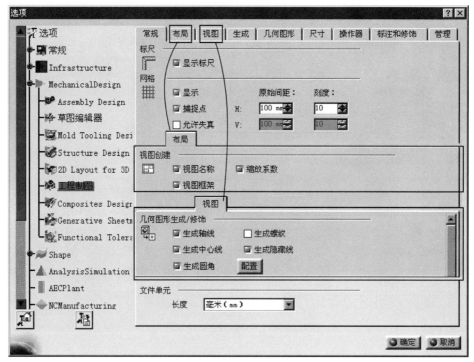

图 6-5 "选项"对话框

6.2 页

图形文件（Drawing）的下一级对象是页（Sheet，也称作图纸、纸片）。一个图形文件可建立多个页，图形、尺寸和注释等对象就绘制在页上。有关页操作的菜单和工具栏如图 6-6 所示。

图 6-6 有关页操作的菜单和工具栏

6.2.1 页的特点

（1）新建立的图形文件只有一个页，名字是"页.1"，如图 6-2 所示。根据需要可以随时增加或删除一些页。

（2）每个页都有一个名字，名字是自动生成的，由"页.××"（××为序号）组成，例如图 6-7 所示的"页.1""页.2"。

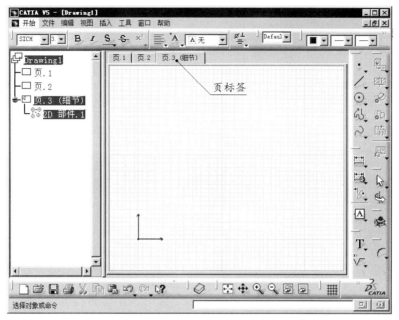

图 6-7　增加新页后的工作界面

（3）页之间是相对独立的。

（4）页分为普通页和详细页。普通页简称"页"，详细页注有"页（细节）"。普通页接受来自三维形体的投影图，详细页不接受来自三维形体的投影图，主要用来放置一些常用的平面图形、专用符号、文字说明等。详细页可以被普通页引用。

（5）一个页包含工作视图和页背景图。两者可以同时显示，但是若处于工作视图，则不能编辑页背景，反之亦然。通常将图框、标题栏作为背景图，其余作为工作视图。

（6）就像不同文档的内容可以相互复制一样，一个页上的对象也可以剪切、复制到另一个页。

6.2.2　页操作

1. 建立新页

选择"插入"→"工程图"→"图纸"→"新建图纸"菜单命令或单击"工程图"工具栏中的图标 ⬚，即可建立一个"页.×"的普通页。若选择"图纸"→"新建详图"菜单命令或单击"工程图"工具栏中的图标 ▣，即可建立一个"页.×（细节）"的详细页。在特征树上也增加了相应页的结点，如图 6-7 所示。

2. 删除页

单击特征树上的页结点，按 Delete 键或右击，在弹出的快捷菜单中选择"删除"命令，相应的页即被删除。

3. 激活页

双击特征树上的页结点或单击作图区的页标签，相应的页即被激活，被激活的页显示在最上面。

4. 创建页背景

假定在新建工程图时选择了"ISO-A4"。选择"编辑"→"图纸背景"菜单命令，进入绘制页背景的环境。通过图标或绘制图框和标题栏，并通过图标**T**填写标题栏（过程略），所得页背景如图 6-8 所示。

选择"编辑"→"工作视图"菜单命令或双击特征树的页结点，即可切换到如图 6-7 所示的工作环境。

此后新建的页将继承该页的背景。若将该图命名保存，则可作为其他工程图的背景，并且与该图的工作视图无关。

例如将该图命名保存为"A4"，在其他工程图的环境下选择"文件"→"页面设置"菜单命令，弹出如图 6-9 所示的"页面设置"对话框。

图 6-8　图框和标题栏作为页的背景

图 6-9　"页面设置"对话框

单击该对话框中的"插入背景视图"按钮，弹出如图 6-10 所示的"将元素插入图纸"对话框。

单击该对话框中的"浏览"按钮，选择"ISO-A4.CATDrawing"，单击"插入"按钮，返回如图 6-9 所示的"页面设置"对话框，单击"确定"按钮即可。

图 6-10　"将元素插入图纸"对话框

6.3　视　　图

页的下一级对象是视图（View）。CATIA 既可以根据三维模型创建产品的投影视图，也可以不依赖三维模型以交互方式绘制工程图。与视图操作有关的菜单和工具栏如图 6-11 和图 6-12 所示。

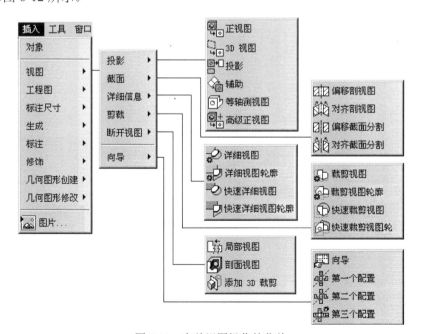

图 6-11　有关视图操作的菜单

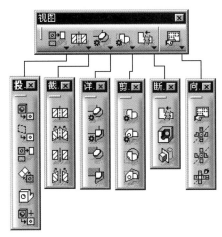

图 6-12　有关视图操作的工具栏

6.3.1　视图的特点

（1）一个页可含有多个视图。视图可分为基本视图、辅助视图和局部视图。基本视图包括主视图、俯视图、左视图、右视图、仰视图和后视图。

（2）视图的内容是从形体的三维模型获取的，但也可以在此基础上以交互方式进行修改。

（3）每个视图有一个虚线的方框，方框的大小随图形对象的大小自动调整，方框可以被隐藏或显示。方框内还有视图的名称和比例，如图 6-13 所示。视图的名称或比例也可以被修改或隐藏。

（4）视图可以被锁定或解锁。锁定的视图不能被修改，但可以被整体移动。

（5）整个视图也可以被隐藏或显示。

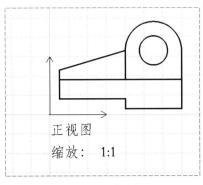

正视图
缩放：　1∶1

图 6-13　视图

6.3.2　视图的基本操作

1. 建立基本视图

激活所要建立视图的页，选择"插入"→"工程图"→"新建视图"菜单命令或单击如图 6-6 所示的"工程图"工具栏的图标 ▦，单击确定视图的位置，即可建立一个新的视图。新的视图只有如图 6-13 所示的方框、视图的名称和比例。方框内的图形对象可以通过三维形体的投影获取或以交互的方式绘制。

在建立了一个新视图后，在特征树上也增加了相应视图的结点。

2. 当前视图

若同一页含有多个视图时，必有一个为当前视图。当前视图的方框为红色，内部显示着 x 和 y 坐标轴，新建立的图形对象建立在当前的视图内。特征树上带下画线的视图为当前视图。

蓝色方框的视图为一般状态的视图。

将一般状态的视图改变为活动状态视图的操作称为激活一个视图。双击特征树上的视图结点或者双击视图的蓝色方框，所选视图即改变为活动状态的视图。

3. 隐藏或显示视图的方框

如果在设置工程制图的环境的"布局"选项卡选中了"视图框架"复选框（如图 6-5 所示），则生成的视图显示着方框。若隐藏或显示全部视图的方框，则单击如图 6-14 所示"可视化"工具栏的图标 🖼 即可。若只隐藏或显示某个视图的方框，则需要右击这个视图在特征树的结点或方框，在弹出的快捷菜单中选择"属性"命令，在弹出的"属性"对话框中切换"显示视图框架"复选框的选中状态，如图 6-15 所示。

图 6-14　"可视化"工具栏

4. 隐藏或显示视图

右击特征树的视图结点或方框，在快捷菜单中主选择"隐藏/显示"命令，即可隐藏或显示指定的视图。

5. 删除视图

单击视图的方框或特征树的视图结点，按 Delete 键或右击，在弹出的快捷菜单中选择"删除"命令，即可。

6. 移动视图

用鼠标拖曳主视图的方框，方框内的所有视图做同样的平移。用鼠标拖曳其他视图的方框，因为其他视图与主视图投影关系不应该变，因此只能沿着特定的方向平移。例如，侧视图只能沿着水平方向平移。

7. 修改指定视图的特性

右击特征树上的视图结点或视图的方框，在弹出的快捷菜单中选择"属性"命令，弹出如图 6-15 所示的"属性"对话框。

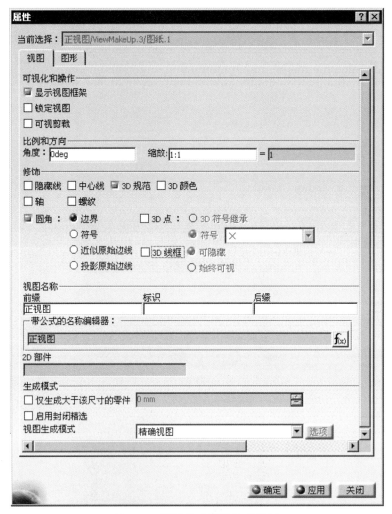

图 6-15　视图的"属性"对话框

该"属性"对话框中的选项与如图 6-5 所示的设置绘制工程图环境的"选项"对话框中许多选项的名称相同。不同的是"选项"对话框是新视图的初始设置，而该对话框只能改变指定视图的设置。

通过"可视化和操作"栏可以改变是否显示视图方框、是否锁定视图等。若选中"锁定视图"复选框，则该视图内的图形对象将不会被修改。

通过"比例和方向"栏可以改变视图的旋转角度和视图的比例。

通过"修饰"栏可以控制是否显示隐藏线、中心线、轴、螺纹的大径、圆角形成的切线边等。

例如，图6-16（a）所示为没有选中隐藏线、中心线和轴的复选框所得的视图；图6-16（b）所示为选中这3项之后所得的视图。

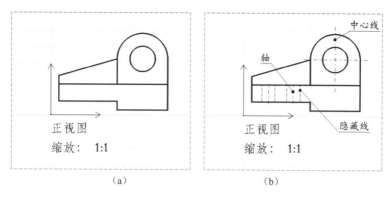

图 6-16　修改视图特性后的视图

6.4　获取零件的投影视图

6.4.1　生成自动布局的零件的多视图

自动布局的多视图有三种：主-俯-左三视图、主-仰-右三视图和六面视图加等轴测视图，如图6-1所示。

假定已经在零件设计模块创建了如图 6-17 所示的形体。选择"开始"→"机械设计"→"工程制图"菜单命令，弹出如图 6-1 所示的"创建新工程图"对话框，通过该对话框可以得到该零件自动布局的多个视图。

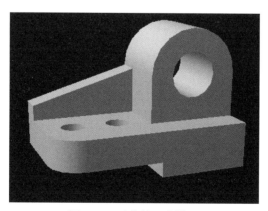

图 6-17　形体的三维模型

1. 获取形体的主视图、俯视图和左视图

单击"创建新工程图"对话框中"选择自动布局"栏的图标 <kbd>▣</kbd> 之后，单击"确定"按钮，即可得到如图 6-18 所示的"页.1"。该页含有零件的主视图、俯视图和左视图。

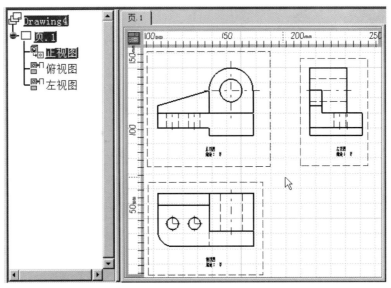

图 6-18　零件的主视图、俯视图和左视图

2. 获取零件的 6 个基本视图和轴测图

单击"创建新工程图"对话框中"选择自动布局"栏的图标 之后，单击"确定"按钮，即可得到如图 6-19 所示的"页.1"。该页含有形体的主视图、俯视图、左视图、右视图、仰视图、后视图和轴测图。

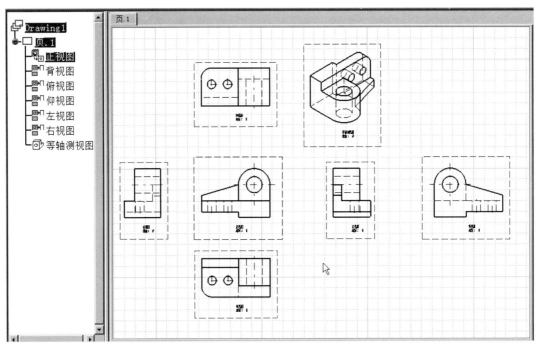

图 6-19　形体的六面视图和轴测图

6.4.2 利用"视图向导"获取形体指定投影的视图

如果有些形体不适于自动布局的 3 个方案,可通过"视图向导"获取形体的多视图布局。

假定在零件设计模块创建了如图 6-17 所示的形体,需要零件的主视图加右视图的布局,操作步骤如下。

1. 从零件设计进入绘制工程图环境

选择"文件"→"新建"菜单命令或单击图标 ▯,进入如图 6-2 所示的绘制工程图的环境(详见 6.1.2 节)。

2. 调用视图向导

选择"插入"→"视图"→"向导"→"向导"菜单命令或单击"视图"子工具栏"向导"的图标 ▣,弹出如图 6-20 所示的"视图向导"对话框。

该对话框的左侧一列是有关视图布局的图标,例如单击图标 ▣,将会得到主视图、俯视图和左视图的视图布局。因为这一列没有主视图加右俯视的布局,所以单击"下一步"按钮,弹出如图 6-21 所示的对话框。

图 6-20 "视图向导"对话框

图 6-21 确定主视图的位置

3. 首先确定主视图的位置

该对话框的左侧有一列基本视图和轴测图的图标,没有主视图加右俯视的布局。这种情况下,只能逐个地配置。在所选的视图中必须有主视图,要首先确定主视图的位置,然后再根据需要增加其他的视图。

单击主视图的图标 ▣,将其拖至如图 6-21 所示的位置。

4. 确定其他视图的位置

本例需要添加右视图，所以单击右视图的图标 ，将其拖至主视图的左侧，如图 6-22 所示。单击"完成"按钮，对话框消失。

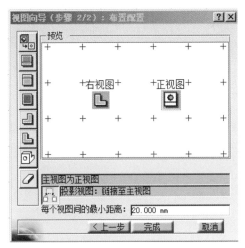

图 6-22　确定右视图的位置

说明：可以用鼠标调整各视图的位置，也可以继续添加其他视图。通过图标 ，可以清除已确定的视图布局。在"每个视图间的最小距离"文本框中输入新的数值，可改变视图之间的最小距离。通过图标 ，可以确定其余视图是否与主视图保持对齐的关系。

5. 确定投影方向

选择"窗口"菜单，切换到创建如图 6-17 所示形体的"零件设计"模块。用光标在特征树或形体上选择一个平面。该平面将作为投影面的平行面。例如，将光标移至特征树上的"xy 平面"或形体上平行于"xy 平面"的平面，此时在屏幕的右下角预示了如图 6-23 所示的"定向预览"图。单击刚才所用的选择平面，返回到绘制工程图的窗口。在该窗口显示了形体的正面的"预示投影图"，右上角为操纵盘，如图 6-24 所示。

图 6-23　定向预览图

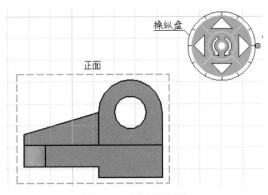

图 6-24　预示投影图

CATIA 实用教程（第 3 版）

6. 确定形体相对于图纸的方向

操纵盘的用处是确定形体相对于图纸的角度。每单击一次操纵盘内的按钮▶或◀，形体绕竖直方向逆时针或顺时针旋转 90°；每单击一次操纵盘内的按钮▼或▲，形体绕水平方向逆时针或顺时针旋转 90°；每单击一次操纵盘内的按钮《或》，形体绕观察方向逆时针或顺时针旋转一定的角度。

右击操纵盘内的按钮《或》，弹出"编辑角度"提示，单击该提示，弹出如图 6-25 所示的"角度"对话框。通过该对话框设置每单击一次旋转按钮时，形体绕观察方向旋转的角度。

因为本例选择的投影平面不需要调整，所以在操纵盘外单击一点，得到如图 6-26 所示的主视图加右视图的布局。

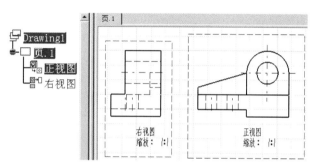

图 6-25 "角度"对话框 　　　图 6-26 得到主视图加右视图的布局

说明：如果在第 2 步确定视图的布局时单击图标 🖳 ，按以上步骤将会得到如图 6-18 所示的主视图、俯视图和左视图。

选取"向导"工具栏 🖳 🎚 🎚 🎚 中的后 3 个图标，将得到形体的相应的多视图的布局。

6.4.3　直接获取形体的投影视图

假定在零件设计模块创建了如图 6-17 所示的形体，已经进入了绘制工程图的环境。

1. 建立主视图

建立的第一个视图必须也只能是主视图，操作步骤如下。

（1）选择"插入"→"视图"→"投影"→"正视图"菜单命令或单击图标 🎚 。

（2）选择"窗口"菜单，切换到创建如图 6-17 所示形体的"零件设计"模块。

（3）在特征树或形体上选取一个投影面的平行面，假定选取了形体的端面，单击左键后自动返回到绘制工程图窗口，结果如图 6-27 所示。

（4）单击操纵盘的按钮◀，将视图调整到如图 6-24 所示的状态，单击操纵盘以外的一点，得到如图 6-28（a）所示形体的主视图。

2. 获取形体的其他基本视图

形体的俯视图、左视图、右视图和仰视图只能通过主视图间接获取。假定已得到主视图，随后的操作如下。

（1）选择"插入"→"视图"→"投影"→"投影"菜单命令或单击图标█。

（2）将光标移至主视图的方框的右侧，动态地显示了左视图，如图6-28（a）所示。

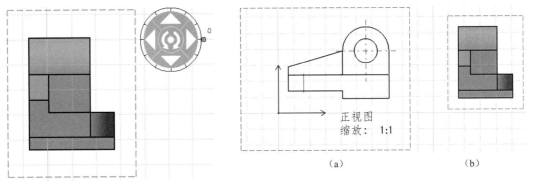

图 6-27　初始的视图和操纵盘　　　　　　　图 6-28　动态地显示左视图

（3）单击动态显示的左视图，即可得到如图6-29所示的左视图。

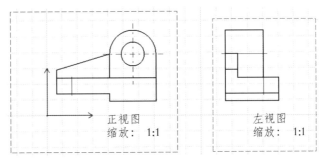

图 6-29　得到左视图

进行同样的操作，可以得到形体的俯视图、仰视图和右视图。

3. 获取形体的后视图

因为后视图与主视图不相邻，因此只能通过其他视图间接获取后视图。其操作步骤如下。

（1）双击左视图的方框，左视图成为当前视图。

（2）单击图标█，将光标移至左视图的右侧，动态地显示了后视图，单击后即可得到如图6-30所示的后视图。

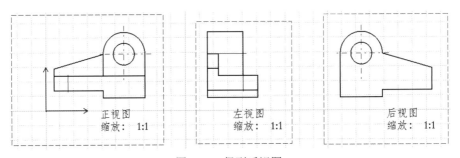

图 6-30　得到后视图

4. 获取形体的轴测图

因为轴测图与基本视图没有对齐关系，因此它不依赖主视图而单独建立。其操作步骤如下。

（1）选择"插入"→"视图"→"投影"→"等轴测视图"菜单命令或单击图标 📴 。

（2）选择"窗口"菜单，切换到创建形体的"零件设计"模块。在特征树或形体上选取一个平面，系统返回到绘制工程图窗口，如图 6-31（a）所示。

（3）通过操纵盘调整形体与图纸的角度，单击操纵盘以外的一点，得到如图 6-31（b）所示的形体的轴测图。

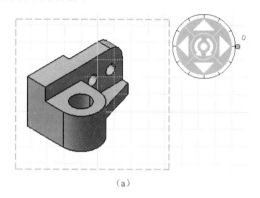
（a）

（b）

图 6-31　得到轴测视图

5. 获取形体的辅助视图

斜视图是典型的辅助视图。有些形体的表面与基本投影面倾斜，如图 6-32 所示。若表达这种平面的实际形状通常采用辅助视图。

假定已获取了形体的主视图或主、左、俯三视图。获取形体的辅助视图的步骤如下。

（1）双击倾斜平面的投影积聚为直线的视图（本例为主视图）的方框，使之成为当前视图。

（2）选择"插入"→"视图"→"投影"→"辅助"菜单命令或单击图标 🖼 。

（3）指定两个点，该两点连线应平行于倾斜平面在活动视图的投影，系统自动完成两点的连线。移动鼠标，则动态地显示着如图 6-33（a）所示的形体的投影。

图 6-32　具有倾斜平面的形体

（4）移动鼠标，确定辅助视图的位置和投影方向，单击后即可得到如图 6-33（b）所示的辅助视图。

6.4.4　获取形体的剖视图

剖视图是用于表达形体内部形状的视图。在已有的视图上确定剖切位置和投影方向，即可得到形体的剖视图。

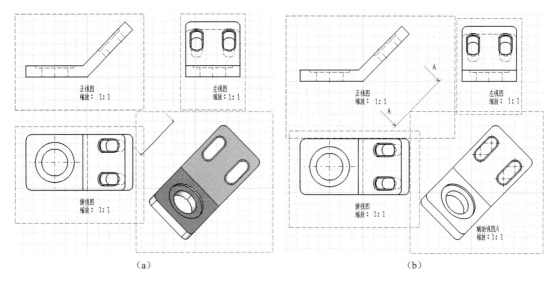

（a）　　　　　　　　　　　（b）

图 6-33　获取形体的辅助视图

1. 获取形体的全剖视图

全剖视图是用一个平行于投影面的平面剖切形体后得到的视图。其操作步骤如下。

（1）双击可以确定剖切平面的视图，使其成为活动视图。

（2）选择"插入"→"视图"→"截面"→"偏移剖视图"菜单命令或单击图标 ⚏ 。

（3）在活动的视图内输入两个点（通常是形体对称线上的点，双击结束第 2 点），系统自动完成两点的连线，该连线即剖切平面的位置，同时动态地显示着如图 6-34（a）所示的形体的投影。

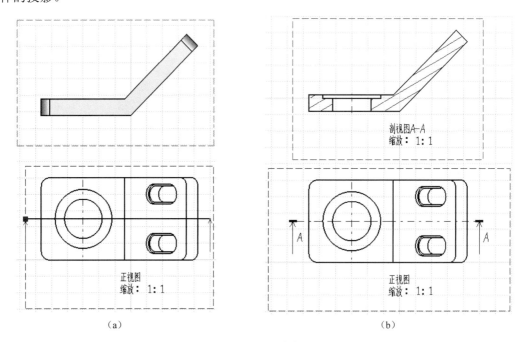

（a）　　　　　　　　　　　（b）

图 6-34　获取形体的全剖视图

（4）移动鼠标，调整剖视图的位置和投影方向，单击后即可得到形如图6-34（b）所示的全剖视图。

2. 获取形体的阶梯剖视图

阶梯剖视图是用一组平行于投影面的平面，剖切形体后得到的视图。其操作步骤如下。

（1）双击可以确定剖切平面视图的方框，使其成为活动视图。

（2）选择"插入"→"视图"→"截面"→"偏移剖视图"菜单命令或单击图标 ▦。

（3）在活动的视图内输入确定这组剖切平面的那些点（双击最后输入的点），系统自动完成直角阶梯状的折线，确定了这组剖切平面的位置，同时动态地显示着如图6-35（a）所示的形体的投影。

（4）移动鼠标，调整剖视图的位置和投影方向，单击后即可得到如图6-35（b）所示的阶梯剖视图。

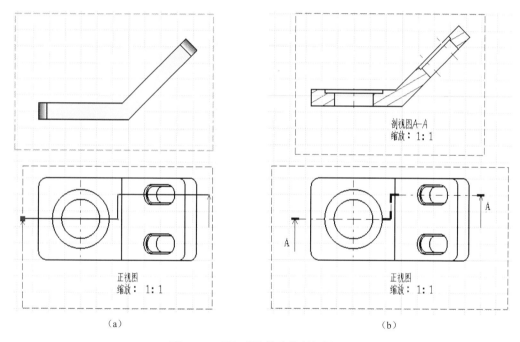

（a）　　　　　　　　　　　　　　（b）

图6-35　获取形体的阶梯剖视图

3. 获取形体的斜剖视图

斜剖视图主要用于剖切平面与投影面不平行的场合，例如图6-36中的法兰的沉孔。获取形体的斜剖视图的操作步骤如下。

（1）双击可以确定剖切平面视图的方框，使其成为活动视图。

（2）选择"插入"→"视图"→"截面"→"对齐剖视图"菜单命令或单击图标 ▦。

（3）在活动的视图内输入两个点（双击第2个点），系统自动完成两点的连线，确定了剖切平面的位置，同时动态地显示着如图6-37（a）所示的形体的投影。

图 6-36　法兰

（4）移动鼠标，调整剖视图的位置和投影方向后单击，即可得到如图 6-37（b）所示的斜剖视图。

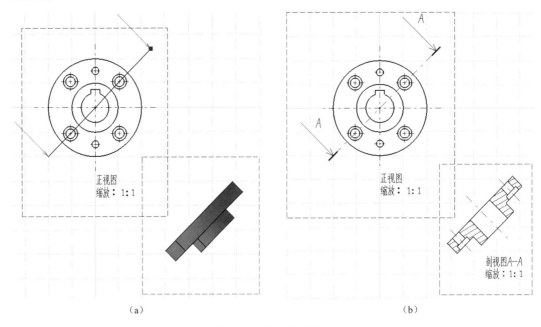

（a）　　　　　　　　　　　　　　　　　（b）

图 6-37　得到斜剖视图

4. 获取形体的旋转剖视图

旋转剖视图是用一些（通常是两个）相交于形体的轴线并垂直于投影面的平面，剖切形体后展开投影得到的视图。其操作步骤如下。

（1）双击可以确定剖切平面视图的方框，使其成为活动视图。

（2）选择"插入"→"视图"→"截面"→"对齐剖视图"菜单命令或单击图标 。

（3）在活动的视图内输入一些点（双击最后输入的点），这些点形成的折线即这组剖切平面，同时动态地显示着如图 6-38（a）所示的形体的投影。

（4）移动鼠标，调整剖视图的位置和投影方向，单击后即可得到如图 6-38（b）所示的旋转剖视图。

———————————— CATIA 实用教程（第 3 版）

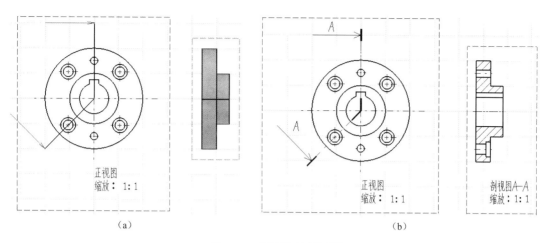

（a）   （b）

图 6-38　得到旋转剖视图

6.4.5　获取形体的断面图

断面图与剖视图的主要区别是它只表达形体截面的形状。

1. 用一个或一组平行于投影面的平面剖切形体得到的断面图

操作步骤如下。

（1）双击可以确定剖切平面视图的方框，使其成为活动视图。

（2）选择"插入"→"视图"→"截面"→"偏移截面分割"菜单命令或单击图标██。

（3）在活动的视图内输入两个点（双击结束第 2 点），系统自动完成两点的连线，该连线即剖切平面的位置。移动鼠标，动态地显示着如图 6-39（a）所示的形体的投影。

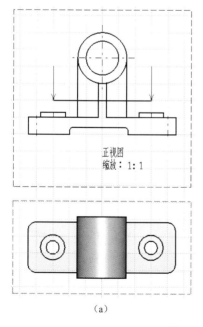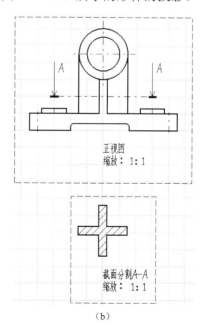

（a）   （b）

图 6-39　得到形体的断面图

（4）单击，即可得到如图 6-39（b）所示的断面图。

图 6-40 所示为用一组平行于投影面的平面剖切形体得到的断面图。

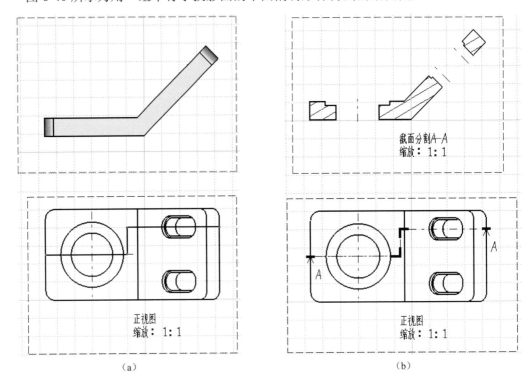

（a）　　　　　　　　　　　　　　　　（b）

图 6-40　得到两个平行剖切平面的断面图

2. 用一个或一组垂直于投影面的平面剖切形体后得到的断面图

操作步骤如下。

（1）双击可以确定剖切平面视图的方框，使其成为活动视图。

（2）选择"插入"→"视图"→"截面"→"对齐截面分割"菜单命令或单击图标 ▓ 。

（3）在活动的视图内输入两个点（双击第 2 个点），系统自动完成两点的连线，该连线即剖切平面的位置。移动鼠标，会动态地显示如图 6-41（a）所示的形体的投影。

（4）单击形体的投影，即可得到如图 6-41（b）所示的断面图。

图 6-42 所示是用两个相交于回转体的轴线并垂直于投影面的平面，剖切形体后展开投影得到的断面图。

6.4.6　获取形体的局部放大图

局部放大图用来表达零件的细小结构。首先在已有的视图上确定局部视图的边界，然后用这个边界从已有的视图的副本裁剪出局部放大图。

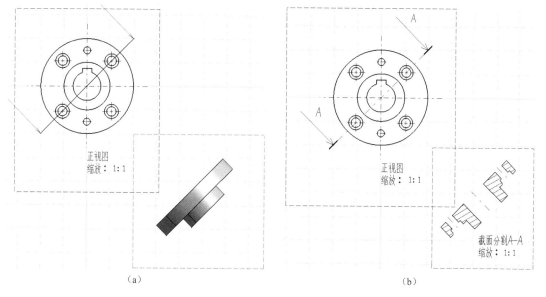

图 6-41　得到断面图

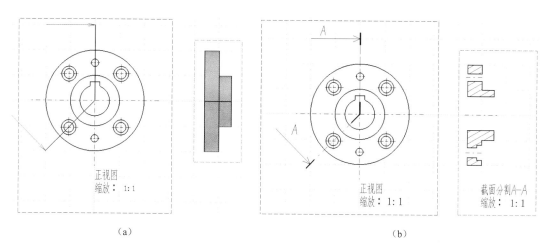

图 6-42　得到两个相交剖面的断面图

1．生成圆形区域的局部放大图

操作步骤如下。

（1）双击要局部放大视图的方框，使其成为活动视图。

（2）选择"插入"→"视图"→"详细信息"→"详细视图"菜单命令或单击图标 。

（3）在需要放大的区域指定点 P1 为圆心绘制一个圆，如图 6-43（a）所示。

（4）将光标移至点 P2 为局部视图的中心，单击后即可得到如图 6-43（b）所示的局部视图。

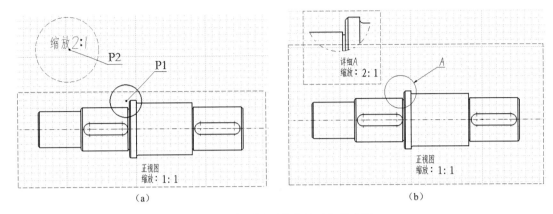

图 6-43　得到用圆裁剪的局部放大图

2. 生成多边形区域的局部放大图

操作步骤如下。

（1）双击要局部放大视图的方框，使其成为活动视图。

（2）选择"插入"→"视图"→"详细信息"→"详细视图轮廓"菜单命令或单击图标 。

（3）在需要放大的区域绘制如图 6-44（a）所示的任意多边形。

（4）移动鼠标确定局部视图的位置，单击后即可得到如图 6-44（b）所示的局部视图。

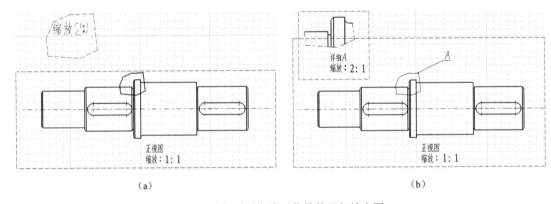

图 6-44　得到用多边形裁剪的局部放大图

3. 快速生成局部放大图

快速生成的局部放大图与前面介绍的生成局部放大图的操作过程相同。不同的是快速生成的局部放大图保留了完整的圆形或多边形的边界，如图 6-45 所示。

快速生成圆形区域局部视图需要选择"插入"→"视图"→"详细信息"→"快速详细视图"菜单命令或单击图标 。

快速生成多边形区域局部视图需要选择"插入"→"视图"→"详细信息"→"快速详细视图轮廓"菜单命令或单击图标 。

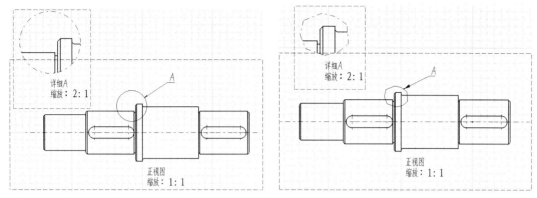

图 6-45　快速生成圆形区域和多边形区域的局部放大图

4. 修改局部放大图的比例

右击局部放大图的方框或特征树的相应结点，在弹出的快捷菜单中选择"属性"命令，弹出如图 6-15 所示的"属性"对话框。修改"视图"选项卡中的"缩放"值即可修改局部放大图的比例。

6.4.7　将已有视图修改为局部视图

用圆或多边形为边界，将已有视图裁剪为局部视图。

1. 用圆将已有视图裁剪为局部视图

操作步骤如下。

（1）双击要修改视图的方框，使其成为活动视图。

（2）选择"插入"→"视图"→"裁剪"→"裁剪视图"菜单命令或单击图标 ㉑。

（3）在活动的视图内绘制一个圆，如图 6-46（a）所示，所选视图随即被裁剪为局部视图，如图 6-46（b）所示。

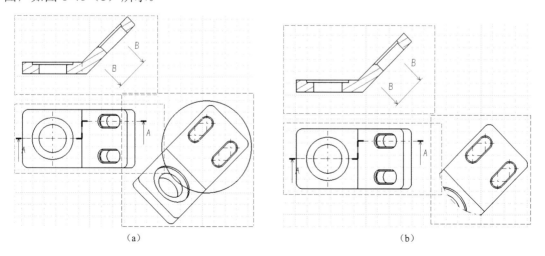

（a）　　　　　　　　　　　　　　　（b）

图 6-46　用圆裁剪的局部视图

2. 用多边形将已有视图裁剪为局部视图

操作步骤如下。

（1）双击要修改视图的方框，使其成为活动视图。

（2）选择"插入"→"视图"→"裁剪"→"裁剪视图轮廓"菜单命令或单击图标 。

（3）在活动的视图内输入多边形的顶点，绘制一个多边形，如图 6-47（a）所示，所选视图随即被裁剪为局部视图，如图 6-47（b）所示。

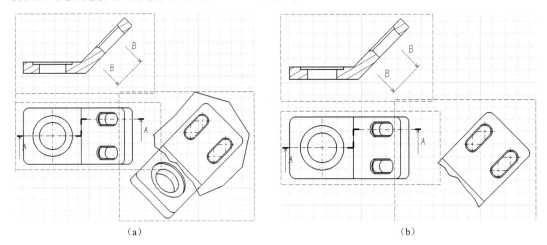

（a）　　　　　　　　　　　　　（b）

图 6-47　用多边形裁剪的局部视图

3. 快速生成局部视图

快速生成局部视图与前面介绍的生成局部视图的操作过程相同。不同的是，快速生成的局部视图保留了完整的圆形或多边形的边界，如图 6-48 所示。

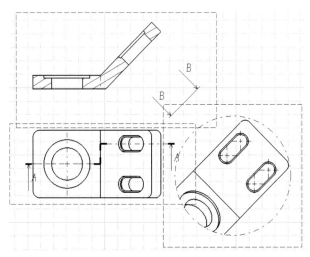

图 6-48　快速生成的用圆裁剪的局部视图

快速生成被圆裁剪的局部视图需要选择"插入"→"视图"→"裁剪"→"快速裁剪"菜单命令或单击图标 。

快速生成被多边形裁剪的局部视图需要选择"插入"→"视图"→"裁剪"→"快速裁剪轮廓"菜单命令或单击图标 。

6.4.8 断开表示

当零件较长，且沿长度方向形状一致或按一定规律变化时，可以采用断开表示。CATIA用两个互相平行的垂直于投影面的平面将已有的视图断开。

操作步骤如下。

（1）双击要断开表示视图的方框，使其成为活动视图。

（2）选择"插入"→"视图"→"断开视图"→"局部视图"菜单命令或单击图标 。

（3）在活动的视图内指定点 P1，确定了第一个截面的位置，但截面的方向有水平或竖直两种可能，于是根据光标的当前位置动态地显示过该点不同宽度的两条绿线，光标所指的宽线为截面的投影，如图 6-49（a）所示。

（4）指定点 P2，确定了第一个截面的方向。根据光标的当前位置动态地显示表示第二个截面的绿色的宽线，如图 6-49（b）所示。

（5）指定点 P3，确定了第二个截面，如图 6-49（c）所示。

（6）单击任意一点，得到了断开表示的轴的视图，如 6-49（d）所示。

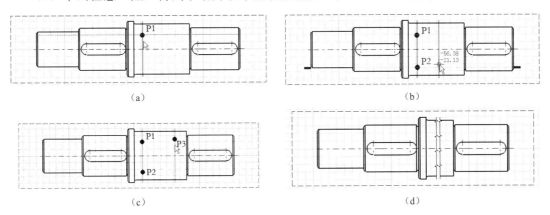

图 6-49　得到断开表示的视图

6.4.9 获取形体的局部剖视图

获取形体的局部剖视图需要确定剖切的范围和剖切平面的位置。

操作步骤如下。

（1）双击需要取局部剖视图的方框，使其成为活动视图。

（2）选择"插入"→"视图"→"断开视图"→"剖面视图"菜单命令或单击图标 。

（3）确定剖切的范围，如图 6-50 所示的多边形。

（4）自动在弹出如图 6-51（a）所示的"3D 查看器"，显示着默认的剖切平面的位置和投影方向。如果该位置合适，则单击"确定"按纽，得到如图 6-52 所示的轴的局部剖视图。如果剖切平面的位置不合适，可以通过其他视图指定新的剖切平面的位置，也可以先指定

"参考元素"的位置，再通过"深度"文本框输入剖切平面与参考元素的距离。例如，选择俯视图（参照图 6-49）的轴线作为参考元素，在"深度"文本框输入 20mm，剖切平面的位置将如图 6-51（b）所示。

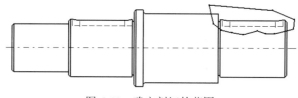

图 6-50　确定剖切的范围

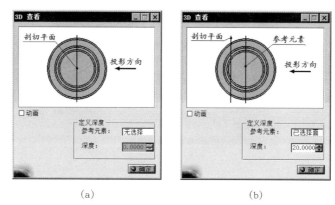

（a）　　　　　　　　　　　　　（b）

图 6-51　"3D 查看器"对话框

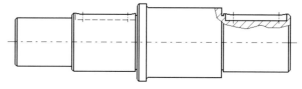

图 6-52　得到轴的局部剖视图

6.4.10　更新从形体获取的视图

如果在零件设计模块修改了形体的三维模型，在进入工程制图模块之后，单击"更新"工具栏的图标 ◎ ，即可自动更新从形体获取的视图。

例如，未打孔之前的轴及其俯视图，如图 6-53 所示。在零件设计模块，在该轴的第 3 段打了一个大孔。返回工程制图模块之后，单击图标 ◎ ，自动更新轴的视图，结果如图 6-54 所示。

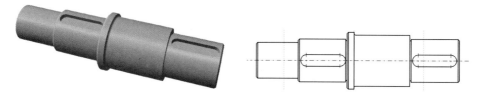

图 6-53　未打孔之前的轴及其俯视图

CATIA 实用教程（第 3 版）

图 6-54　打孔更新之后的轴的俯视图

6.5　交互绘制形体的视图

　　工程制图模块也可以不依赖零件设计模块的三维模型，以交互的方式直接绘制产品的工程图。这种方式比较适用于平面布置的工程图或只需一个视图的零件，例如图 6-55 所示的垫片。

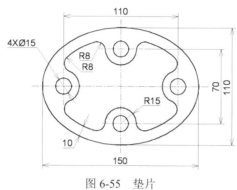

图 6-55　垫片

　　有关图形创建的菜单和工具栏如图 6-56 所示，有关图形修改的菜单和工具栏如图 6-57 所示，它们不仅外观与草图设计模块一致，其功能和操作方法也基本相同。因此本节只是通过简单的实例了解交互绘制图形的过程，需要详细了解有关命令的功能和操作方法请参照第 3 章。

　　【例 6-1】　交互绘制如图 6-55 所示垫片的图形。

　　（1）选择"开始"→"机械设计"→"工程制图"菜单命令，弹出如图 6-1 所示的"创建新工程图"对话框。因当前的默认图幅不是"A4 ISO"，所以单击"修改"按钮。弹出如图 6-3 所示的"新建工程图"对话框，在"图纸样式"下拉列中选择"A4 ISO"，默认比例为 1∶1，单击"确定"按钮，返回图 6-1 所示的"创建新工程图"对话框。单击该对话框的"确定"按钮，进入绘制工程图的环境，该环境已有"页.1"。

　　（2）选择"插入"→"工程图"→"新建视图"菜单命令或单击图标 ，单击作图区的中心，确定新建视图的位置。新视图的方框为红颜色，表示该视图为活动的视图。右击视图的名称和比例，在弹出的快捷菜单中选择"删除"命令，激活图 6-58 所示的"工具"和"可视化"工具栏中的图标　和　，显示并启用网格捕捉。

　　说明：可以在图纸上直接绘图，但在视图内绘制图形便于操作。

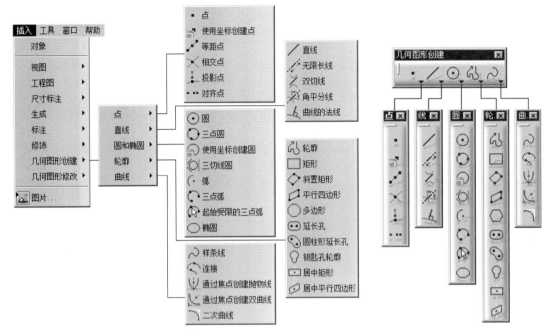

图 6-56　与图形创建相关的菜单和工具栏

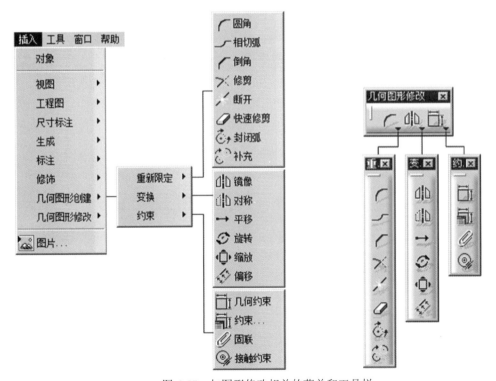

图 6-57　与图形修改相关的菜单和工具栏

———— CATIA 实用教程（第 3 版）

（3）单击图标 ✎，光标指定（–80,0）和（80,0），绘制水平中心线，以同样的操作绘制（0,60）和（0,–60）的竖直中心线，暂时忽略线形和线宽。视图方框自动调整为容纳几何对象的大小。

（4）单击图标 ◯，单击两条直线的交点作为椭圆的中心，在随后弹出的"工具控制板"上将"长轴半径"设置为"75mm"，将"短轴半径"设置为"55mm"，将"角度"设置为"0 deg"，如图 6-59 所示。

图 6-58　"工具"和"可视化"工具栏

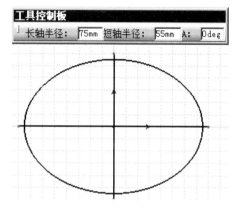

图 6-59　绘制两条直线和椭圆

（5）单击图标 ✧，选择椭圆，在"工具控制板"上填写"偏移"值为"10mm"，得到椭圆的内偏移线。再次单击图标 ✧，选择水平的直线，选择两侧生成偏移线，在"工具控制板"上填写"偏移"值为"35mm"，生成水平直线的上、下两条偏移线。同样的操作、生成竖直直线两侧的两条偏移线，如图 6-60 所示。

注意：若光标与待生成的对象不在同一侧，则偏移值为负。

（6）单击图标 ⊙，绘制如图 6-61 所示的 8 个圆。

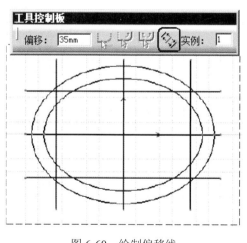

图 6-60　绘制偏移线

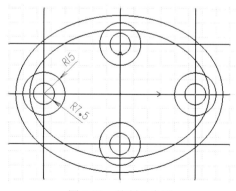

图 6-61　绘制 8 个圆

（7）单击图标 ◠，在"工具控制板"上选择第 2 个图标，该图标只修剪第 1 个被选对象。先选择半径为"15mm"的圆，再选择椭圆，光标指向待生成的圆角处，填写圆角"半径"为"8mm"，即可得到一个圆角。以同样的操作得到其他的圆角，如图 6-62 所示。

（8）单击图标 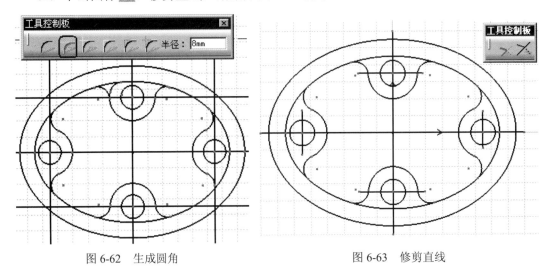，修剪直线，结果如图 6-63 所示。

图 6-62　生成圆角　　　　　　　　　　图 6-63　修剪直线

（9）单击图标 ⟋，在图 6-64 所示的点 P1、点 P2 等处修剪椭圆。

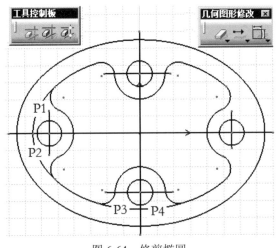

图 6-64　修剪椭圆

（10）修改图线的线形和线宽。选择一条直线，单击"图形属性"工具栏中的线宽下拉列表 ▬▾，选择线宽 1，单击线形下拉列表 ▭▾，选择为中心线，该直线改变为细的中心线。单击图标 ✍，选择另一条直线，再选择线形为中心线的直线，该直线改变为细的中心线。以同样的操作将所有的直线改变为细的中心线。如果圆、圆弧和椭圆的线宽不合适，则用同样的方法将它们改变为宽度为 3 的粗实线，结果如图 6-65 所示。保存作图结果，绘制垫片结束。

　　　　　　　CATIA 实用教程（第 3 版）

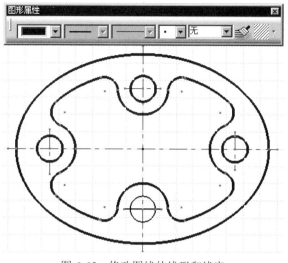

图 6-65　修改图线的线形和线宽

6.6　修 饰 图 形

　　修饰图形是指在已有视图的基础上添加圆孔（轴）的中心线、螺纹大径、轴线、箭头和填充图案。有关修饰图形的菜单和工具栏如图 6-66 所示。

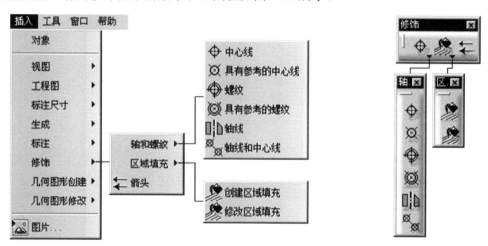

图 6-66　有关修饰图形的菜单和工具栏

1. 添加圆或圆弧的中心线

　　选择"插入"→"修饰"→"轴和螺纹"→"中心线"菜单命令或单击图标 ⊕，选取一个圆、圆弧或椭圆，即可为其添加中心线。例如，选择如图 6-67（a）所示的圆和 4 个圆弧，即可添加如图 6-67（b）所示的中心线。

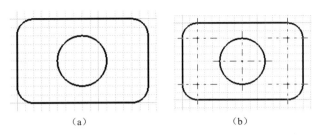

（a）　　　　　　　　　　　　　　　　　（b）

图 6-67　添加圆或圆弧的中心线

2. 添加圆或圆弧相对于基准对象的中心线

选择"插入"→"修饰"→"轴和螺纹"→"具有参考的中心线"菜单命令或单击图标 ⊠，选取圆或圆弧，再选取基准对象，即可添加一个圆或圆弧相对于基准对象的中心线。例如，选择如图 6-68（a）所示上方的圆，再选取下方的点、直线、圆和圆弧，即可添加如图 6-68（b）所示的中心线。

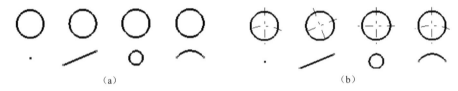

（a）　　　　　　　　　　　　　　　　　（b）

图 6-68　添加圆或圆弧相对于基准对象的中心线

3. 添加螺纹的大（小）径和中心线

选择"插入"→"修饰"→"轴和螺纹"→"螺纹"菜单命令或单击图标 ⊕，在如图 6-69（a）所示的"工具控制板"上出现了两个选项，单击图标 ⊕，选择如图 6-69（b）所示的圆，添加内螺纹的大径线和中心线，如图 6-69（c）所示；单击图标 ⊕，添加外螺纹的小径线和中心线，如图 6-69（d）所示。

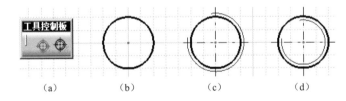

（a）　　　　（b）　　　　（c）　　　　（d）

图 6-69　添加螺纹的大（小）径和中心线

4. 添加圆或圆弧相对于基准对象的螺纹大（小）径和中心线

选择"插入"→"修饰"→"轴和螺纹"→"具有参考的螺纹"菜单命令或单击图标 ⊠，与图 6-69（a）类似的"工具控制板"上出现 ⊠ 与 ⊠ 两个选项，若单击图标 ⊠，选取图 6-70（a）所示的下方的直线或圆，则添加内螺纹的大径线和中心线，如图 6-70（b）所示；若单击图标 ⊠，则添加外螺纹的小径线和中心线，如图 6-70（c）所示。

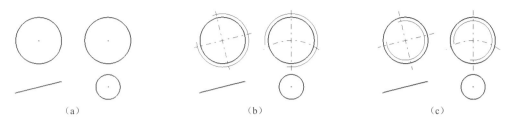

图 6-70　添加圆或圆弧相对于基准对象的螺纹大（小）径和中心线

5. 添加轴线

选择"插入"→"修饰"→"轴和螺纹"→"轴线"菜单命令或单击图标 ，若选取的两个对象是圆或圆弧，则添加一条通过二者中心的一条轴线，如图 6-71（a）所示；若选取的对象一个是圆或圆弧，另一个是直线，则添加一条过圆或圆弧的中心且垂直于直线的轴线，如图 6-71（b）所示；若选取的两个对象都是直线，则添加二者的一条角平分线，如图 6-71（c）所示。

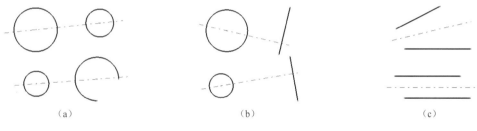

图 6-71　添加轴线

6. 添加两个圆或圆弧的中心线和轴线

选择"插入"→"修饰"→"轴和螺纹"→"轴线和中心线"菜单命令或单击图标 ，若选取两个圆或圆弧，则添加二者的中心线和通过二者中心的轴线，如图 6-72 所示。

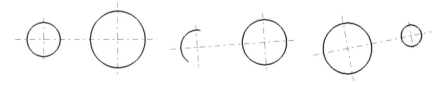

图 6-72　添加两个圆或圆弧的中心线和轴线

7. 添加箭头

选择"插入"→"修饰"→"箭头"菜单命令或单击图标 ，指定箭头的点 P1，再指定箭头的点 P2，即可得如图 6-73 所示的箭头。

图 6-73　添加箭头

8．创建区域填充

区域填充在机械图中也称为剖面线。选择"插入"→"修饰"→"区域填充"→"创建区域填充"菜单命令或单击图标🧽，弹出如图 6-74（a）所示的"工具控制板"。该控制板为区域填充提供了不同的生成方式。

（1）自动检测方式。激活图标🧭，指定如图 6-74（b）所示的点 P1，得到如图 6-74（c）所示的填充结果。再指定点 P2，得到如图 6-74（d）所示的正确的填充结果。从这两次操作可以看出填充域是自动检测到的。如果找不到封闭的轮廓，就会出现如图 6-75 所示的对话框。

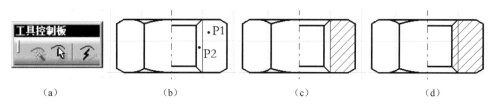

图 6-74　"工具控制板"和自动检测方式

图 6-75　找不到封闭轮廓的"区域填充"对话框

（2）轮廓选择方式。激活图标🔾，逐个选择如图 6-76（a）中标记"□"的直线，再指定点 P1，就会得到如图 6-76（b）所示的正确的填充结果。从这个实例可以看出，填充区域是根据所选的图线和指定的点确定的，但是填充区域的边界并不等于所选的图线，如图 6-76（c）所示。

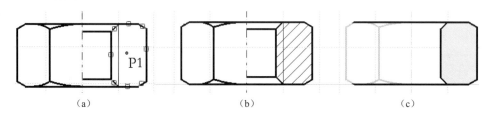

图 6-76　用轮廓选择方式填充剖面线

如果指定的点 P1 不在剖面区域内，就会出现如图 6-77 所示的警告信息。如果少选了一些边界对象，轮廓没有封闭，也会出现这个警告信息。出现这个警告可以选择"是"，重新指定点 P1，或者继续选择边界对象。

（3）创建基准方式。激活图标⚡时，以上两种方式所创建的区域填充与边界图线是各自独立的，移动或改变填充区域的边界图线，已填充的区域不会随之改变。如果删除剖面线，对边界图线没有任何影响；否则，所创建的区域填充与边界图线是关联的，移动或改变填充区域的边界图线，已填充的区域自动随之改变。如果删除剖面线，将会出现如图 6-78

　————————　CATIA 实用教程（第 3 版）

所示的对话框。如果选择"否",则只删除剖面线;若选择"是",则将形成填充区域的图线一起删除,如图 6-79 所示。

图 6-77　轮廓不封闭的"区域填充"对话框　　图 6-78　删除剖面线时的"确认删除"对话框

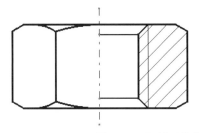

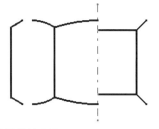

图 6-79　与剖面线关联的边界图线被删除

9. 修改区域填充

选择"插入"→"修饰"→"区域填充"→"修改区域填充"菜单命令或单击图标 📖，选择一个待修改的填充的区域，例如选择如图 6-80（a）所示的剖面线，弹出如图 6-74（a）所示的"工具控制板"。在"工具控制板"中，选择待填充的方式，例如选择图标 📦，即选择新的轮廓线，如果选择图 6-80（b）中标记"□"的图线，指定点 P1，结果如图 6-80（c）所示。如果选择了自动检测填充方式的图标 📦，指定如图 6-80（b）中的点 P1，结果如图 6-80（d）所示。

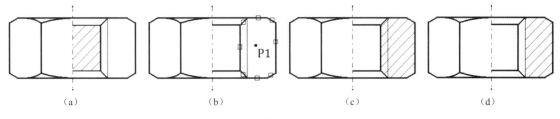

图 6-80　修改区域填充

10. 修改剖面符号的样式和属性

（1）修改剖面符号的样式。单击已填充的区域，单击"图形属性"工具栏的图标 📊 右侧的向下箭头，将弹出如图 6-81 所示的"阵列选择器"对话框。通过该对话框选择一种剖面符号的样式即可。

（2）改变剖面符号的属性。双击已填充的剖面符号或右击已填充的剖面符号，从弹出的快捷菜单中选择"属性"命令，弹出如图 6-82 所示的有关图案的"属性"对话框。通过该对话框可以修改剖面符号的样式、颜色、线形、线宽、角度、间距等特性。

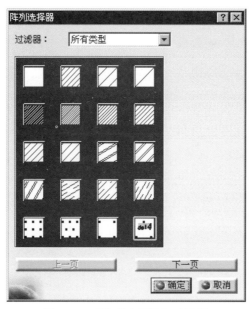

图 6-81　"阵列选择器"对话框

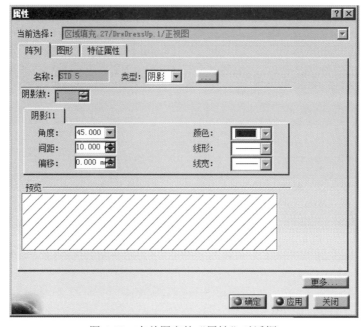

图 6-82　有关图案的"属性"对话框

6.7　尺　寸　标　注

尺寸标注是工程图必不可少的内容。有关尺寸标注的菜单如图 6-83 所示,有关尺寸标注的工具栏如图 6-84 所示。CATIA 既可以自动生成尺寸,也可以交互方式标注尺寸。

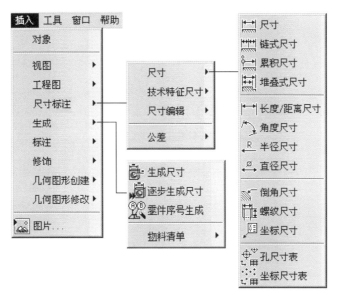

图 6-83　有关尺寸标注的菜单

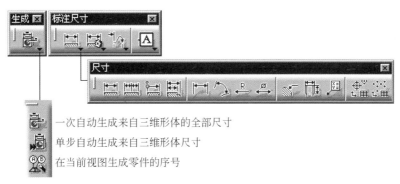

一次自动生成来自三维形体的全部尺寸
单步自动生成来自三维形体尺寸
在当前视图生成零件的序号

图 6-84　有关尺寸标注的工具栏

6.7.1　自动生成尺寸

自动生成尺寸的必要条件是形体在草图设计阶段就施加了尺寸约束。例如，图 6-85 所示为一个形体的立体图和在创建该形体的过程中所建立的施加了尺寸约束的三个草图。

1．一次自动生成全部尺寸

获取形体的视图之后，选择"插入"→"生成"→"生成尺寸"菜单命令或者单击图标 ，弹出如图 6-86 所示的"尺寸生成过滤器"对话框。

通过"尺寸生成过滤器"对话框可以了解到该形体总共用到了 12 个尺寸约束。分别是在草图编辑过程中施加的 10 个尺寸约束和在 3D 设计模块中用到的两个 3D 约束。这两个 3D 约束分别是拉伸草图 1 时定义的凸台长度尺寸 80 和拉伸草图 2 时定义的凸台长度尺寸 10。

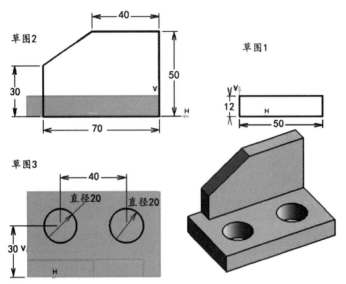

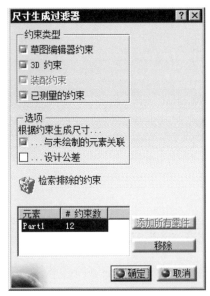

图 6-85　创建形体过程中的三个草图和立体图

图 6-86　"尺寸生成过滤器"对话框

　　如果关闭"草图编辑器约束"复选开关，则不生成草图编辑时标注的尺寸；如果不选中"3D 约束"复选框，则不生成在 3D 模块中用到的凸台长度 80 和 10 两个尺寸；如果不选中"与未绘制的元素关联"复选框，则不生成俯视图上的两个圆的定位尺寸 40 和 30。

　　单击"确定"按钮，在标注了如图 6-87 所示的尺寸的同时，会弹出如图 6-88 所示的"生成的尺寸分析"对话框。

　　"生成的尺寸分析"对话框显示了该形体的约束的数量和生成尺寸的数量。通过"已生成的约束"等复选框，可以分析这些尺寸的来源。单击"确定"按纽，结果如图 6-87 所示，尺寸生成完毕。

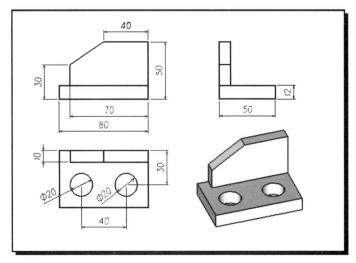

图 6-87 自动生成形体的尺寸

2. 逐步自动生成尺寸

选择"插入"→"生成"→"逐步生成尺寸"菜单命令或单击图标 ，弹出如图 6-86 所示的"尺寸生成过滤器"对话框,单击"确定"按钮,弹出如图 6-89 所示的"逐步生成"对话框。

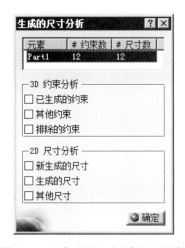

图 6-88 "生成的尺寸分析"对话框

图 6-89 "逐步生成"对话框

该对话框的滑动条显示正在标注尺寸的序号。单击按钮 ▶,标注下一个尺寸;单击按钮 ▶▶,标注剩余的全部尺寸;单击按钮 Ⅱ,暂停,用于调整或删除当前的尺寸,再次单击该按钮,将继续标注尺寸;单击按钮 ■,停止标注尺寸;单击图标 ,删除当前尺寸;单击图标 ,将当前尺寸改注在其他视图。选中"3D 可视化"复选框,在零件设计模块也能看到标注的尺寸;选中"超时"复选框,超出设置的时间将自动标注下一个尺寸,其右方的编辑框用于设置等待标注的时间。

标注了全部尺寸或单击按钮 ■,出现如图 6-88 所示的"生成的尺寸分析"对话框,单击

"确定"按钮，尺寸生成完毕。

6.7.2 以交互方式标注尺寸

无论是自动生成的还是交互绘制的图形，都可以采用交互方式标注尺寸。

1. 标注多种类型的尺寸

选择"插入"→"尺寸标注"→"尺寸"→"尺寸"菜单命令或单击图标 ⊞，弹出如图 6-90（a）所示的"工具控制板"，若右击，则弹出如图 6-90（b）所示的快捷菜单。这两个控件的功能是相同的，通过它们可以确定尺寸线的方向，得到相应的尺寸数值。

（a）   （b）

图 6-90　尺寸标注的"工具控制板"和快捷菜单

1）确定尺寸的基本类型

基本的尺寸有长度（线性）型、直径型、半径型和角度型，如图 6-91 所示。尺寸的类型与被标注对象的类型有关。

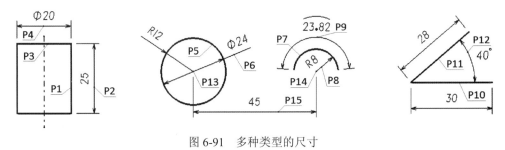

图 6-91　多种类型的尺寸

下面以如图 6-91 所示的尺寸为例，介绍标注这些尺寸的操作。

（1）标注长度型尺寸"25"。单击图标 ⊞，单击如图 6-91 中所示的点 P1，该直线变为橙色，右击，弹出如图 6-92（a）所示的快捷菜单，选择"长度"命令（若当前已选该项，则省略此步，以下同），单击点 P2 即可。

（2）标注长度型尺寸"φ20"。单击图标 ⊞，单击如图 6-91 中所示的点 P3，该直线变为橙色，右击，弹出如图 6-92（a）所示的快捷菜单，选择"直径边线"命令，单击点 P4 即可。若选择"半径边线"，则在尺寸数值前加前缀"R"。

（3）标注直径型尺寸"$\phi24$"。单击图标 ，单击图 6-91 中所示的点 P5，该圆变为橙色，右击，弹出如图 6-92（b）所示的快捷菜单，选择"直径中心"命令，单击点 P6 即可。

图 6-92　选择被标注对象之后的快捷菜单

（4）标注半径型尺寸"R8"。单击图标 ，单击如图 6-91 中所示的点 P7，该圆弧变为橙色，右击，弹出如图 6-92（b）所示的快捷菜单，选择"半径中心"命令，再单击点 P8 即可。

（5）标注弧长型尺寸"23.82"。单击图标 ，单击如图 6-91 中所示的点 P7，该圆弧变为橙色，右击，弹出如图 6-92（b）所示的快捷菜单，选择"圆长度"命令，再单击点 P9 即可。

（6）标注角度型尺寸"40°"。单击图标 ，单击如图 6-91 中所示的点 P10、P11，这两条直线变为橙色，右击，弹出如图 6-92（c）所示的快捷菜单，选择"角度"命令，再单击点 P12 即可。

（7）标注长度型尺寸"45"。单击图标 ，单击如图 6-91 中所示的圆心点 P13、P14，这两点变为橙色，右击，弹出如图 6-92（d）所示的快捷菜单，选择"距离"命令，单击点 P15 即可。

标注尺寸 30 的操作与标注尺寸 25 相同，标注尺寸 R12 的操作与标注尺寸 R8 相同。若标注圆时在快捷菜单中选择"半径中心"命令，则生成尺寸 R12，同样在标注圆弧时在快捷菜单中选择"直径中心"命令，则生成尺寸 $\phi16$。

2）指定尺寸线的方向

工程图上的尺寸线可归纳为水平方向、垂直（铅锤）方向、与被注对象或两点连线平行的方向和指定角度的方向，如图 6-93 所示。

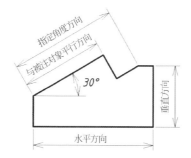

图 6-93　可以指定尺寸线的 4 个方向

（1）激活图标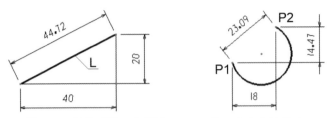，在指定尺寸线的位置时，根据光标的移动路线，确定尺寸线的方向。尺寸线的方向可以是水平、垂直、与被注对象或两点连线平行的 3 个方向，如图 6-94 所示的尺寸。

图 6-94　标注直线 L 和端点 P1、P2 的 3 个方向的尺寸

例如，标注直线 L 的 3 个方向的尺寸操作如下。

单击图标 ⬛，弹出如图 6-90（a）所示的"工具控制板"，该控制板上橙色显示着上一次用过的图标。选取直线 L 或指定它的两个端点，控制板上根据所选对象自动地激活了一个图标，若已激活是图标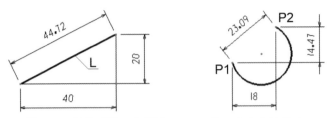，则进行下一步操作，否则激活这个图标（以下同）。光标沿着如图 6-95（a）所示的路线移动，单击适当的位置，即可得到尺寸 44.72。若光标沿着如图 6-95（b）所示的路线移动，则得到尺寸 20。若光标沿着如图 6-95（c）所示的路线移动，则得到尺寸 40。

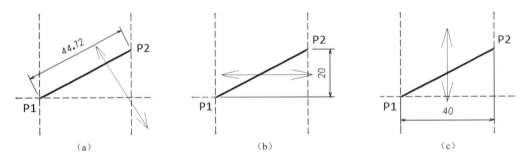

图 6-95　通过光标的移动路线确定尺寸线的三个方向

如果标注两个端点 P1、P2 的 3 个方向的尺寸，只是在单击图标 ⬛ 之后，选取两个端点 P1、P2，再激活图标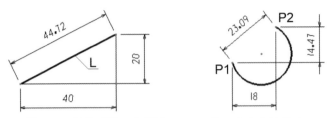，其余与标注直线 L 的操作相同。

如果被标注对象是水平或竖直的方向，或者指定的两个点的连线是水平或竖直的方向，那么所得的尺寸线只能是与被标注对象或两个点连线相同的方向，如图 6-96 所示。

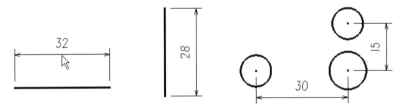

图 6-96　被标注对象或两点连线为水平或竖直的方向

（2）激活图标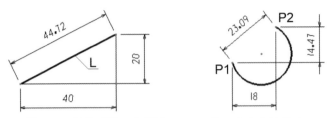，强制尺寸线的方向与被标注对象的方向相同。此时与光标的移动路

　　　　　　　　CATIA 实用教程（第 3 版）

线无关。例如图 6-97 中的尺寸 44.72 和 23.09。

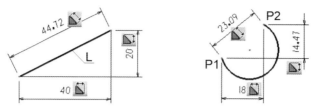

图 6-97　用不同的选项标注线段的 3 个方向的尺寸

（3）激活图标，强制尺寸线为水平的方向，此时与光标的移动路线无关，例如图 6-97 中的尺寸 40 和 18。

（4）激活图标，强制尺寸线为垂直的方向，此时与光标的移动路线无关，例如图 6-97 中的尺寸 20 和 14.47。

（5）激活图标，强制尺寸线为指定角度的方向。此时的工具控制板增加了如图 6-98 所示的三个选项。

① 激活图标：与选定的参考对象的方向形成指定的角度。首先选择如图 6-98 所示的直线 L2，再选择直线 L1，如果输入的角度值为 0，则尺寸线与直线 L2 平行，例如尺寸 45.98；如果输入的角度值为"15 deg"，则尺寸线与直线 L3 平行，例如尺寸 39.33。

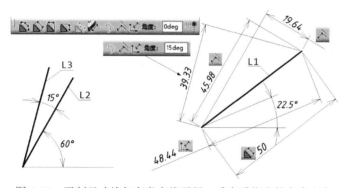

图 6-98　强制尺寸线与参考直线平行、垂直或指定的角度方向

② 激活图标：与选定的参考对象的方向垂直。例如选择直线 L2 后，再选择直线 L1，结果如尺寸 19.64。

③ 激活图标：需要指定尺寸线与 x 轴正的方向的夹角。例如输入角度"22.5 deg"之后再选择直线 L1，结果如尺寸 48.44。

（6）激活图标：标注投影对象在 3D 空间的实际长度。例如，如图 6-99（a）所示为一个形体在"零件设计"模块的立体图，直线 L1 是该形体的一条棱边。图 6-99（b）所示为这个形体在"工程制图模块"的投影图。选择直线 L1 的投影，如果激活图标，得到的尺寸是 35.59，如果激活图标，得到的尺寸是 40.93。前者 35.59 是直线 L1 投影的长度，后者 40.93 是直线 L1 的实际长度。

（7）激活图标，当计算尺寸时检测交点。

3）通过标注尺寸的快捷菜单改变尺寸的外观

选择被标注对象之后，右击，弹出如图 6-92 所示的关于尺寸的快捷菜单。通过该快捷

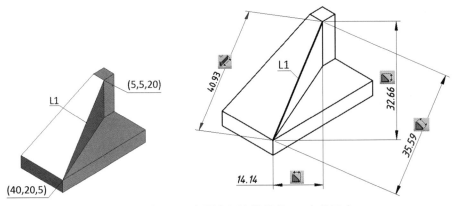

图 6-99　在 2D 工程图上标注线段的 3D 实长尺寸

菜单的选项可以改变尺寸的外观。

（1）部分长度：选此项后，在所选直线上依次指定点 P1、P2，再指定尺寸线的位置，即可得到如图 6-100（a）所示的部分直线长度的尺寸。

如果选择的对象是圆或圆弧，则在如图 6-92(b)所示的快捷菜单中选择"部分圆长度"，即可得到如图 6-100（b）所示的部分圆弧长度的尺寸。

图 6-100　标注线段的部分长度

（2）尺寸展示：显示其下一级菜单，该菜单的内容和功用与如图 6-90（b）所示的快捷菜单相同。

（3）添加尺寸标注：选此项后，弹出如图 6-101（a）所示的"尺寸标注"对话框。通过该对话框确定"漏斗"的尺寸，生成形似漏斗的尺寸界线，指定尺寸线的位置之后，即可得到如图 6-101（b）所示的漏斗尺寸标注。

（4）值方向：选此项后，弹出如图 6-102（a）所示的"值方向"的对话框。若选择"参考"为"尺寸线"，"方向"为"平行"，则结果如图 6-102（b）所示。若选择参考为"屏幕"或"视图"，"方向"为"平行"，则结果如图 6-102（c）所示。

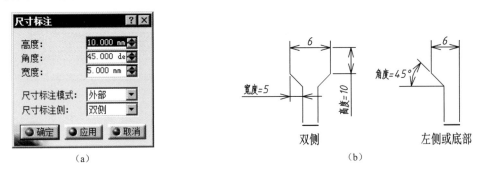

图 6-101　确定漏斗尺寸的对话框和实例

　CATIA 实用教程（第 3 版）

(a)

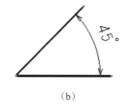
(b)

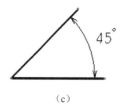
(c)

图 6-102 确定"值方向"的对话框和实例

2. 链式尺寸标注

单击图标 ▦，再依次单击点 P1～P4（选择 4 个圆），指定尺寸线的位置，即可得到如图 6-103 所示的链式尺寸标注。

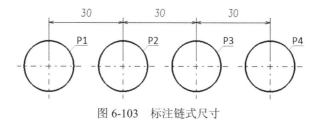
图 6-103 标注链式尺寸

3. 累积式尺寸标注

单击图标 ▦，再依次单击点 P1～P4（选择 4 个圆），输入尺寸线的位置，即可得到如图 6-104 所示的累积式尺寸标注。

4. 堆叠式尺寸标注

单击图标 ▦，再依次单击点 P1～P4，指定第一条尺寸线的位置点 P5，即可得到如图 6-105 所示的堆叠式尺寸标注。

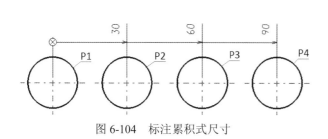
图 6-104 标注累积式尺寸

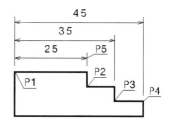
图 6-105 标注堆叠式尺寸

5. 专门标注长度型的尺寸

单击图标 ▦，只标注长度型的尺寸，是可标注多种类型的尺寸（▦）的子集。

6. 专门标注角度型的尺寸

单击图标![icon]，只标注角度型的尺寸，是可标注多种类型的尺寸（![icon]）的子集。

7. 标注半径型的尺寸

单击图标![icon]，只标注半径型的尺寸，是可标注多种类型的尺寸（![icon]）的子集。

8. 标注直径型的尺寸

单击图标![icon]，只标注直径型的尺寸，是可标注多种类型的尺寸（![icon]）的子集。

9. 标注倒角型的尺寸

单击图标![icon]，标注倒角型的尺寸，其"工具控制板"和快捷菜单如图 6-106 所示。

图 6-106　标注倒角尺寸的"工具控制板"和快捷菜单

倒角尺寸有"单符号"![icon]和"双符号"![icon]两种样式，分别对应着如图 6-107 所示的第 1 行和第 2 行。尺寸文字有"长度×长度""长度×角度""角度×长度"和"长度"4 种方式，分别对应着如图 6-107 所示的第 1 列～第 4 列。

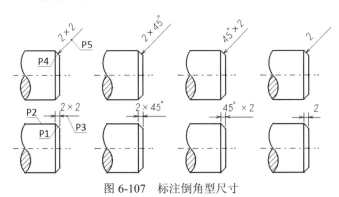

图 6-107　标注倒角型尺寸

下面以标注如图 6-107 所示的第 2 行第 1 列的倒角尺寸为例，介绍标注倒角尺寸的操作过程。

单击图标![icon]，激活如图 6-106 所示的"工具控制板"的图标![icon]，单击如图 6-107 所示的点 P1，选择倒角线，单击点 P2，选择与倒角线邻接的直线作为参考线，用于确定倒角尺寸线的方向为水平，单击点 P3，确定倒角尺寸的位置即可。若选择"单符号"，则不需要选择参考线，只需单击如图 6-107 所示的点 P4 选择倒角线，然后单击点 P5，确定倒角尺寸线的位置即可。

10. 标注螺纹的尺寸

单击图标█，选取螺纹的两条大径线，即可完成如图 6-108 所示的螺纹的大径和长度的标注。

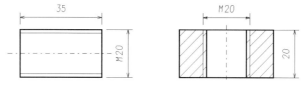

图 6-108 标注螺纹的尺寸

说明：尺寸线的位置是自动确定的，通常还需要调整。螺纹的小径线需要自己绘制。

11. 坐标型的尺寸标注

单击图标█，选取要标注的点，例如圆的中心，输入旁注线端点的位置，即可得到如图 6-109 所示的坐标型尺寸标注。

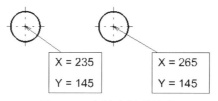

图 6-109 标注坐标型尺寸

12. 建立孔的尺寸表

图 6-110 所示为垫片的零件图。按照 1～5 的顺序选取图示的 5 个孔(圆)，单击图标█，弹出如图 6-111 所示的"轴系和表参数"对话框。

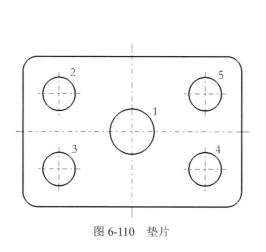

图 6-110 垫片

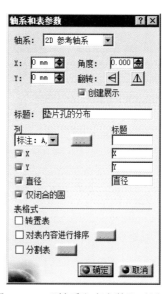

图 6-111 "轴系和表参数"对话框

该对话框中的"X""Y"文本框为这些孔的参照系的原点。"角度"文本框为 x 轴的方向。"翻转"右侧的两个图标确定该参照系是否绕水平或竖直方向翻转。在"标题"文本框中填写表的标题。该表最多为 4 列，依次是孔的序号以及"X""Y"和"直径"的数值。通过"列"下拉列表确定孔的序号是字母方式还是数字方式。通过"X""Y"和"直径"的复选框确定孔的尺寸表是否包含这些列。若关闭"仅闭合的圆"复选框，则圆弧也作为孔。在右边的"标题"文本框中填写这些列的标题。

例如，填写完的对话框如图 6-111 所示，单击"确定"按钮，输入表的位置，即可得到如图 6-112 所示的孔的分布表，并且在所选的孔上添加了"A""B"等标签。

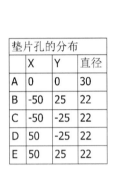
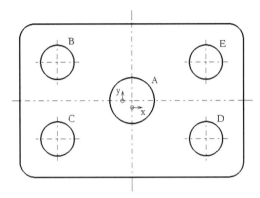

垫片孔的分布			
	X	Y	直径
A	0	0	30
B	-50	25	22
C	-50	-25	22
D	50	-25	22
E	50	25	22

图 6-112　垫片上的孔和孔的分布表

13. 建立坐标的尺寸表

按照 1~5 的顺序选择如图 6-110 所示的 5 个圆的圆心，单击图标 ，弹出如图 6-113（a）所示的"轴系和表参数"对话框。该对话框与如图 6-111 所示的对话框同名，内容基本相同，但处理的对象不再是孔（圆），而是点类型的对象，比如圆心、端点等。

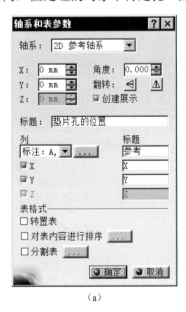

垫片孔的位置		
	X	Y
A	0	0
B	-50	25
C	-50	-25
D	50	-25
E	50	25

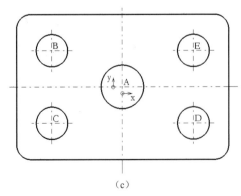

（a）　　　　　　　　（b）　　　　　　　　　　　（c）

图 6-113　孔的位置表

例如，填写完的对话框如图 6-113（a）所示，单击"确定"按钮，输入表的位置，即可得到孔的位置表，如图 6-113（b）所示。在这些圆的圆心附近添加了"A""B"等标签，如图 6-113（c）所示。

6.7.3　设置或修改尺寸的特性

1. 通过工具栏设置或修改尺寸的特性

通过如图 6-114 所示的"尺寸属性"工具栏可以设置或修改尺寸的样式、公差类型、公差值、数字样式、精度等尺寸特性。

图 6-114　"尺寸属性"工具栏

（1）：用于确定尺寸文本相对于尺寸线的位置，有如图 6-115（a）所示的 4 种形式，其效果如图 6-115（b）～图 6-115（e）所示。

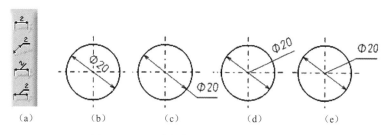

图 6-115　尺寸文本相对于尺寸线的位置

（2）：用于确定公差的类型。其下拉列表中有（无公差）、TOL_NUM2、ANS_NUM2 等 24 种公差的类型，常用的有（无公差）、ISONUM 标注数值公差、ISOALPH1 标注公差带代号、ISOALPH2 标注配合的公差带代号，ISOCOMB 既标注公差带代号也标注公差值。

（3）：用于确定公差的数值或代号。公差的类型决定了公差的数值或代号的可选内容。例如，当选择了公差的类型为 ISONUM 时，此下拉列表提供的是公差的数值选项；当选择了公差的类型为 ISOALPH1 时，此下拉列表提供的是公差的代号选项；当选择了公差的类型为 ISOALPH2 时，此下拉列表提供的是配合的代号选项。

例如，选择如图 6-116（a）所示的尺寸，在上述两个下拉列表中选取 ISOALPH1 和 H7，结果如图 6-116（b）所示；选取 ISOALPH2 和 H8/f7，结果如图 6-116（c）所示；选取 ISOCOMB 和 H8，结果如图 6-116（d）所示。

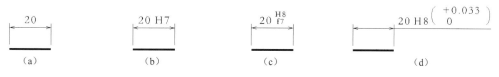

图 6-116　标注尺寸公差

2. 通过"属性"对话框设置或修改尺寸的特性

右击一个尺寸，在弹出的快捷菜单中选择"属性"命令，弹出如图 6-117 所示的"属性"对话框。

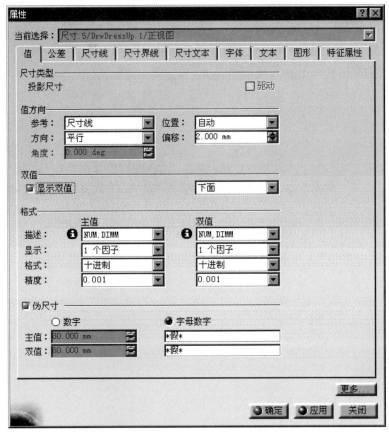

图 6-117 尺寸的"属性"对话框

该对话框有"值""公差"等 9 个选项卡。通过该对话框可以修改尺寸数值的格式和精度、尺寸文本的方位和字体、尺寸公差的类型和数值、尺寸线的属性和箭头样式、尺寸界线的属性和超出尺寸线及偏移被注对象的距离等。

例如，右击如图 6-118（a）所示的"20"，在弹出的快捷菜单中选择"属性"命令，弹出如图 6-117 所示的"属性"对话框。在"值"选项卡中设置"精度"为"0.001"，在"尺寸文本"选项卡中设置文本的"前缀"为"ϕ"，在"公差"选项卡中将"主值"设置为"ISOCOMB"，"第一个值"设置为"H7"，结果如图 6-118（b）所示。

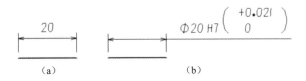

图 6-118 通过尺寸的"属性"对话框填写尺寸的前缀和公差

例如，右击如图 6-119（a）中所示的尺寸，在弹出的快捷菜单中选择"属性"命令，弹出如图 6-117 所示的"属性"对话框。在"尺寸线"选项卡中将"符号 1"和"符号 2"的箭头改变为"实心箭头"，在"尺寸文本"选项卡中改变文本的"前缀"为"M"，即可得到如图 6-119（b）所示的尺寸标注。

图 6-119　通过尺寸的"属性"对话框修改的尺寸

3. 利用尺寸操作器编辑尺寸

（1）尺寸操作器的组成和功能。尺寸操作器由 ⟺、▼、□ 这 3 种标记组成。如果事先进行了相关设置，那么单击尺寸时就会出现如图 6-120 所示的这些标记。

图 6-120　利用尺寸操作器编辑尺寸

拖动标记⟺，尺寸文本沿尺寸线方向移动。单击尺寸文本前、后的标记▼，弹出如图 6-121（a）、（b）所示的"之前插入文本"和"之后插入文本"对话框，通过该对话框可以增加或修改尺寸文本的前缀、后缀。拖曳尺寸线中点的标记□，可调整尺寸线与被标注对象的距离；拖曳尺寸界线起点的标记□，可调整尺寸界线的起点与被标注对象的距离，即所谓消隐部分；拖曳尺寸界线终点的标记□，可调整尺寸界线终点超出尺寸线的距离，即所谓超限部分。

图 6-121　"之前插入文本"和"之后插入文本"对话框及效果

图 6-120（c）和（d）所示为利用尺寸操作器分别添加了尺寸文本的前缀、后缀的效果。

（2）设置尺寸操作器。选择"工具"→"选项"菜单命令，在弹出的"选项"对话框的特征树上选择"机械设计"→"工程制图"选项，切换至"操作器"选项卡，如图 6-122 所示。

通过"操作器"选项卡的"操作器"栏可以设置操作器的大小，例如"2mm"，即符号▼顶边长度为"2mm"。若选中"可缩放"复选框，则缩放显示时，该操作器与图形一样改变显示的比例。若选中"尺寸操作器"栏的"创建"列的复选框，则在生成尺寸时就显示该操作器，若选中"修改"列的复选框，则在修改尺寸时就显示该操作器。

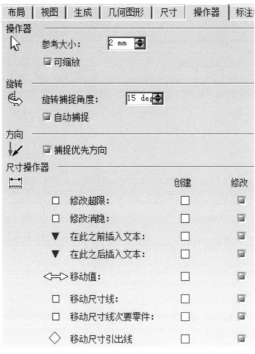

图 6-122　"操作器"选项卡

4. 通过菜单或工具栏编辑尺寸

有关编辑尺寸的菜单和工具栏如图 6-123 所示。

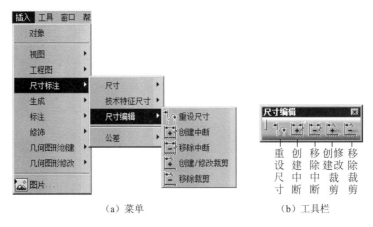

（a）菜单　　　　　　　（b）工具栏

图 6-123　有关编辑尺寸的菜单和工具栏

（1） ：重设选定的尺寸。单击该图标，选择一个尺寸，例如选择如图 6-124（a）所示的尺寸，再选择一个待标注的同类对象，例如选择如图 6-124（b）中的直线，此时先选择的尺寸 20 会被删除，后选择的对象被标注为尺寸 30（30 是这条直线的长度）。

（2） ：断开所选的尺寸界线。单击该图标，选择要断开尺寸界线的尺寸，例如选择图 6-124（a）所示的尺寸，指定断开尺寸界线的第一点 P1，再指定断开尺寸界线的第二点

　　　　　　CATIA 实用教程（第 3 版）

P2，结果如图 6-124（c）所示。

（3）[图标]：修补指定的尺寸界线。单击该图标，选择要修补尺寸界线的尺寸，例如选择如图 6-124（c）所示的尺寸并单击，该尺寸界线被修复。

（4）[图标]：裁去指定一侧的尺寸和尺寸界线。例如，单击该图标，选择图 6-124（a）所示的尺寸 20，通过 P3 点确定要保留的尺寸的一侧，再通过 P4 点指定要裁剪的位置，结果如图 6-124（d）所示。

（5）[图标]：修复被裁剪的尺寸线和尺寸界线。单击该图标，选择要修复的尺寸，例如指定图 6-124（d）所示的尺寸，该尺寸被修复。

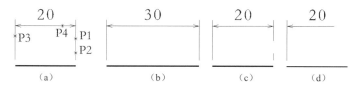

图 6-124　断开或修补尺寸界线

6.8　文　　本

有关文本操作的菜单和工具栏如图 6-125 所示。

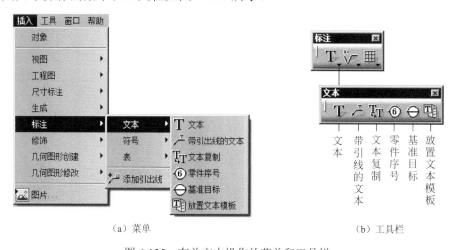

（a）菜单　　　　　　　　　　　　　　　（b）工具栏

图 6-125　有关文本操作的菜单和工具栏

6.8.1　书写文本

单击图标 **T**，指定文本的定位点，随后弹出如图 6-126 所示的"文本编辑器"窗口，在文本框内输入文本，单击"确定"按钮，得到如图 6-127 所示的处于被选状态的文本。单击方框之外的任意一点，文本绘制完毕。

图 6-126　"文本编辑器"窗口

图 6-127　处于被选状态的文本

6.8.2　"文本属性"工具栏

图 6-128 所示为"文本属性"工具栏，其图标对应的功能依次是确定文本的字体、字高、是否采用粗体、是否采用斜体、是否带上（下）画线、是否带中画线、是否书写上（下）标、多行文本的对齐方式、字符相对于定位点的位置、文本的外框和专业符号。

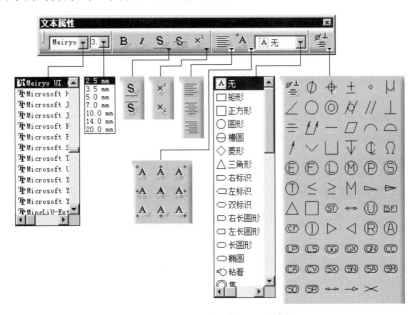

图 6-128　"文本属性"工具栏

例如，书写字符串 ABCDEF。

单击图标 **T**，指定文本的起点，在图 6-126 所示的"文本编辑器"内输入字符"A"，单击图标 **S**，输入字符"B"；单击图标 **S**，输入字符"C"；单击图标 **S** 和 **S**，输入字符"D"；单击图标 **S**，输入字符"E"；单击图标 **S**，输入字符"F"，单击"确定"按钮即可。

例如，书写 $\phi100\pm0.016$。

单击图标 **T**，指定文本的起点，弹出"文本编辑器"，单击图标 **⧱**，选择符号 ϕ，输入字符"100"，单击图标 **⧱**，选择符号 $\pm$，输入字符"0.016"，单击"确定"按钮，单击方框之外的任意一点即可。

例如，书写表达式"$X^2+Y^2=1$"。

单击图标 **T**，指定文本的起点，弹出"文本编辑器"，输入字符"X"，单击图标 **x²**，输入字符"2"，单击图标 **x²**，输入字符"+Y"，单击图标 **x²**，输入字符"2"，单击图标 **x²**，输入字符" =1"，单击"确定"按钮，单击方框之外的任意一点即可。

例如，书写不同高度的字符串 ABCDᴇꜰɢʜ。

单击图标 **T**，指定文本的起点，在下拉列表中选择 7.0，在"文本编辑器"输入字符
"ABCD"，在下拉列表中选择 3.5，输入字符"EFGH"，单击"确定"按钮，单击方框
之外的任意一点即可。用同样的方法也可以书写不同字体的字符串。

例如，书写加框的汉字 开始绘图。

单击图标 **T**，从 A.无 下拉列表中选择 双标识，指定文本的起点，输入汉字"开始
绘图"，即可。

6.8.3 修改文本

1. 通过"文本编辑器"窗口

双击要修改的文本，弹出"文本编辑器"窗口，在其中可以进行修改文本内容、添加
下画线、专业符号等操作。

2. 通过"文本属性"工具栏或"图形属性"工具栏

单击要修改的文本，通过"文本属性"工具栏可以修改文本的字体、字高、是否粗体、
是否倾斜等。通过"图形属性"工具栏可以修改文本的颜色。

3. 通过文本的"属性"对话框

右击文本，在弹出的快捷菜单中选择"属性"命令，弹出如图 6-129 所示的含有"字体"

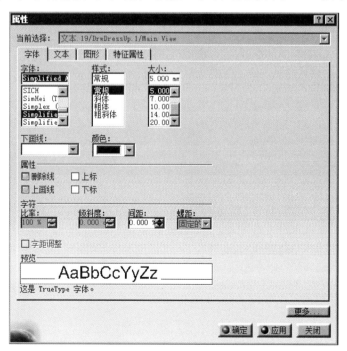

图 6-129 文本的"属性"对话框

"文本"等 4 个选项卡的"属性"对话框。通过"字体""文本"等选项卡可以修改文本的全部属性。

4. 通过"文本属性"工具栏修改尺寸文本

通过"文本属性"工具栏修改尺寸文本和修改普通文本的操作相同。

例如，改变尺寸文本的字体并填写直径或螺纹符号。

单击图 6-130（a）所示的尺寸，选择"文本属性"工具栏中的字体 STFangsong，单击图标 ，选择符号 ，即可得到图 6-130（b）所示的尺寸；单击图标 ，选择符号 M，即可得到图 6-130（c）所示的尺寸。

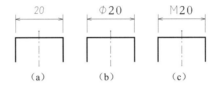

图 6-130　改变尺寸文本的字体并填写直径和螺纹符号

6.9　形位公差

如果对零件的表面形状或一些表面之间的相对位置有较高的精度要求，就应该标注零件的形状或位置的公差，即标注形位公差。有关形位公差的菜单和工具栏如图 6-131 所示。

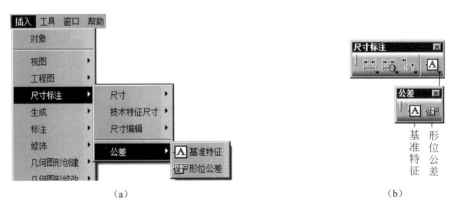

图 6-131　与标注形位公差相关的菜单和工具栏

6.9.1　标注和修改形位公差

1. 标注形位公差

（1）确定形位公差的位置。单击图标 ，确定待标注的对象，例如图 6-132 所示的点 P1，确定形位公差方框的

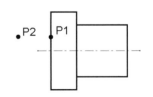

图 6-132　确定形位公差的位置

位置，例如点 P2，弹出如图 6-133 所示的"形位公差"对话框。

图 6-133　"形位公差"对话框

（2）填写形位公差的数值。从"编辑公差"栏的下拉列表中选择垂直符号⊥，填写公差数值"0.01"，在"参考"文本框中填写"A"，单击"确定"按钮，得到如图 6-134（a）所示的形位公差的标注。

（3）调整形位公差的位置。用鼠标拖曳形位公差的方框或移动标记，单击框外一点，得到如图 6-134（b）所示的形位公差的标注。

图 6-134　调整形位公差的位置

2. 修改形位公差

（1）双击已标注的形位公差，弹出如图 6-133 所示的对话框，在其中可修改形位公差的符号或数值。

（2）单击已标注的形位公差，通过"文本属性"工具栏改变形位公差的字体或大小，通过"图形属性"工具栏改变形位公差的颜色。

（3）右击已标注的形位公差，在弹出的快捷菜单中选择"属性"命令，弹出形位公差的"属性"对话框，如图 6-135 所示。通过该对话框修改形位公差的属性。

例如，右击如图 6-134（b）中所示的形位公差，在弹出的快捷菜单中选择"属性"命令，在"属性"对话框的"字体"选项卡中选择字体"STFangsong"，通过"文本"选项卡选择"方向"为"竖直"，单击"确定"按钮之后，调整形位公差的位置，得到如图 6-136 所示的形位公差。

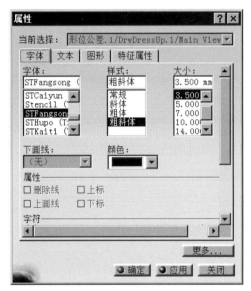

图 6-135　有关形位公差的"属性"对话框

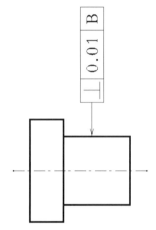

图 6-136　垂直方向标注的形位公差

6.9.2　标注形位公差基准

1. 标注形位公差基准

单击图标 Ⓐ，确定待标注的对象，例如图 6-137 中所示的点 P1，确定形位公差基准框的位置，例如点 P2，在随后弹出的如图 6-138 所示的"创建基准特征"对话框填写形位公差基准的名称"A"，单击"确定"按钮，即可完成如图 6-137（b）所示的形位公差基准的标注。

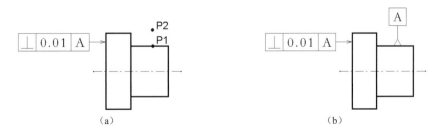

（a）　　　　　　　　　　　　　　　　　　（b）

图 6-137　标注形位公差基准

图 6-138　"创建基准特征"对话框

2. 修改形位公差基准

（1）双击已标注的形位公差基准，弹出与如图 6-138 所示对话框外观相同名字为"修改基准特征"的对话框，通过该对话框可以修改形位公差基准的名称。

（2）用鼠标拖曳的方法可以改变形位公差基准的位置。

（3）右击已标注的形位公差基准，在弹出的快捷菜单中选择"属性"命令，弹出有关形位公差基准"属性"的对话框。通过该对话框修改形位公差的属性。

6.10　标　注　符　号

技术要求是零件图的重要内容之一，标注表面结构符号、焊接符号是技术要求中的重要内容。有关标注符号的菜单和工具栏如图 6-139 所示。

（a）

（b）

图 6-139　有关标注符号的菜单和工具栏

6.10.1　标注表面结构符号

1. 表面结构符号和参数

表面结构的标注由表面结构符号及其参数所组成。图 6-140 是一些没有参数的表面结构的符号；图 6-141 是表面结构可能用到的参数。

图 6-140　没有参数的表面结构的符号

a1,a2：粗糙度参数代号及其数值。

b：加工要求或表面处理说明。

c：取样长度。

d：加工纹理方向符号。

e：加工余量。

f：粗糙度间距参数值、轮廓支撑长度。

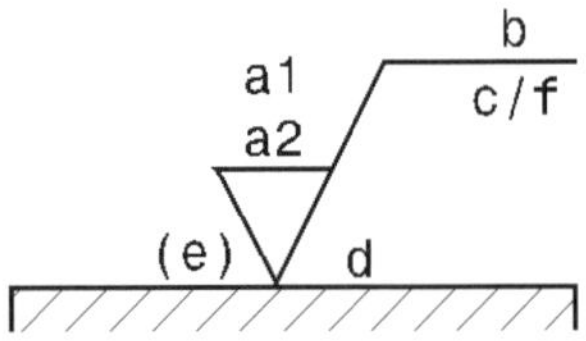

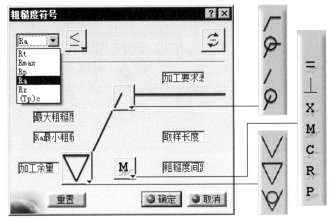

图 6-141　表面结构的参数

2. 标注表面结构

单击图标 ，输入定位点 P1，弹出如图 6-142 所示的"粗糙度符号"对话框。

图 6-142　"粗糙度符号"对话框

该对话框中各文本框的内容如图 6-142 所示。其中图标 ▽ 有 3 个选项，图标 / 有 4 个选项，通过二者的选项可以拼接粗糙度符号；图标 M 有 8 个选项，用于选择表面加工的纹理方向的代号；图标 ⟳ 用于翻转。

例如，选择"Ra"作为高度参数，填写最大粗糙度值为"6.3"、最小粗糙度值为"3.2"，选择图标 ▽ 和 / 拼接为符号 √，用图标 代替图标 M（表示无此项），结果如图 6-143 中顶边的标注所示。

如果 P2 是定位点，填写最大粗糙度值为"空"、最小粗糙度值为 3.2，用图标 c 代替图标 M（表示加工纹理近似同心圆），其余同上例，结果如图 6-143 中左边的标注所示。

修改表面结构与修改形位公差的操作类似。

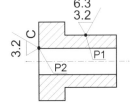

图 6-143　标注零件的表面结构

6.10.2　绘制焊缝

单击图标 ，选取一条直线、圆或圆弧，例如选择如图 6-144 所示的直线 L1，选取另一条直线、圆或圆弧，例如选取直线 L2，弹出如图 6-145 所示的"焊接编辑器"对话框。

单击"焊接编辑器"对话框中的图标 ，弹出 12 种焊接的样式，选择一种样式，单击"确定"按钮，绘制了如图 6-144（b）所示的焊接方式。

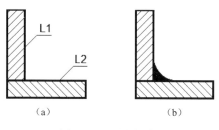

图 6-144　绘制焊接

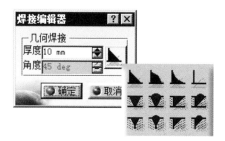

图 6-145　"焊接编辑器"对话框

6.10.3　标注焊接符号

单击图标 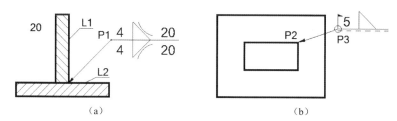，选择如图 6-146（a）所示的直线 L1、直线 L2、指定点 P1，弹出如图 6-147 所示的"焊接符号"对话框。

图 6-146　标注焊接符号

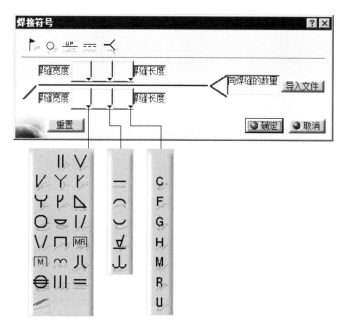

图 6-147　"焊接符号"对话框

在上下两个"焊缝宽度"文本框填写 4，在两个"焊缝长度"文本框填写 20，上下两行均选择角焊缝符号"◣"和凹面符号"◡"，单击"确定"按钮，得到如图 6-146（a）

所示的焊接符号的标注。

单击图标 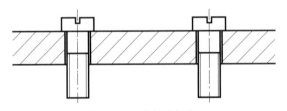，指定如图 6-146（b）所示的点 P2，通过点 P3 确定焊缝符号的位置，在"焊缝符号"对话框的第一行填写焊缝的宽度 5，选择角焊缝符号"◣"，单击"焊缝符号"对话框顶部的现场施工的图标 ▶、下面的焊缝不可见的图标 ⊟ 和环绕工件的焊缝的图标 ○，单击"确定"按钮，则得到如图 6-146（b）所示的焊接符号的标注。

6.11　图　形　引　用

图形引用是指一个细节页（Detail Sheet）被其他页或细节页引用。该功能与其他 CAD 系统的引用子图或图块相类似。该功能多用于绘制部件的装配图。利用该功能可以提高作图效率。

选择"插入"→"工程图"→"实例化 2D 部件"菜单命令或单击"工程图"工具栏中的图标 ▦，实现引用细节页的功能。

【例 6-2】　绘制如图 6-148 所示的底板和螺钉。

图 6-148　底板和螺钉

该图为一个底板上安装了多个螺钉的部件图。可以在"页.1"上绘制底板，在"页.2（细节）"上绘制螺钉，通过"页.1"引用"页.2（细节）"得到该部件图。

（1）选择"文件"→"新建"菜单命令或单击图标 ▯，选择"新建"对话框中的"Drawing"项，在"新建工程图"对话框中选择"A4 ISO"，进入绘制工程图的环境，开始建立一个新的图形文件。

（2）新建立的图形文件有且只有"页.1"。以交互方式在"页.1"上绘制图 6-149 所示的底板的剖视图（不注尺寸）。

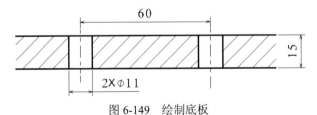

图 6-149　绘制底板

（3）选择"插入"→"工程图"→"图纸"→"新建详图"菜单命令或单击"工程图"工具栏中的图标 ▦，建立"页.2（细节）"。

（4）以交互方式绘制图 6-150 所示的螺钉（不注尺寸）。

注意：为了便于被其他页引用，应该将坐标系的原点作为图形的基准点。

（5）单击"页.1"的标签，选择"插入"→"工程图"→"实例化 2D 部件"菜单命令或单击"工程图"工具栏中的图标 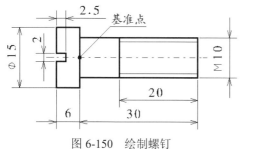，将要引用"页.2（细节）"。

（6）单击"页.2（细节）"的标签，单击螺钉的图形。系统自动返回"页.1"，如图 6-151 所示。

图 6-150   绘制螺钉

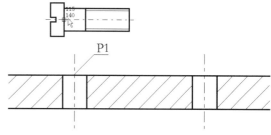

图 6-151   返回"页.1"时的螺钉和底板

（7）指定如图 6-151 所示的点 P1 作为螺钉的定位点，出现了"工具控制板"，如图 6-152 所示。

（8）单击"工具控制板"图标 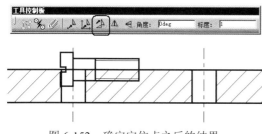，用光标旋转螺钉、或者填写"角度"为"270 deg"，结果如图 6-153 所示。

图 6-152   确定定位点之后的结果

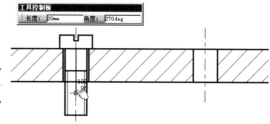

图 6-153   输入旋转角度之后的结果

（9）单击图形完成"页.1"引用"页.2（细节）"的操作，结果如图 6-154 所示。

（10）若螺钉的比例不合适，可单击螺钉，螺钉的 4 个角出现标记"□"，拖曳任意一个标记"□"，都可以改变被引用图形的大小，如图 6-155 所示。

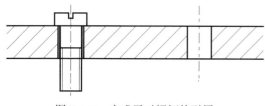

图 6-154   完成了对螺钉的引用

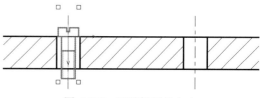

图 6-155   调整螺钉的大小

（11）引用或者复制螺钉到底板的其余位置，结果如图 6-156 所示。

（12）修剪多余的图线，结果如图 6-148 所示。作图完毕，保存作图结果。

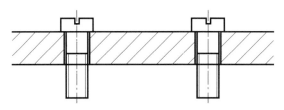

图 6-156　引用其余的螺钉

6.12　综合实例

【例 6-3】　在第 4 章的例 4-4 中已创建了支架模型，在此基础上创建支架的视图，并标注尺寸。

1. 打开零件"支架"的三维模型文件

启动 CATIA，选择"文件"→"打开"菜单命令，选择支架的三维模型文件 zhijia.CATPart，进入图 6-157 所示的零件设计模块。

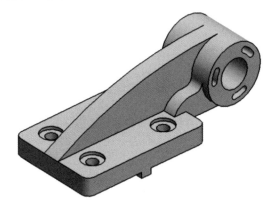

图 6-157　支架的三维模型

2. 进入工程制图模块

（1）选择"文件"→"新建"菜单命令，弹出如图 6-4 所示的"新建"对话框。选择 Drafting 类型，单击"确定"按钮，弹出如图 6-3 所示的"新建工程图"对话框。

（2）在"新建工程图"对话框中，"选择 ISO 标准"为"ISO"，"图纸样式"为"A3 ISO"，选中"横向"单选按钮，单击"确定"按钮，进入工程制图模块。

3. 确定视图

（1）确定主视图。选择"插入"→"视图"→"投影"→"正视图"菜单命令或单击图标 🖼，选择"窗口"→zhijia.CATPart，切换到零件设计环境。选择圆柱体的端面，自动返回到图 6-158 所示的工程制图环境。如果对所见的结果不满意，可通过操纵盘确定满意的投影的方向。单击空白处，即可得到如图 6-159 所示的主视图。

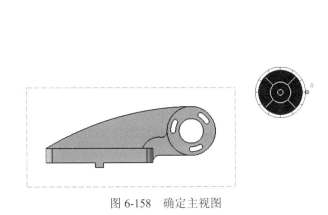

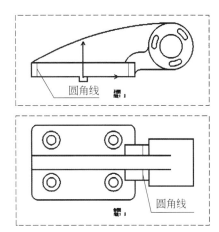

图 6-158　确定主视图

图 6-159　自动生成支架的主视图和俯视图

（2）生成俯视图。选择"插入"→"视图"→"投影"→"投影"菜单命令或单击图标 ▣，将光标移至主视图的下方时，会动态地显示俯视图。单击即可得到图 6-159 所示的俯视图。

（3）了解当前视图的属性。分别右击这两个视图的方框，在弹出的快捷菜单中选择"属性"命令，弹出如图 6-15 所示的"属性"对话框。在该对话框的"视图"选项卡的"修饰"栏可以看到只有"圆角"的复选框处于被选中状态。新生成的视图的圆角线如图 6-159 所示。

4. 修改视图的属性

（1）右击主视图的方框，弹出的快捷菜单中选择"属性"命令。在"属性"对话框的"视图"选项卡的"修饰"栏，取消被选中的"圆角"的复选框。同样，右击俯视图的方框，在"修饰"栏取消被选中的"圆角"的复选框，再选中"中心线"和"轴"的复选框，单击"确定"按钮即可。

（2）单击"可视化"工具栏中的图标 ▣，隐藏视图的方框。

（3）单击两个视图的名称、比例，按 Delete 键逐个将其删除。

（4）右击坐标轴，在弹出的快捷菜单中选择"隐藏/显示"命令，隐藏坐标轴。结果如图 6-160 所示。

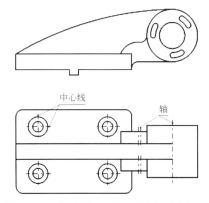

图 6-160　修改两个视图属性之后的结果

5. 修饰视图

（1）单击"修饰"工具栏的图标 ⊕，选择主视图的大圆，添加中心线。

（2）双击"修饰"工具栏的图标 ⊗，选择主视图的长圆孔的一个小圆弧，再选择大圆，用同样的操作为 6 个小圆弧添加中心线。

（3）单击"修饰"工具栏的图标 ▓，按住 Ctrl 键选择直线 L1、L2，生成俯视图的对称轴线 L3。同样的操作，选择直线 L4、L5，生成轴线 L6，选择直线 L7、L8，生成轴线 L9。若轴线长度不足时，单击轴线，拖曳轴线的端点，可以将其延长，结果如图 6-161 所示。

（4）单击俯视图上肋板的轴（线），按"Delete"键逐个将其删除。

6. 主视图取局部剖视

（1）单击图 6-14"可视化"工具栏的图标 ▓，显示视图的方框。双击主视图的方框，使其成为活动视图之后，可以隐藏视图的方框。

（2）选择菜单"插入"→"视图"→"断开视图"→"剖面视图"或单击图标 ▣，出现"单击第一点"的提示，绘制图 6-162 所示的多边形。当多边形的首尾两点重合时，弹出如图 6-163 所示的"3D 查看器"。

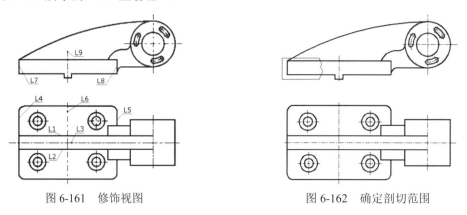

图 6-161　修饰视图　　　　　　　　　图 6-162　确定剖切范围

（3）单击 3D 查看器的"参考元素"的"无选择"，单击该形体前排任一沉孔的中心线或圆，剖切平面将移至图 6-163 的位置。单击"确定"按纽，得到如图 6-164 所示的带有局部剖视的主视图。

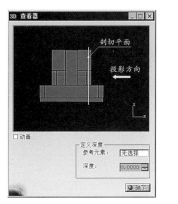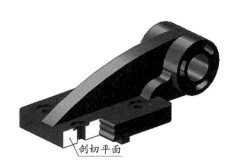

图 6-163　调整剖切平面的位置

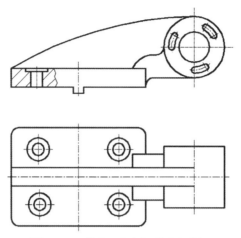

图 6-164　带有局部剖视的主视图

7. 自动生成尺寸标注

单击图标 📷，弹出如图 6-86 所示的"尺寸生成过滤器"对话框和如图 6-88 所示的"生成的尺寸分析"对话框，显示了该零件的约束数量和尺寸数量，单击"确定"按钮，自动标注了如图 6-165 所示的尺寸。

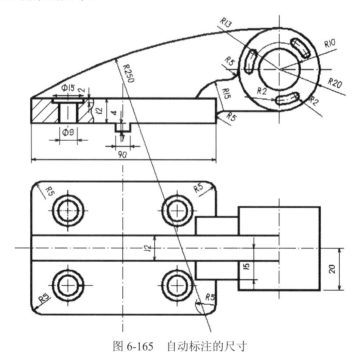

图 6-165　自动标注的尺寸

8. 检查、调整、增、删尺寸标注

自动生成的尺寸标注不一定清晰、完整、合理，因此还需要对其中一些尺寸进行调整、修改、增加或删除。可以将一个复杂的零件看成由几个结构组成的。检查每个结构的定形、

定位尺寸，再检查这几个结构的相对位置，最后再确定每个尺寸标注在哪个视图上更加清晰合理。

本题的支架可以看成是由底板、圆筒和肋板三个结构组成的。

（1）修改底板的尺寸。底板长度 90、沉头孔的直径ϕ15 改注在俯视图。底板高度 12 移至该视图的左端。调整沉孔深 2、定位块的宽度 7 和高度 4 的标注位置，ϕ8 改为 4×ϕ8。俯视图上补充底板宽 64 和沉孔的定位尺寸 36 和 54。

（2）修改圆筒的尺寸。主视图上圆筒的半径 R 20 改注在俯视图上为ϕ40。补注长圆孔的定位尺寸ϕ30 和角度尺寸 30°。补注圆筒的定位尺寸 32 和 26。俯视图上圆筒的轴向半长 20 改为全长 40。

（3）修改肋板的尺寸。调整主视图上 3 个连接圆弧尺寸的位置，俯视图上将该结构的半宽 15 改为全宽 30。肋板的宽度 12 移至该视图的左端，编辑半径尺寸 R250。

编辑半径尺寸 R250 的操作过程是，将尺寸文本移至箭头端并右击，在快捷菜单中选择"尺寸对象"，在其下一级菜单中选择"创建/修改裁剪"，此时光标改为手的形状，指定断点，即可剪掉断点至圆心的尺寸线。

（4）只保留底板圆角的一个尺寸 R5 和长圆孔的定形尺寸 R2，删除重复的尺寸。剪断通过尺寸文字的图线，结果如图 6-166 所示。

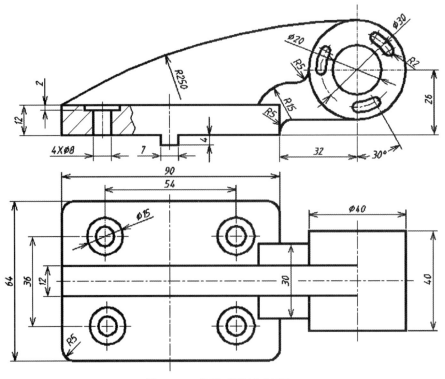

图 6-166　调整后的尺寸标注

作图完毕，保存作图结果。

习　题　6

1. 填空

（1）一个 CATDrawing 类型的文件_____含有多个页（Sheet），一个页_____含有多个视图（View）。

A. 可以　　　B.不能

（2）_____改变页的名称，_____改变视图的名称。

A.可以　　　B.不能

（3）页_____被删除，视图_____被删除。

A.可以　　　B.不能

2. 如何激活页和视图？在工程制图模块中，视图是特定的观察方向，还是特定的一组图形对象？

3. 以交互方式绘制如图 3-143 所示图形。

4. 以交互方式绘制如图 6-167 所示法兰的零件图。

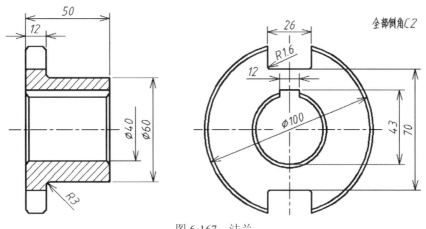

图 6-167　法兰

5. 以交互方式绘制如图 6-168 所示轴的零件图。

6. 以交互方式绘制如图 6-169 所示的小轴的零件图。

7. 利用例 4-3 建立的支座的三维模型，进入工程制图模块，生成支座的零件图。

8. 利用习题 4 第 1 题创建的底座的三维模型，进入工程制图模块，生成该零件的零件图。

9. 利用习题 4 第 3 题创建的箱座的三维模型，进入工程制图模块，生成该零件的零件图。

10. 利用习题 4 第 5 题创建的支座的三维模型，进入工程制图模块，生成该零件的零件图。

11. 利用习题 4 第 8 题创建的轴承座的三维模型，进入工程制图模块，生成该零件的零件图。

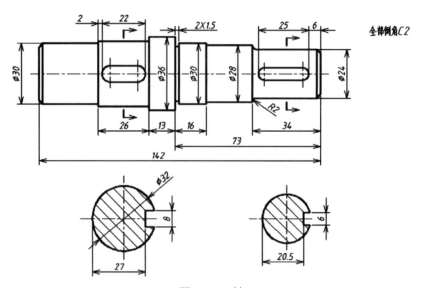

图 6-168　轴

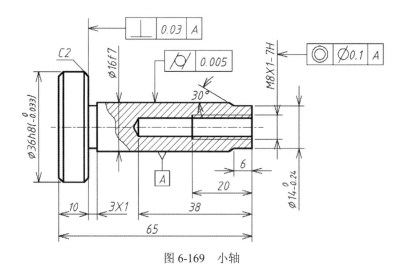

图 6-169　小轴

第7章　曲线和曲面

7.1　概　　述

CATIA 的机械设计配置（MD2）中包括线框和曲面（Wireframe and Surface，WFS）模块，混合设计配置（Hybrid Design 2，HD2）中除包括 WFS 模块外，还包括创成式外形设计（Generative Shape Design，GSD）模块。两个模块均提供了完备的曲线和曲面生成、修改和分析工具。与 WFS 模块相比，GSD 模块增加了曲面倒圆角以及曲面拔模角、曲率分析工具，并且增加了一些专用的曲线、曲面生成和编辑的功能。

选择"开始"→"形状"→"创成式外形设计"菜单命令，可进入外形设计模块；选择"开始"→"机械设计"→"线框和曲面设计"菜单命令，可进入线框和曲面模块；单击如图 7-1 所示的"工作台"工具栏中的图标 或 ，可进入线框和曲面或外形设计模块。两模块产生的文件类型是 .CATPart。

图 7-1　"工作台"工具栏

7.2　生成线框元素的工具

与线框操作相关的菜单和工具栏如图 7-2 所示。

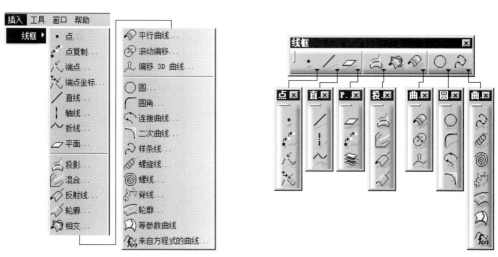

图 7-2　与线框操作相关的菜单和工具栏

7.2.1 生成点

点是最基本的几何元素，是曲线和曲面的基础。CATIAT 提供以下 3 个命令生成点。

1. 通过"点定义"对话框生成点

选择"插入"→"线框"→"点"菜单命令或单击图标 ▪，弹出如图 7-3 所示的"点定义"对话框。通过"点类型"下拉列表，用以下 7 种对应的方法生成点。

1）通过坐标确定点

选择"点类型"为"坐标"，"点定义"对话框会变为如图 7-4 所示的形式。该对话框各项的含义如下。

（1）"X""Y""Z"编辑框：输入相对于参考点的 x、y、z 坐标值。

（2）参考。

① 点：默认的参考点是坐标原点，"X""Y""Z"编辑框的数值就是点的绝对坐标；如果选择了一个点，那么"X""Y""Z"编辑框的数值就是相对于这个参考点的相对坐标；如果想要的参考点还没有创建，则右击该文本框，在弹出的快捷菜单中选择"创建点"命令，可以嵌入式地创建一个点作为参考点，详见 7.2.14 节。

② 轴系：默认的轴系是世界（绝对）坐标系；如果想要的坐标系还没有创建，则右击该文本框，在弹出的快捷菜单中选择"在曲面上创建轴系"命令，可以嵌入式地创建一个坐标系作为选定的坐标系。

图 7-3 "点定义"对话框

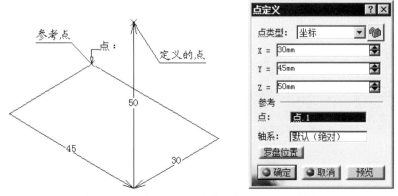

图 7-4 通过坐标确定点的"点定义"对话框

③ 罗盘位置：罗盘也称作指南针。当拖动罗盘到模型的曲面、平面、曲线或直线上，单击"罗盘位置"按钮，会在罗盘的原点（红方块）自动生成一个点。

以上选项也适用于后面的对话框。

2）在曲线上取点

选择"点类型"为"曲线上"，"点定义"对话框会变为图 7-5（a）所示的形式。选择

图 7-5（b）所示的曲线，在"曲线"栏中显示了"圆.1"。

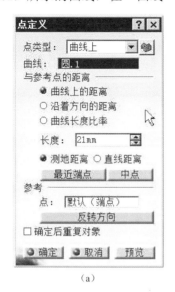

（a）

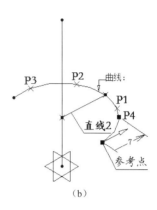

（b）

图 7-5 在曲线上取点的"点定义"对话框

对话框中各项的含义如下。

（1）曲线：单击该文本框，选择曲线。

（2）与参考点的距离。

① 曲线上的距离：若选中该单选按钮，则根据参考点的距离确定点。

② 沿着方向的距离：若选中该单选按钮，则根据参考点的方向和距离确定点。

③ 曲线长度比率：若选中该单选按钮，则根据曲线总长和距参考点的长度比例系数确定点。

④ 长度（方向和偏移、比率）：若选中"曲线上的距离"单选按钮，则通过该项的编辑框输入长度数值；若选中"沿着方向的距离"单选按钮，则该项改变为"方向"和"偏移"两项，通过这两项的编辑框输入相应的数值；若选中"曲线长度比率"单选按钮，则该项改变为"比率"，通过"比率"编辑框输入比率的数值。

（3）参考。

① 点：单击该文本框，选择确定距离的参考点，默认的参考点是曲线的端点。

② 反转方向：单击该按钮，曲线的另一个端点为参考点。

③ 确定后重复对象：若选中该复选框，则可以在此命令结束后弹出"点复制"对话框（后面有详细介绍）。

例如，在如图 7-5 所示的"点定义"对话框中，单击"曲线"文本框，选择如图 7-5（a）所示的曲线，默认曲线的右端点为参考点，选中"曲线上的距离"单选按钮，若选中"直线距离"单选按钮，输入长度为"10mm"，则得到点 P1，若选中"测地距离"按钮，输入长度为"21mm"，则得到点 P2；若选中"曲线长度比率"单选按钮，输入"比率"为"0.88"，则得到点 P3；选中"沿着方向的距离"按钮，对话框的"长度"选项变为"方向"和"偏移"两个选项。单击"方向"文本框，选择"直线.2"，输入偏移"7mm"，则得到点 P4。全部结果如图 7-5（b）所示。

3）在平面上取点

在"点定义"对话框中选择"点类型"为"平面上"，此时对话框会变为如图 7-6 所示的形式。

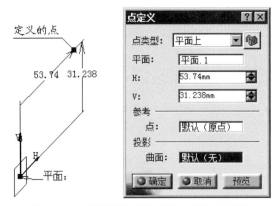

图 7-6　在平面上取点的"点定义"对话框

选择一个平面，输入 H、V 坐标值，单击"确定"按钮即可得到该点。也可以直接用鼠标在平面上取点。参考点可以是平面上的任意点，默认的参考点是平面的中心。

4）在曲面上取点

选择"点类型"为"曲面上"，"点定义"对话框变为如图 7-7 所示的形式。

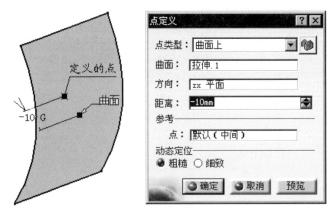

图 7-7　在曲面上取点的"点定义"对话框

选择一个曲面、指定方向、输入与参考点的距离，单击"确定"按钮即可得到该点。也可以直接用鼠标在曲面上取点。参考点可以是曲面上的任意点，默认的参考点是曲面中心。在动态定位栏，有"粗糙"和"细致"两个单选按钮，前者是参考点到指定点的直线距离，后者是测地距离（弧长），前者是默认的选择方式。

5）生成圆弧、球面、椭圆中心点

选择"点类型"为"圆/球面/椭圆中心"，"点定义"对话框变为如图 7-8 所示的形式。选择一个圆、圆弧、球面、椭圆或椭圆弧，单击"确定"按钮，即可得到该对象的中心点。

6）生成曲线上的给定切线方向的切点

选择"点类型"为"曲线上的切点"，"点定义"对话框变为如图 7-9 所示的形式。选择一条曲线然后指定方向即可。

图 7-8 得到圆弧、球面、椭圆中心的点

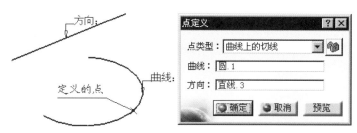

图 7-9 得到曲线上的给定方向的切点

7）根据比例系数生成两点（连线）之间的一个点

选择"点类型"为"之间"，"点定义"对话框变为如图 7-10 的形式。指定"点 1"为"点.4"，"点 2"为"点.5"，输入比率的值为"0.8"，单击"确定"按钮，即可得到该点。

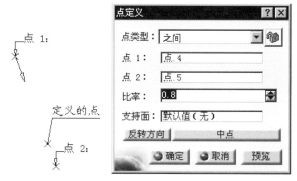

图 7-10 生成两点之间一个点

单击"反转方向"按钮，则另一点成为起点，单击"中点"按钮，得到两点之间的中点。

2. 生成极值点

按照给定的方向，根据最大或最小距离的规则在曲线、曲面或形体上搜寻出极大或极小的几何元素（点、边或表面）。

选择"插入"→"线框"→"端点"菜单命令或单击图标 凩，弹出如图 7-11 所示的"极值定义"对话框。当选择一条线、一个面或形体时，选择元素的种类不同，所需输入方向的数量也可能不同。方向是通过直线或平面来确定的。

例如，选择一条样条曲线，指定一条直线确定方向。若选中"最大"单选按钮，则得到如图 7-11 所示的最大值。

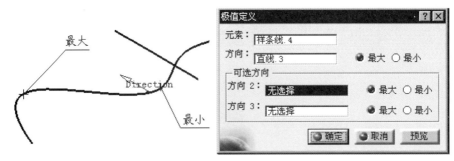

图 7-11　生成曲线在某方向的极大值点

由于曲面或形体在一个方向的极值可能是一条线或一个面，因此就需要通过两个或三个方向才能求出极值点。例如，选择如图 7-12 所示的形体。指定"xy 平面"，即 z 轴方向，此时最大值是形体的顶面。在"可选方向"栏指定"yz 平面"，即 x 轴方向，此时最大值是形体顶面的一条直线。再指定"zx 平面"，即 y 轴方向，此时得到的最大值是一个点。

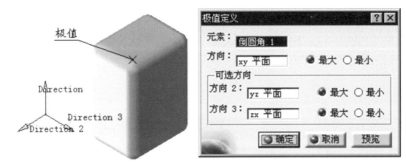

图 7-12　生成曲面在给定方向的极值点

3. 生成极坐标下的极值点

在平面轮廓曲线上搜寻出相对于参考点和轴线的半径、角度的极小值点。选择"插入"→"线框"→"端点坐标"菜单命令或单击图标 ，弹出如图 7-13 所示的"极坐标极值定义"对话框。

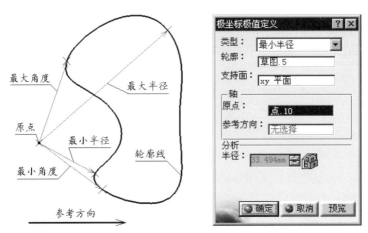

图 7-13　生成曲线的极坐标的极值点

　　　　　　　CATIA 实用教程（第 3 版）

对话框中各项的含义如下。

（1）类型：在该下拉列表中可以选择"最小半径""最大半径""最小角度"和"最大角度"。

（2）轮廓：指定闭合的、没有分叉的平面轮廓曲线。

（3）支持面：指定该轮廓线所在的基础平面。

（4）轴。

① 原点：指定参考点。

② 参考方向：指定参考方向。

（5）分析。

半径：显示分析参数的类型和结果。

4. 点复制

此命令用于在曲线上生成重复的点组或平面组。图 7-14 所示为在样条曲线上生成 10 等分点和平面的例子，也可在两个平面之间生成一组平面。

（a）

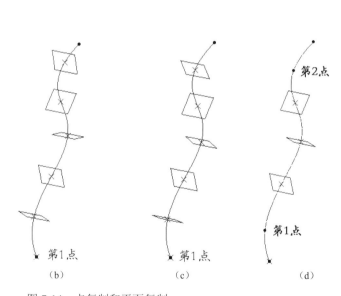

（b）　　　　（c）　　　　（d）

图 7-14　点复制和平面复制

选择"插入"→"线框"→"点复制"菜单命令或单击图标 ，弹出如图 7-14（a）所示的"点复制"对话框。若在如图 7-5 所示的"点定义"对话框选中了"确定后重复对象"复选框，结束定义点命令之后，自动弹出此对话框。对话框各项的含义如下。

（1）第一点：复制的起点。

（2）曲线：复制点的路径。如果选择的第一点是按照在曲线上生成点的方式生成的，那么"曲线"栏自动更新为第一点的生成曲线；如果没有选择第一点，只选择了曲线，那么曲线端点自动作为"第一点"。接着可以单击输入点处的箭头，使箭头方向按照需要的方向。

（3）参数：确定点的分布方法，有"实例""实例与间距""间距" 3 种方法。若选择"实例"，则禁用"间距"编辑框，由 CATIA 根据第一点和第二点，自动计算得到间距。

（4）实例：复制点的个数。

（5）间距：两个相邻的被复制的曲线距离。

（6）第二点：复制的终点。如果选择"实例与间距"为参数时，"第二点"默认为被选曲线的第二个端点。如果选择"间距"或"实例与间距"模式，可以选择"绝对"或"相对"间距值，相对间距值作为参数可以被编辑。

（7）包含端点：用于等分整个曲线。

（8）同时创建法线平面：在生成点处同时生成曲线的法线平面。

（9）在曲面上创建轴系：在生成点处同时生成需要的坐标系。

（10）在新的可编辑几何体中创建：所有新生成的点和平面、坐标系将集成在一个新的几何图形集中。

图 7-14（b）所示为选择"参数"为"实例与间距"和"实例"为"5"及"间距"为"19mm"时得到的结果；图 7-14（c）所示为选择"参数"为"实例"和"实例"为"5"时得到的结果；图 7-14（d）所示为选择"参数"为"间距"及"间距"为"20mm"时得到的结果。此三例都是在"点复制"对话框中选择了"同时创建法线平面"复选框后得到的结果。

7.2.2 生成直线

选择"插入"→"线框"→"直线"菜单命令或单击图标 ▧，弹出如图 7-15 所示的"直线定义"对话框。通过该对话框的"线形"下拉列表，可以用以下 6 种对应的方法生成直线。

1. 通过两个点生成直线

选择"线形"为"点-点"，"直线定义"对话框如图 7-16 所示。选择已经存在的"点.1"、"点.2"，在起点、终点框输入点的外延距离，单击"确定"按钮，即可得到如图所示的直线段。

图 7-15　"直线定义"对话框

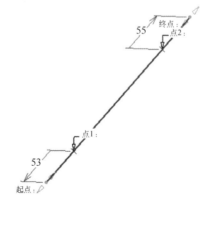

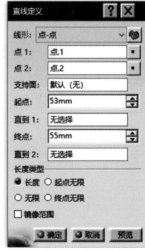

图 7-16　通过两个点生成直线

对话框中其余各项的含义如下。

（1）点 1、点 2：当前可供选择的点。

（2）支持面：默认的支持面是经过点 1、点 2 的平面。通常默认此项，若选择此项，则得到的结果是起点与终点连线在该面上的投影，如图 7-17（a）所示；如果支持面是曲面，投影可能是曲线，如图 7-17（b）所示。

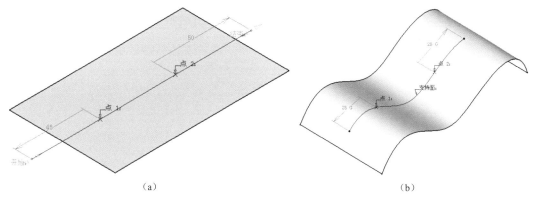

（a）　　　　　　　　　　　　　　　　　（b）

图 7-17　支持面

（3）起点、终点：点.1、点.2 的外延距离如图 7-16 所示。

（4）直到 1、直到 2：限制直线延伸的对象。如图 7-18 所示，单击"直到 1"文本框，选择样条曲线，单击"直到 2"文本框，选择曲面，即可确定该直线。

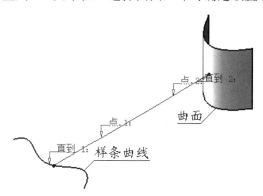

图 7-18　利用对象得到直线的端点

（5）长度类型：有"长度""起点无限""无限"和"终点无限"4 个单选按钮，其作用是控制直线为有限长度、无限长度和单向无限长度。

（6）镜像范围：如果选中该复选框，只需输入一端的外延距离。

上述说明适用于以下所有直线定义的对话框。

2. 通过一个点和方向生成直线

选择"线形"为"点-方向"，"直线定义"对话框会变为如图 7-19 所示的形式。单击"方向"文本框，选择直线或平面。如单击"反转方向"，线段改变为相反的方向。

其余各项的用法同前。

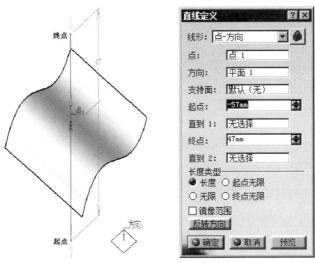

图 7-19 通过一个点和方向生成直线

3. 生成与给定曲线的切线成一定角度的直线或给定曲线的法线

选择"线形"为"曲线的角度/法线","直线定义"对话框会变为如图 7-20 所示的形式。单击"曲线"文本框,选择一条曲线,单击"角度"文本框,输入与曲线的切线的倾斜角度值。

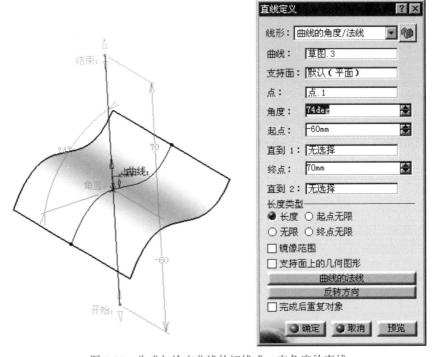

图 7-20 生成与给定曲线的切线成一定角度的直线

其余各项的用法同前。

4. 生成曲线外一点与曲线相切的直线

选择"线形"为"曲线的切线","直线定义"对话框会变为如图 7-21 所示的形式。选择一条曲线,单击"元素 2"文本框,选择一个对象,例如一个点。

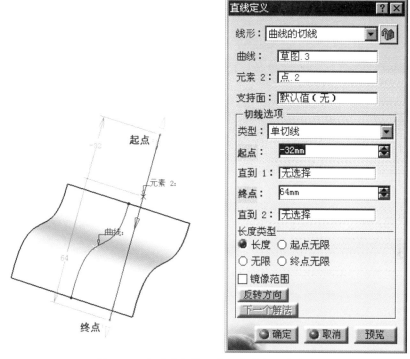

图 7-21　生成曲线外一点与曲线相切的直线

其余各项的用法同前。

若相切类型选择"双切线",则过"元素 2"生成两条如图 7-22 所示的切线。若单击"确定"按钮,则生成"切线 1";若事前单击"下一个解法",则生成"切线 2"。

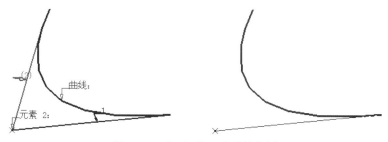

图 7-22　"双切线"选项的作用

5. 生成过指定点的曲面的法线

选择"线形"为"曲面的法线","直线定义"对话框会变为如图 7-23 所示的形式。选择一个曲面,指定一个点。

其余各项的用法同前。

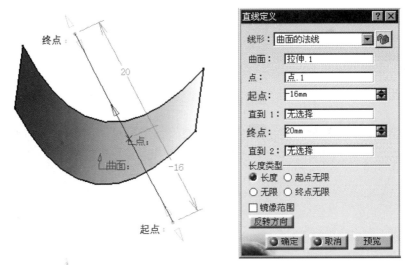

图 7-23　生成曲面某点的法线

6. 生成两相交直线的角平分线

选择"线形"为"角平分线","直线定义"对话框会变为如图 7-24 所示的形式。选择两直线,默认相交点。

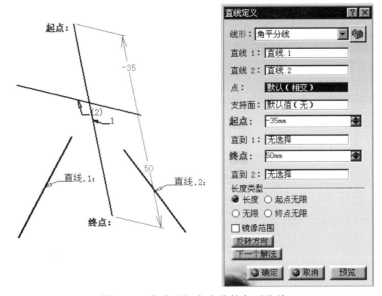

图 7-24　生成两相交直线的角平分线

其余各项的用法同前。

当其结果不唯一时,例如本例,单击"下一个解法"按钮,将得到另一条直线。

7.2.3　生成平面

图标 ▱ 的功能是生成平面。可以通过偏移平面、过点平行平面等多种方式生成平面。

CATIA 实用教程(第 3 版)

选择"插入"→"线框"→"圆"菜单命令或单击图标 ，弹出如图 7-25 所示的"平面定义"对话框。通过"平面类型"下拉列表选择生成平面的方法。

1. 生成与给定平面一定距离的平面

选择"平面类型"为"偏移平面"，"平面定义"对话框会变为如图 7-26 所示的形式。

图 7-25 "平面定义"对话框   图 7-26 生成与给定平面一定距离的平面

对话框中各项的含义如下。

（1）参考：选择一个已有的平面作为参考平面。

（2）偏移：与参考平面的偏移距离。

（3）反转方向：单击该按钮，改变偏移为相反的方向。

单击"确定"按钮，即可得到一个平面。

也可以在作图区单击方向箭头使其反向，拖动偏移的箭头可以改变偏移距离，拖曳"移动"字符使得平面标记移动。

上述选项也可适用于其他平面定义的对话框。

2. 生成过一个点与给定平面平行的平面

选择"平面类型"为"平行通过点"，"平面定义"对话框会变为如图 7-27 所示的形式。指定一个参考平面和一个点，单击"确定"按钮，即可得到一个平面。

图 7-27 生成过一个点与给定平面平行的平面

3. 生成过一条直线与给定平面成一定角度的平面

选择"平面类型"为"与平面成一定角度或垂直"，"平面定义"对话框会变为如图 7-28 所示的形式。指定一条直线作为旋转轴，指定一个平面作为参考平面，输入旋转角度即可。

若单击"平面的法线"按钮，则生成的平面绕旋转轴旋转 90°。

注意： 旋转轴必须与参考平面平行。

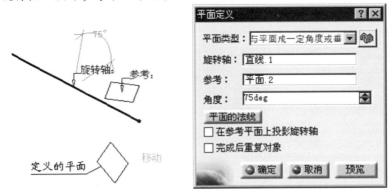

图 7-28　生成过一条直线与给定平面成一定角度的平面

4. 通过不在同一直线的三点生成平面

选择"平面类型"为"通过三点"，"平面定义"对话框会变为如图 7-29 所示的形式。指定不在同一直线的三个点即可。

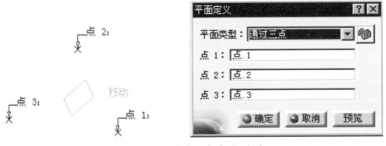

图 7-29　通过三点生成平面

5. 过两条直线生成平面

选择"平面类型"为"通过两条直线"，"平面定义"对话框会变为如图 7-30 所示的形式。指定两条相交或延长线相交的直线即可。

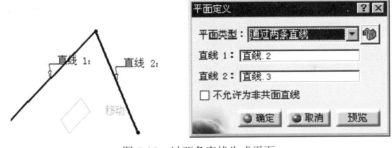

图 7-30　过两条直线生成平面

6. 通过一个点和一条直线生成平面

选择"平面类型"为"通过点和直线"，"平面定义"对话框会变为如图 7-31 所示的形

—————————————— CATIA 实用教程（第 3 版）

式。指定一个点和一条直线即可。

图 7-31　通过一个点和一条直线生成平面

7. 通过一条平面曲线生成平面

选择"平面类型"为"通过平面曲线","平面定义"对话框会变为如图 7-32 所示的形式。通过对话框的"曲线"文本框选择一条平面曲线,单击"确定"按钮,即可得到经过给定平面曲线的一个平面。

图 7-32　通过一条平面曲线生成平面

8. 生成一条曲线某点的法面

选择"平面类型"为"曲线的法线","平面定义"对话框会变为如图 7-33 所示的形式。指定一条曲线,"点"输入框中自动选择曲线的中点为输入,也可选择一个输入点,并且输入的点可以不在曲线上;也可以通过选中"曲线长度比率"复选框,通过"比率"编辑框输入比率值来确定输入点。

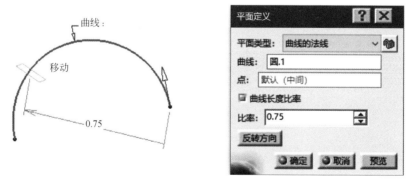

图 7-33　生成一条曲线某点的法面

9. 生成曲面在某点的切面

选择"平面类型"为"曲面的切线","平面定义"对话框会变为如图 7-34 所示的形式。

指定一个曲面和一个点即可。

图 7-34　生成曲面在某点的切面

10. 通过平面方程 Ax+By+Cz=D 确定平面

选择"平面类型"为"方程式","平面定义"对话框会变为如图 7-35 所示的形式。分别在对话框的"A""B""C""D"域输入 4 个参数,单击"确定"按钮,即可得到如图所示的一个平面。

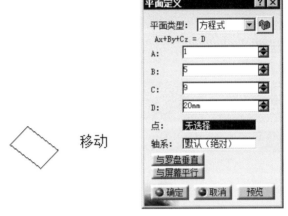

图 7-35　通过方程确定平面

对话框中以下 3 项的含义如下。

(1) 点:若指定一个点,则参数 D 无效,平面平移至通过这个点。

(2) 与罗盘垂直:单击该按钮,生成 z=0 的平面。

(3) 与屏幕平行:单击该按钮,生成与屏幕平行的平面。

11. 通过最小二乘法生成平面

选择"平面类型"为"平均通过点","平面定义"对话框会变为如图 7-36 所示的形式。从中选择多个点即可。所有的点到此平面距离的平方和最小。

在点的列表中选择一些点,若单击"移除"按钮,则从列表中去掉一些点;若单击"替换"按钮,则替换列表内的点。

12. 在给定的两个平行平面之间插入一组平面

选择"插入"→"高级复制工具"→"面间复制"菜单命令或单击"复制"工具栏中

的图标，出现如图 7-37 所示的"面间复制"对话框。指定"平面.1""平面.2"，在"实例"框输入插入平面的数量即可。该组平面的间距相等。

图 7-36　通过最小二乘法生成平面

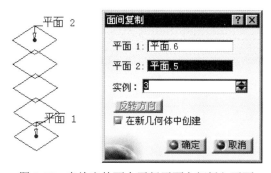

图 7-37　在给定的两个平行平面之间插入平面

若选中"在新几何体中创建"复选框，则生成的这些平面存放入一个新的几何图形集下。

7.2.4　投影

图标[图标]的功能是生成一个元素（点、直线或曲线的集合）在另一个元素（曲线、平面或曲面）上的投影。一般分为以下两种情况。

（1）一个点投影到直线、曲线或曲面上。

（2）点和线框混合元素投影到平面或曲面上。

选择"插入"→"线框"→"投影"菜单命令或单击图标[图标]，出现如图 7-38 所示的"投影定义"对话框。

对话框中各项的含义如下。

（1）投影类型：可以选择"法线"和"沿某一方向"两种类型。

（2）投影的（对象）：输入被投影元素。

（3）支持面：输入作为投影面的基础元素。

（4）近接解法：若选中该复选框，则当投影结果为不连续的多元素时，会弹出对话框，询问是否选择其中之一。

（5）"光顺"栏：有以下 3 个按钮。

① 无：不光顺，投影结果继承支持面的光顺程度。

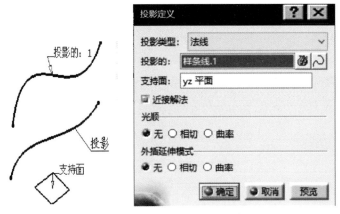

图 7-38   "投影定义"对话框

② 相切：把投影结果光顺到切线连续的程度。

③ 曲率：把投影结果光顺到曲率连续的程度。

若选择后两项，需要输入一个光顺偏差值，如果光顺结果超出偏差值，将给出警告信息；如果没有指定支持面，可以选中"3D"复选框，得到较好的光顺效果。

（6）"外插延伸模式"栏：有以下 3 个按钮。

① 无：投影线不外延，如图 7-39（a）所示。

② 相切：将投影结果延两端切线方向外延伸，直到支持面边界为止，如图 7-39（b）所示。

③ 曲率：将投影结果延两端曲率连续方式向外延伸，直到支持面边界为止，如图 7-39（c）所示。

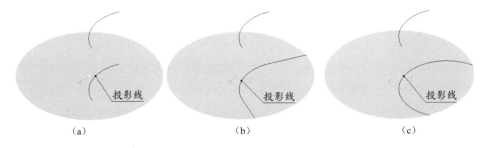

（a）   （b）   （c）

图 7-39   投影线外延的 3 种模式

注意：如果支持面是封闭曲面，例如球面，则不能外延投影线。

7.2.5   混合线

图标![icon]的功能是生成混合线。两条曲线分别沿着两个给定方向（默认的方向为曲线的法线方向）拉伸，拉伸的两个曲面（实际上不生成曲面的几何图形）在空间的交线即为混合线。

选择"插入"→"线框"→"混合"菜单命令或单击图标![icon]，出现如图 7-40 所示的"混合定义"对话框。

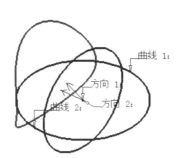

图 7-40　定义相贯线的"混合定义"对话框

对话框中各项的含义如下。

（1）混合类型：可以选择"法线"和"沿方向"两种类型。

（2）曲线1、曲线2：输入第一条、第二条曲线。

（3）方向1、方向2：当混合类型选择"沿方向"时，需要输入两条曲线的拉伸方向。

（4）近接解法：若选中该复选框，当相贯线为不连续的多条曲线时，会弹出选择其中一些曲线的对话框。

7.2.6　反射线

图标 的功能是生成反射线。当光线由给的方向射向一个给定曲面时，与法线夹角为指定角度的光线与曲面交点的集合称为反射线。

选择"插入"→"线框"→"反射线"菜单命令或单击图标 ，弹出如图 7-41 所示的"反射线定义"对话框。

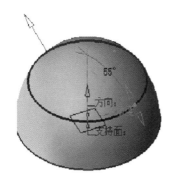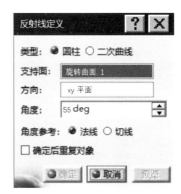

图 7-41　生成球面反射线的"反射线定义"对话框

对话框中各项的含义如下。

（1）类型：可以选择"圆柱"或"二次曲线"。圆柱面产生平行光的反射线，二次曲线从锥顶产生点光源的反射线，还需要输入"原点"作为锥顶。

（2）支持面：承载反射线的面。

（3）方向：光线的方向。

（4）角度：反射线与"方向"的夹角。

（5）角度参考：若选中"法线"按钮，则反射线的方向为曲面的法线和给定方向的夹角；若选中"切线"按钮，则反射线的方向为曲面的切线和给定方向的夹角。

7.2.7　相交线

图标 ![icon] 的功能是生成两个元素之间的交集。例如两条相交直线的交点，两相交平面（曲面）的交线。

选择"插入"→"线框"→"相交"菜单命令或单击图标 ![icon]，弹出如图 7-42 所示的"相交定义"对话框。

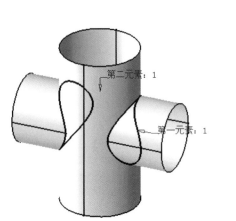
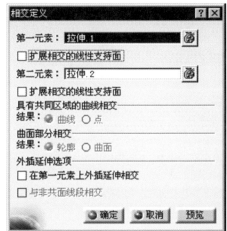

图 7-42　生成两曲面的交线

对话框中各项的含义如下。

（1）第一元素、第二元素：参与相交的两个元素。若选中"扩展相交的线性支持面"复选框，则可以线性延伸所选的元素。

（2）具有共同区域的曲线相交：当被选的是两线框元素并且有重合线时，确定生成的结果是"曲线"还是"点"。

（3）曲面部分相交：当被选的是曲面和实体时，确定生成的结果是"轮廓线"还是"曲面"。

如果未选中"在第一元素上外插延伸相交"复选框，两曲面相交结果如图 7-43（a）所示，否则如图 7-43（b）所示。

7.2.8　平行曲线

图标 ![icon] 的功能是在基础面上生成给定曲线平行（等距离）的一条或两条与曲线。

选择"插入"→"线框"→"平行曲线"菜单命令或单击图标 ![icon]，弹出如图 7-44 所示的"平行曲线定义"对话框。

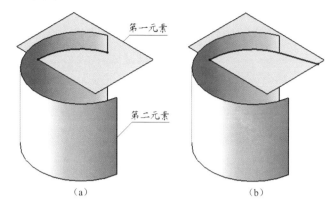

（a） （b）

图 7-43 选择在第一元素上外插延伸相交

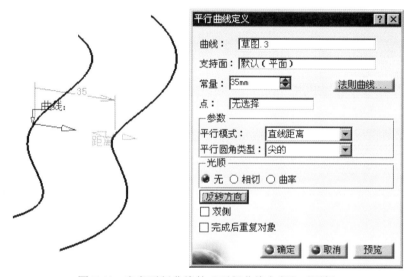

图 7-44 定义平行曲线的"平行曲线定义"对话框

对话框中各项的含义如下。

（1）曲线：选择一条待等距的曲线。

（2）支持面：指定曲线的支承面。

（3）常量：偏移距离的模式。可以选择"常量"，即输入一个常数；若单击"法则曲线"按钮，则由定义的函数来确定曲线的距离和长度；若输入曲线所在面上的一个点，则该平行线通过这个点。

（4）平行模式：选择"直线距离"或"最短距离"。前者既可以是常数，也可以是函数，而后者只能是常数。

（5）平行圆角类型：选择平行线的拐角为"尖角"或者"圆角"，如图 7-45 所示。

（6）反转方向：单击此按钮，偏移的方向反向。

（7）双侧：选中该复选框，则曲线的两侧都生成平行曲线。

（8）完成后重复对象：选中该复选框，以生成的曲线为参考曲线重复生成等距曲线，个数由弹出的对话框输入。

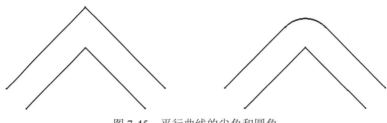

图 7-45　平行曲线的尖角和圆角

"光顺"栏的按钮同"投影定义"对话框。

7.2.9　二次曲线

1. 圆和圆弧

选择"插入"→"线框"→"圆"菜单命令或单击图标 ◯，弹出如图 7-46 所示的"圆定义"对话框。

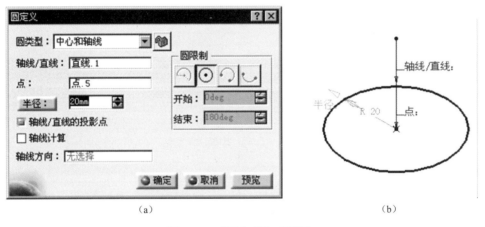

（a）　　　　　　　　　　　　　　　　　（b）

图 7-46　"圆定义"对话框

对话框中各项的含义如下。

（1）圆类型：可以选择"中心和半径""中心和点""两点和半径""三点""中心和轴线""双相切和半径""双相切和点""三相切"和"中心和切线"共 9 种圆的类型。圆的类型不同，需要输入的选项也不同。

（2）圆限制：按钮 ◠◉◠◡ 的作用依次是生成圆弧、生成整个圆、生成优弧和生成劣弧。

例如选择"圆类型"为"中心和轴线"，指定一条直线为轴线，指定圆心，输入"半径"值"20mm"，即可得到如图 7-46（b）所示的圆。

2. 倒圆角

选择"插入"→"线框"→"圆角"菜单命令或单击图标 ◳，弹出如图 7-47（a）所示

CATIA 实用教程（第 3 版）

的"圆角定义"对话框。

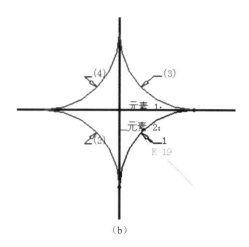

（a）   （b）

图 7-47　倒圆角

对话框中各项的含义如下。

（1）圆角类型：有"支持面上圆角"和"3D 圆角"两种选择。前者的两条曲线都在支持面上，如图 7-47（b）所示，后者是两条三维曲线用圆角过渡。

（2）顶点上圆角：若选中该复选框，则只要选择一条折线，即可完成其全部倒圆角，如图 7-48 所示。

图 7-48　为折线倒圆角

（3）元素 1、元素 2：参与倒圆角的直线或曲线。

（4）支持面：元素 1 和元素 2 的公共平面（默认值是两元素的公共平面）。

（5）半径：输入半径值。

（6）下一个解法：若存在多个结果时，单击该按钮，则切换到下一个结果，如图 7-47（b）所示。

（7）修剪元素 1、修剪元素 2：用圆弧剪切多余的部分。

若选择"3D 圆角"，则出现一个参考方向的输入框，系统根据输入的方向计算出圆角；如果没有输入方向，则形体计算出一个最优方向，如图 7-49 所示。

3．生成连接曲线

该功能生成与两条曲线连接的曲线，并且可以控制连接点处的连续性。

选择"插入"→"线框"→"连接曲线"菜单命令或单击图标，弹出如图 7-50（a）所示的"连接曲线定义"对话框。

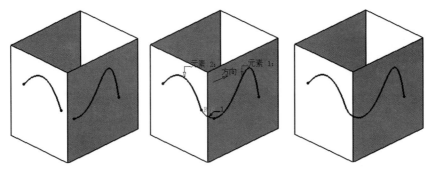

图 7-49　两条曲线的 3D 圆角

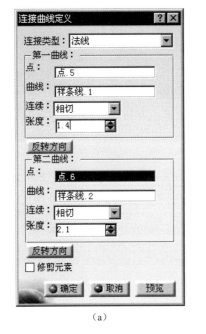

（a）

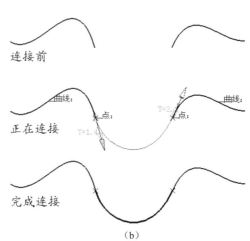

（b）

图 7-50　生成连接曲线

对话框中各项的含义如下。

（1）连接类型：可以选择"法线"和"基曲线"两种类型。

（2）第一曲线：该栏中各项的含义如下。

① 点：指定第一条曲线上的连接点。

② 曲线：指定需要连接的第一条曲线。

③ 连续：选择连接点处的连续性，有"点""相切"和"曲率"三个选项。

④ 张度：输入连接曲线张度值。

（3）反转方向：单击该按钮，连接曲线在连接点处的切线改为相反的方向。

（4）第二曲线：各项的含义同"第一曲线"栏。

（5）修剪元素：若选中该复选框，则用连接曲线修剪掉原曲线的多余部分。

例如，填写如图 7-50（a）所示的对话框，所得结果如图 7-50（b）所示。

如果选择"连接类型"为"法线"，选中"修剪元素"复选框，其他选择按图 7-51（a）所示选择相关元素，所得结果如图 7-51（b）所示。

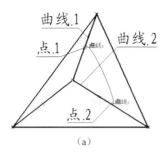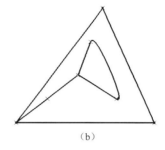

图 7-51　用"法线"类型连接曲线

如果选择"连接类型"为"基曲线"，选中"修剪元素"复选框，其他选择如图 7-52（a）所示，则所得结果如图 7-52（b）所示。选择不同的基曲线可以得到不同的结果。

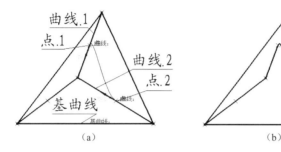

图 7-52　用"基曲线"类型连接曲线

4. 生成二次曲线

该功能生成椭圆、抛物线、双曲线等二次曲线。输入条件大致分为如下几种情况。

（1）起点、终点及其切线方向和一个系数值。

（2）起点、终点及其切线方向和一个经过点。

（3）起点、终点、一个起始点切线方向的控制点和一个系数值。

（4）起点、终点、一个起始点切线方向的控制点和一个经过点。

（5）4 个点和其中一点的切线方向。

（6）5 个点。

选择"插入"→"线框"→"二次曲线"菜单命令或单击图标，弹出如图 7-53（a）所示的"二次曲线定义"对话框。

对话框中各项的含义如下。

（1）支持面：由于二次曲线是平面曲线，因此应选择一个平面。

（2）约束限制：在该栏输入起点和终点、起点和终点的切线，若选中"切线相交点"复选框，则禁用起点和终点的切线方向，需要输入作为切线相交的点，共点与起点和终点的连线即为两条切线。

（3）中间约束：若选中"参数"框，则禁用下面的点和切线。此时需要输入参数，若参数小于 0.5，则生成的二次曲线是椭圆；若参数等于 0.5，则生成的二次曲线是抛物线；若参数大于 0.5，则生成的二次曲线是双曲线。下面的 5 个框依次是第一中间点及其切线、第二中间点及其切线和第三中间点。

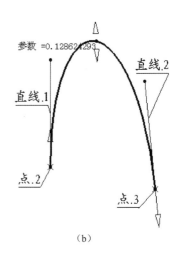

(a)　　　　　　　　　　　　　　　　(b)

图 7-53　生成椭圆弧

（4）默认抛物线结果：默认为激活状态，即默认产生的二次曲线是抛物线，如果不要抛物线，则不选中该复选框。

例如，按照如图 7-53（a）所示对话框中的选择，可以得到如图 7-53（b）所示的椭圆弧。

7.2.10　样条曲线

选择"插入"→"线框"→"样条曲线"菜单命令或单击图标 ，弹出如图 7-54（a）

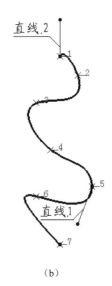

(a)　　　　　　　　　　　　　　　　(b)

图 7-54　生成样条曲线

CATIA 实用教程（第 3 版）

所示的"样条线定义"对话框。对话框上部是点的列表框，每个点都可能有切线方向、张度、曲率方向和曲率半径。

对话框中各项的含义如下。

（1）点添加于后：选择该单选按钮，在选择点后插入点。

（2）点添加于前：选择该单选按钮，在选择点前面插入点。

（3）替换点：选择该单选按钮，替换选择点。

（4）支持面上的几何图形：选中该复选框，则将样条曲线投影到基础面上。

（5）关闭样条线：选中该复选框，则样条曲线起点和终点连接形成封闭曲线。

（6）移除点：单击该按钮，删除在列表选中的点。

（7）移除相切：单击该按钮，删除在列表选中点的切线方向。

（8）反转相切：单击该按钮，在列表选中点的切线反向。

（9）移除曲率：单击该按钮，删除在列表选中点的曲率方向。

（10）隐藏参数：单击该按钮，取消约束区域，该按钮改变为"显示参数"按钮，再次单击，显示约束区，又恢复为"隐藏参数"按钮。

（11）约束区：约束区是该对话框的扩展部分，为在列表选中的点添加约束条件。可以选择"显示"和"从曲线"。

若选择"显式"，则需要输入选中点的切线方向、切线张度、曲率方向和曲率半径；若选择"从曲线"，则需要输入选中点的切线、切线张度和连续类型（切线连续或曲率连续）。

例如，选择 7 个点，在第 1 个点和第 5 个点添加切线和张力，生成的样条曲线如图 7-54（b）所示。

7.2.11　螺旋线

图标 ![icon] 的功能是生成螺旋线。

选择"插入"→"线框"→"螺旋线"菜单命令或单击图标 ![icon]，弹出如图 7-55（a）所示的"螺旋曲线定义"对话框。

对话框中各项的含义如下。

（1）类型：有"螺距和转数""高度和螺距""高度和转数"3 种类型。

① 螺距：相邻两牙在中径线对应两点的轴向距离。

② 转数：螺纹的圈数。

③ 高度：螺纹部分的总高度。

（2）常量螺距、可变螺距、法则曲线：控制螺距是否变化，如果选择"可变螺距"，则单击"法则曲线"按钮，可以进入"法则曲线"窗口，定义螺距变化规律。

注意：可变螺距只有在"螺距和转数"类型才可能使用。

（3）起点：选择螺旋线的起点。

（4）轴：选择螺旋的轴线。

（5）方向：选择螺旋的旋向是顺时针还是逆时针。

（6）起始角度：输入螺旋的起始角度。

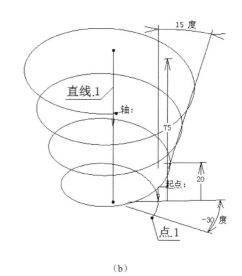

(a)   (b)

图 7-55　生成螺旋线

（7）半径变化：控制螺旋半径的变化，只有在等螺距时才起作用，包括下面的参数。

① 拔模斜度：输入螺旋线的锥角。

② 方式：选择锥的形式，可以选择"尖锥型"和"倒锥形"。

（8）轮廓：选择该单选按钮，选择螺旋的轮廓曲线，控制螺旋半径的变化。一般是草图曲线或平面曲线。

（9）反转方向：单击该按钮，改变螺旋线的生成方向。

例如，按照图 7-55（a）所示对话框中的选择，生成的螺旋线如图 7-55（b）所示。

7.2.12　涡线

图标 ◎ 的功能是生成涡线（阿基米德涡线）。

选择"插入"→"线框"→"涡线"菜单命令或单击图标 ◎，弹出如图 7-56（a）所示的"螺线曲线定义"对话框。

对话框中各项的含义如下。

（1）中心点：选择中心点。

（2）参考方向：选择参考方向。

（3）起始半径：输入起始半径。

（4）类型：选择生成涡线类型，可以选择"角度和半径""角度和螺距""半径和螺距"类型。

（5）终止角度：输入末圈角度。

（6）终止半径：输入末圈半径。

其余选项同前。

例如，按照图 7-56（a）所示对话框中的选择，生成的涡线如图 7-56（b）所示。

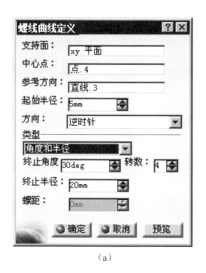

(a)

(b)

图 7-56　涡线及其"螺线曲线定义"对话框

7.2.13　脊线

图标 的功能是生成脊线。脊线是根据一系列平面生成的三维曲线,使得所有平面都是此曲线的法面。或者是由一系列导线生成,使得脊线的法面垂直于所有的导线。

选择"插入"→"线框"→"脊线"菜单命令或单击图标 ,弹出如图 7-57(a)所示对话框。

(a)

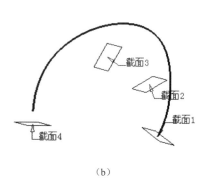

(b)

图 7-57　由一组平面生成的脊线

对话框中各项的含义如下。

(1)顶部的列表框,用于输入一组平面。

(2)中部的列表框,用于输入一组导线。

(3)起点:输入脊线的起点。

第 7 章　曲线和曲面 ———— 293

其余选项同前。

在扫描、放样、或曲面倒角时会用到脊线。可以通过以下两种方式生成脊线。

（1）输入一组平面，使得所有平面都是此曲线的法面，如图7-57（b）所示。

（2）输入一组导线，使得脊线的法面垂直于所有的导线，如图7-58所示。

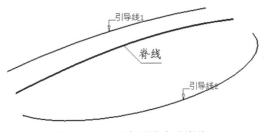

图7-58　由两条导线生成脊线

7.2.14　命令堆栈

顾名思义，命令堆栈的功能是将当前命令存入堆栈。首先生该成命令所需要的对象，然后再执行该命令。例如生成直线时，尚缺少该直线所需要的点。此时可以利用堆栈功能，在不结束直线命令的情况下先生成点，然后再执直线行命令。在生成点、直线、平面、圆、圆角、二次曲线等线框类元素或对曲线曲面平移、旋转、镜像等操作时，可以使用命令堆栈的方法生成输入元素。

命令堆栈可以生成的对象有点、线、平面、相交线、投影线、抽取边界、抽取实体表面、曲线曲面外延以及生成公式表达式等。

例如，用两点连线画直线。单击直线图标 ╱，弹出如图7-59（a）所示的"直线定义"对话框，在其"线形"下拉列表中选择"点-点"类型，右击"点1"输入框，在弹出的快捷菜单中选择"创建点"，将弹出如图7-59（b）所示的"点定义"的对话框。输入点的坐标（10,20,30），单击"确定"按钮，完成点1的输入，继续执行直线命令。

（a）　　　　　　　　　　　（b）

图7-59　命令堆栈的快捷菜单实例

7.2.15 锁定基础面

锁定的基础面将作为后续编辑命令的默认基础面，直至解除该锁定的基础面为止。锁定的基础面上可以显示网格，可以通过对话框修改网格的间距、网格的方向。解除锁定的基础面使用图标 。

选择"工具"→"网格"→"工作支持面"菜单命令或单击图标 ，弹出如图 7-60 所示的"工作支持面"对话框，指定作为"支持面"的平面或曲面即可。

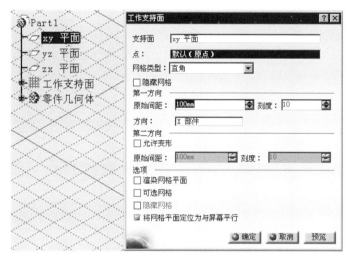

图 7-60　锁定基础面例子和"工作支持面"对话框

7.3　生　成　曲　面

有关生成曲面的菜单和工具栏如图 7-61 所示。

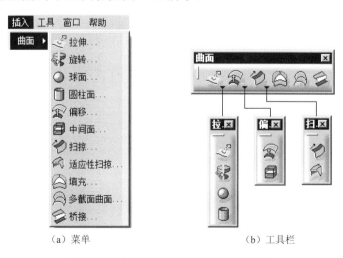

（a）菜单　　　　　　　（b）工具栏

图 7-61　有关生成曲面的菜单和工具栏

7.3.1 拉伸曲面

图标 ![icon]的功能是生成拉伸曲面。选择"插入"→"曲面"→"拉伸"菜单命令或单击图标 ![icon]，弹出如图 7-62（a）所示的"拉伸曲面定义"对话框。

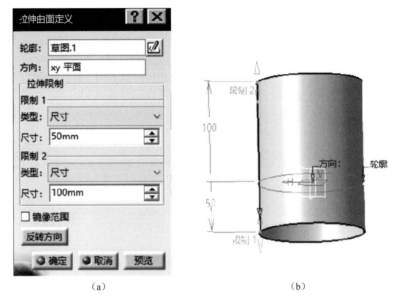

（a）　　　　　　　　　　　　　（b）

图 7-62　生成拉伸曲面

对话框中各项的含义如下。

（1）轮廓：输入待拉伸的轮廓曲线。

（2）方向：输入拉伸方向。

（3）限制 1：输入拉伸限制 1，限制 1 与拉伸方向相同。

类型：有"尺寸"和"到元素"两种类型。前者需要在下面的尺寸文本框中输入尺寸数值，后者需要在下面出现的元素文本框中指定一个元素，例如一个平面或曲面。

（4）限制 2：输入拉伸限制 2，限制 2 与拉伸方向相反。

类型：与限制 1 相同。

（5）镜像范围：若选中该复选框，则限制 2 与限制 1 的值相等。

（6）反转方向：单击该按钮，拉伸方向反向。

用光标拖动限制的箭头，也可以改变限制值。

按照如图 7-62（a）所示的输入，即可得到如图 7-62（b）所示的结果。

7.3.2 旋转曲面

图标 ![icon]的功能是生成旋转曲面。选择"插入"→"曲面"→"旋转"菜单命令或单击图标 ![icon]，弹出如图 7-63（a）所示的"旋转曲面定义"对话框。

　　　　　　　　　　CATIA 实用教程（第 3 版）

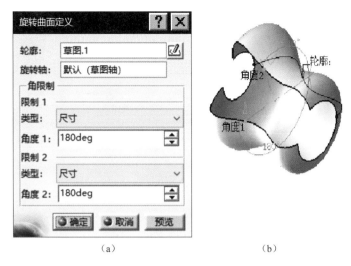

（a）　　　　　　　　　　（b）

图 7-63　生成旋转曲面

对话框中各项的含义如下。

（1）轮廓：输入轮廓曲线，必须是平面曲线。

（2）旋转轴：输入旋转轴线。

（3）限制 1：有两种可选的类型。

① 尺寸：在"角度 1"编辑框中输入限制 1，方向和轴线方向成右手螺旋定则。

② 直到元素：通过"直到元素"文本框选择一个元素（如曲面）作为输入限制。

（4）限制 2：含义和操作方法同限制 1。

① 尺寸：在下面"角度 2"输入框中输入限制 2，方向和轴线方向成右手螺旋定则。

② 直到元素：在下面"直到元素"输入框中选择一个目标元素（如曲面）作为输入限制。

按照如图 7-63（a）所示的输入，即可得到如图 7-63（b）所示的结果。

7.3.3　球面

图标 ![icon] 的功能是生成球面。选择"插入"→"曲面"→"球面"菜单命令或单击图标 ![icon]，弹出如图 7-64（a）所示的"球面曲面定义"对话框。

对话框中各项的含义如下。

（1）中心：输入球的中心。

（2）球面轴线：输入坐标系，默认的是当前坐标系。

（3）球面半径：输入球的半径。

（4）纬线起始角度：输入纬度起始角度。

（5）纬线终止角度：输入纬度结束角度。

（6）经线起始角度：输入经度起始角度。

（7）经线终止角度：输入经度结束角度。

（8）若单击图标 ![icon]，则生成球冠；若单击图标 ![icon]，则生成球面。

(a)

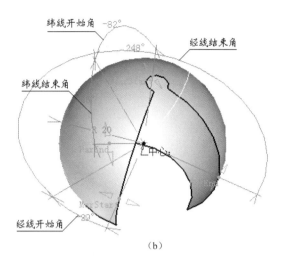
(b)

图 7-64　生成球面

用光标拖曳界限的箭头，也可以改变界限值。

按照如图 7-64（a）所示的输入，即可得到如图 7-64（b）所示的结果。

7.3.4　圆柱面

图标 🗇 的功能是生成圆柱面。选择"插入"→"曲面"→"圆柱面"菜单命令或单击图标 🗇，弹出如图 7-65（a）所示的"圆柱曲面定义"对话框。

(a)

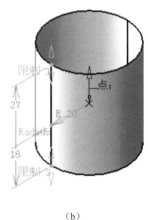
(b)

图 7-65　生成圆柱面

对话框中各项的含义如下。

（1）点：输入圆柱轴线上一点。

（2）方向：输入圆柱的高度方向。

（3）半径：输入圆柱的半径。

（4）长度 1：输入圆柱正方向的高度。

———— CATIA 实用教程（第 3 版）

（5）长度 2：输入圆柱反方向的高度。

（6）反转方向：单击该按钮，圆柱的正方向反向。

（7）镜像范围：若选中该复选框，限制 2 与限制 1 相等。

用光标拖动界限的箭头，也可以改变界限值。

按照图 7-65（a）所示的输入，即可得到如图 7-65（b）所示的结果。

7.3.5　等距面

图标 🖾 的功能是生成等距曲面。等距曲面是产生一个或几个和曲面对象间距等于给定值的曲面的方法。选择"插入"→"曲面"→"偏移"菜单命令或单击图标 🖾，弹出如图 7-66（a）所示的"偏移曲面定义"对话框。

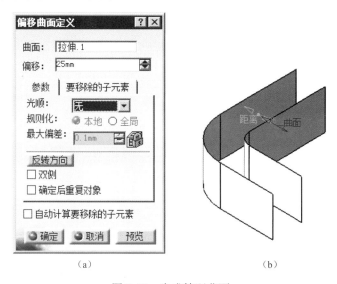

(a)　　　　　　　　　　　(b)

图 7-66　生成等距曲面

对话框中各项的含义如下。

（1）曲面：选择一个曲面。

（2）偏移：输入曲面的间距值。

（3）参数：该选项卡包括以下选项。

① 光顺：可以选择"无""自动"或"手动"。

● 无：光顺的常数对整个曲面是一致的，这是默认的选择。

● 自动：当曲面不能生成等距曲面时，进行"全局"或"局部"（"规则化"控制钮选择）光顺，局部规则化允许局部修改偏移面，使误差最优化，如果局部规则化不成功，自动转为全局规则化，直到可以生成等距曲面，且偏差小于设定最大值。如果不成功，则产生警告信息，同时把出错的子曲面移动到"要移除的子元素"选项卡内，提示是否删除它们？如选择"是"，则删除后生成等距曲面。

● 手动：需要设置一个最大偏差值，自动进行局部光顺，如果光顺的结果使曲面偏差超过设定值，则停止光顺，发出警告信息，同时把出错的子曲面移动到"要移除的子元素"页内，提示是否删除它们？如选择"是"，则删除后生成等距曲面。

②　最大偏差：当"光顺"选择"手动"时，需要设置该项，其值可以设定在 0.001mm 到偏移值（减去 0.1mm）之间。

③　反转方向：单击该按键，改变成在原曲面的另一侧生成等距曲面。

④　双侧：选中该复选框，在原曲面的两侧生成等距曲面。

⑤　确定后重复对象：选中该复选框，可以重复使用等距曲面命令，产生间距相同的几个等距曲面，在特征树上产生一个新的几何图形集，用于存放产生的等距曲面。

用光标拖曳界限的箭头，也可以改变界限值。

按照如图 7-66（a）所示的输入，即可得到如图 7-66（b）所示的结果。

（4）要移除的子元素：该选项卡有一个列表和"添加模式"与"删除模式"两个按钮。若从曲面中选择子面，则该面添加到该列表。或者选择"自动""手动"光顺失败时，把出错的子面移至该列表。若单击"删除模式"按钮，则从列中删除选中的子面；若单击"添加模式"按钮，则选择的子面添加该卡的列表。

（5）自动计算要移除的子元素：若选中该复选框，则"要移除的子元素"选项卡失效。

例如，将如图 7-67（a）所示的圆弧面添加到该卡的列表之后，得到如图 7-67（b）所示的的结果。

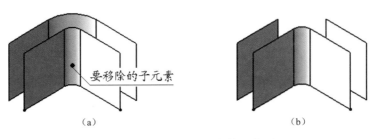

（a）　　　　　　　　　　　　　（b）

图 7-67　移除子面前后的等距曲面

7.3.6　扫掠曲面

图标 的功能是生成扫掠曲面。选择"插入"→"曲面"→"扫掠"菜单命令或单击图标 ,弹出如图 7-68(a)所示的"扫掠曲面定义"对话框。对话框顶部的 4 个图标 对应着 4 种类型，每种类型又分为多种子类型。下面依次介绍各种类型及其子类型的扫掠曲面定义。

1. 指定轮廓扫掠

这种扫掠方式需要选择轮廓曲线和导线，它们可以是任意形状的空间曲线。单击图标 ,"扫掠曲面定义"对话框如图 7-68（a）所示。

对话框中各项的含义如下。

（1）子类型：可以选择"使用参考曲面""使用两条引导曲线"或"按拔模方向"。下面仅介绍第一种子类型，其他两种可以参考相关参考书。

（2）轮廓：可以选择任意形状的曲线。

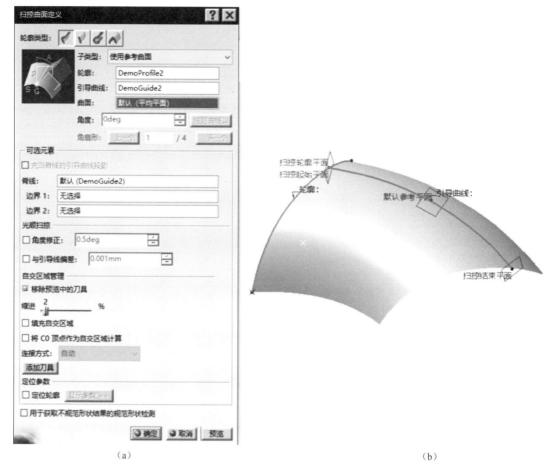

（a）　　　　　　　　　　　　　　　　　　　（b）

图 7-68　生成指定轮廓的扫掠曲面

（3）引导曲线：输入第一条导线。

（4）曲面：输入一个参考曲面，用来控制扫掠时轮廓线的位置，此项是可选项，默认用脊线控制，如果选择了参考曲面，则用它控制。

注意：导线必须落在此曲面上，除非参考面是平面。

（5）角度：输入角度值，用来和参考面一起控制扫掠轮廓位置。"法则曲线"按钮可以用来定义角度沿导线变化的关系函数，在弹出的对话框中可以定义 4 种类型的函数。

（6）角扇形："上一个"和"下一个"是当出现多个可能结果曲面时用来切换和选择一个满意的结果的控制按钮。

（7）可选元素：包括以下内容。

① 脊线：输入脊线，如不指定，则用第一轮廓线代替。

② 边界 1 和边界 2：输入点或平面，用来定义脊线的边界，从而定义扫掠曲面边界。

③ 光顺扫掠：若选中"角度修正"复选框，则对扫掠曲面进行光顺处理，由于脊线不连续性引起的小于设定角度值的曲面不连续性将被光顺，曲面质量得到提高，默认角度设为"0.5 deg"。若选中"与引导线偏差"复选框，则控制光顺扫掠曲面与导线之间的偏差大

小，默认值为"0.001mm"。

④ 自交区域管理：选中"移除预览中的刀具"复选框，预览时不显示"刀具"区域。"缩进"滑块可以设定"刀具"离开扭曲区域的距离，以导线长度的百分数表示，为2%～20%，默认值为2%。

⑤ 填充自交区域：供用户填充扭曲区域，默认为选中状态，"缩进"滑块只影响以前没有被移动的刀具。如果没有手动调节刀具大小，则更换扫掠主导线后扭曲区域的显示大小将按照"缩进"滑块的设定值来确定。

⑥ 定位参数：在该栏中选中"定位轮廓"复选框，手动设定轮廓和导线之间的相对位置关系。单击"显示参数"按钮，出现一些新的选项，这些选项用来设定轮廓和导线之间的角度和偏移关系。

⑦ 用于获取不规范形状结果的规范形状检测：选中该复选框，则扫描结果被转化为平面、柱面、圆台面或球面等规则曲面。

按照如图7-68（a）所示的输入，即可得到如图7-68（b）所示的结果。

2. 直线类轮廓扫掠

直线扫掠的轮廓曲线是一条直线，它的子类型有"两极限""极限和中间""使用参考曲面""使用参考曲线""使用切面""按拔模方向"和"使用双切面"。

以子类"两极限"为例，单击图标![icon]，"扫掠曲面定义"对话框如图7-69（a）所示。选择两条引导曲线、默认将"引导曲线1"设为脊线、选择"平面.1"作为"边界2"，设置"长度1"为"15mm"，设置"长度2"为"10mm"，确认后生成如图7-69（b）所示的曲面。

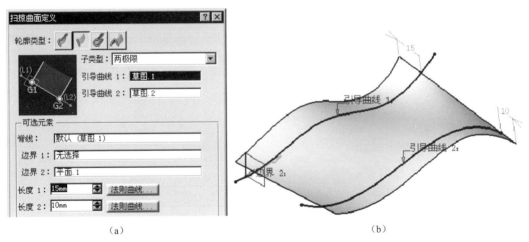

（a）   （b）

图7-69　生成直线类型的扫掠曲面

3. 圆或圆弧类轮廓扫掠

圆或圆弧类扫掠的轮廓曲线是一个圆或圆弧，它的子类型有"三条引导线""两个点和半径""中心和两个角度""圆心和半径""两条引导线和切面""一条引导线和切面"和"限制曲线和切面"。

下面，以子类"中心和半径"为例进行介绍。单击图标![icon]，"扫掠曲面定义"对话框如图7-70（a）所示，选择"中心曲线"，输入"半径"为"20mm"，默认中心曲线设为脊线，选择"平面.1"作为"边界 2"，确认后生成如图 7-70（b）所示的曲面。

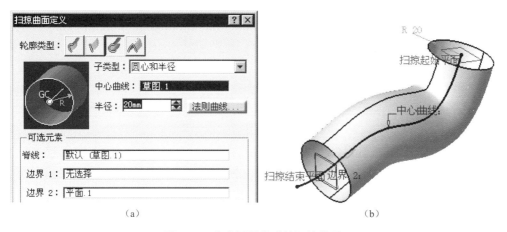

| (a) | (b) |

图 7-70　生成圆弧类型的扫掠曲面

4. 二次曲线类轮廓扫掠

二次曲线类扫掠的轮廓曲线是一条二次曲线，它的子类型有"两条引导曲线""三条引导曲线""四条引导曲线"和"五条引导曲线"。

下面，以子类"两条引导曲线"为例进行介绍。单击图标 ，"扫掠曲面定义"对话框如图 7-71（a）所示，在"子类型"下拉列表中选择"两条引导曲线"，指定相切面，脊线选用默认，确认后生成如图 7-71（b）所示的曲面。

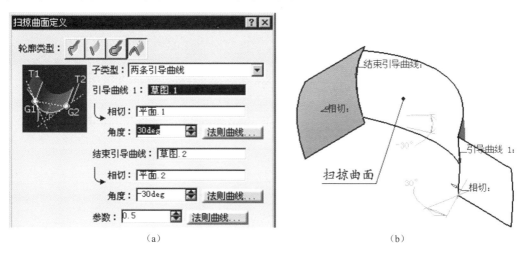

| (a) | (b) |

图 7-71　生成二次曲线类型的扫掠曲面

7.3.7　填充曲面

图标 的功能是以选择的曲线作为边界围成一个曲面。选择"插入"→"曲面"→"填充"菜单命令或单击图标 ，弹出如图 7-72 所示的"填充曲面定义"对话框，在边界列表框中输入曲线或已有曲面的边界，即可生成填充曲面。

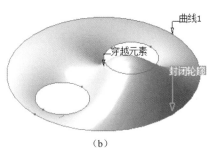

（a）   （b）

图 7-72　"填充曲面定义"对话框和实例

对话框中各项的含义如下。

（1）边界：包括"其他边界"和"内部边界"两个选项卡，在两个选项卡里分别输入曲线或已有曲面的边界，支持面可以添加边界曲线的支持面，"其他边界"选择外部边界曲线，例如图 7-72 中的"曲线.1"。"内部边界"选择内部曲线，例如两个小圆。

（2）之后添加：在选取的边界后增加边界。

（3）之前添加：在选取的边界前增加边界。

（4）替换：替换选取的边界。

（5）移除：去掉选取的边界。

（6）替换支持面：替换选取边界的支撑曲面。

（7）移除支持面：去掉选取边界的支撑曲面。

（8）连续：支撑曲面和围成的曲面之间的连续性控制，可以选择"曲率""切线"或"点"。

（9）穿越元素：包围曲面通过的控制点，例如图中的一个点。

（10）仅限平面边界：输入边界曲线是平面曲线，且是一条闭合曲线。

（11）偏差：输入偏差值，如果前后两条曲线间隙大于此值，则被认为有间隙，生成的曲面也有间隙，小于输入偏差值的间隙被忽略而填充。

（12）检测标准部分：默认的状态是被选中，自动检测生成包围曲面是否是柱面。

按照图 7-72（a）所示的输入，即可得到如图 7-72（b）所示的结果。

7.3.8　多截面曲面

多截面曲面也称作放样或蒙皮，是通过一组互不交叉的截面曲线和一条指定的或自动确定的脊线渐变扫掠得到的曲面。若指定一组引导线，则曲面还会受到引导线的控制。

选择"插入"→"曲面"→"多截面曲面"菜单命令或单击图标🐚，弹出如图 7-73（a）所示的"多截面曲面定义"对话框，选择一组截面曲线，确认后即可得到如图 7-73（b）所示的曲面。该对话框上部的列表框中按选择顺序记录了一组截面曲线。下面有"引导线""脊线""耦合""重新限定"和"标准元素"（要通过单击 ▶ 按钮显示）5 个选项卡，下部的"替换""移除""添加"3 个按钮分别是为选择点或曲线组作为输入或操作目标而设立的。

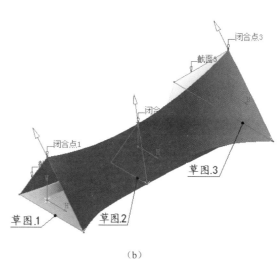

(a)　　　　　　　　　　　　　　　　　(b)

图 7-73　"多截面曲面定义"对话框和实例

（1）"引导线"选项卡。引导线的作用是产生形体的边线，可以选择多条引导线。例如选择如图 7-74（a）所示的两条引导线，结果如图 7-74（b）所示。

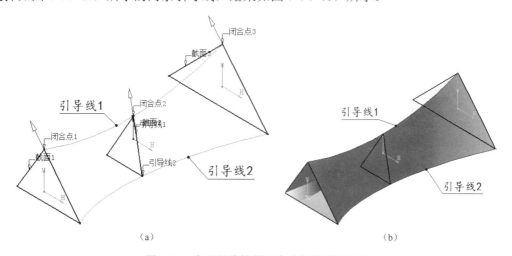

(a)　　　　　　　　　　　　　　　　　(b)

图 7-74　在引导线控制下生成的多截面曲面

（2）"脊线"选项卡。脊线的作用是控制实体的伸展方向，默认的脊线是自动计算的，如图 7-73（b）所示。如果选择如图 7-75（a）所示的脊线，结果如图 7-75（b）所示。

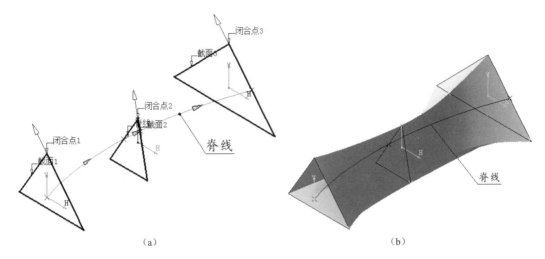

图 7-75　在脊线控制下生成的多截面曲面

（3）"耦合"选项卡。控制截面曲线的偶合，有以下 4 种情况。

① 比率：截面通过曲线坐标偶合，例如图 7-73（b）。

② 相切：截面通过曲线的切线不连续点偶合，如果各个截面的切线不连续点的数量不等，则截面不能偶合，必须通过手工修改不连续点使之相同，才能偶合。

③ 相切然后曲率：截面通过曲线的曲率不连续点偶合，如果各个截面的曲率不连续点的数量不等，则截面不能偶合，必须通过手工修改不连续点使之相同，才能偶合。

④ 顶点：截面通过曲线的顶点偶合，如果各个截面的顶点的数量不等，则截面不能偶合，必须通过手工修改顶点使之相同，才能偶合。

截面线上的箭头表示截面线的方向，必须一致；各个截面线上的"闭合点"所在位置必须一致，否则放样结果会产生扭曲。

（4）"重新限定"选项卡。控制放样的起始界限。若该选项卡的复选框为选中状态，则放样的起始界限为起始截面；若复选框为未选中状态，若指定脊线，则按照脊线的端点确定起始界限，否则按照选择的第一条导线的端点确定起始界限；若脊线和导线均未指定时，则按照起始截面线确定放样的起始界限。

（5）"标准元素"选项卡。选项卡中包括一个"标准元素检测"控制钮，激活后自动检测所输入的曲面是否是平面。

（6）"光顺参数"栏。若选中"角度修正"或"偏差"复选框，则可以自动光顺生成的曲面，使曲面连接的法线角度偏差小于角度修正值，曲面和控制线之间的偏差小于设定的偏差值。

除了"标准元素"选项卡外，生成多截面曲面与多截面体的操作完全相同，只不过前者得到的是曲面，后者得到的是形体，详见 4.2.9 节。

7.3.9　桥接曲面

桥接曲面是指把两个截面曲线或曲面在其边界处连接起来，并且可以控制连接端曲面的连续性。选择"插入"→"曲面"→"桥接曲面"菜单命令或单击图标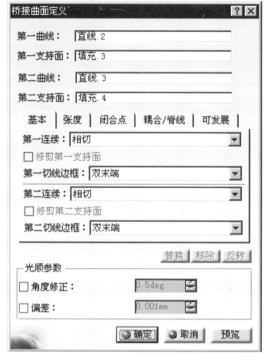，弹出如图 7-76 所示的"桥接曲面定义"对话框。

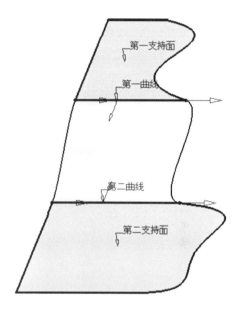

图 7-76　"桥接曲面定义"对话框

对话框中各项的含义如下。

（1）第一曲线：输入第一曲线。

（2）第一支持面：输入第一曲线的支撑面，它包含第一曲线。

（3）第二曲线：输入第二曲线。

（4）第二支持面：输入第二曲线的支撑面，它包含第二曲线。

（5）"基本"选项卡。

① 第一连续：选择第一曲线和支持面的连续性，可选"点""相切"和"曲率"连续。

② 修剪第一支持面：选中该复选框，用桥接曲面修剪支持面。

③ 第一切线边框：确定桥接曲面和支持面是否连续、在何处相切连续，可以选择"双末端""无""仅限开始端点"和"仅限结束端点"。

第二曲线选项的含义和第一曲线选项相同。

"张度""闭合点""耦合"选项卡参照多截面体的相应选项。

（6）光顺参数：若选择"角度修正"复选框，则对扫掠曲面进行光顺处理，由于脊线不连续性引起的小于设定角度值的曲面不连续性将被光顺，曲面质量得到提高，默认角度为"0.5 deg"。"偏差"复选框是指光顺扫掠曲面与导线之间的偏差，默认值为"0.001mm"。

（7）"可发展"选项卡：若选中"创建直纹可展曲面"复选框，则只能选择两个非闭合曲线，也不能选择支持面。选中后可以通过两个曲线产生直纹面。

在"曲面边界等参数线连接"栏，"开始"和"结束"选择框中可以选择"连接双末端"

"第一自由曲线原点"或"第二自由曲线原点",同时在端点处显示如图 7-77 所示的符号。
右击该符号,可以通过快捷菜单切换这些符号。

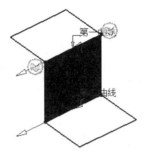

图 7-77　连线的端点显示的连接符号

这些符号的含义如下。

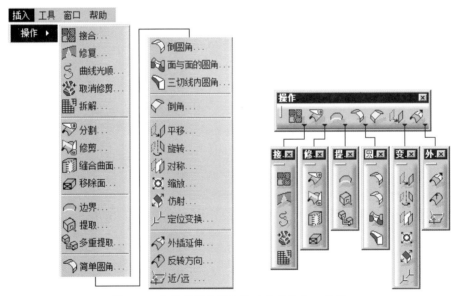：两个端点被连接。

：第一曲线的原点或终点被释放。

：第二曲线的原点或终点被释放。

7.4　曲面编辑和修改

有关曲面编辑和修改的菜单和工具栏如图 7-78 所示。

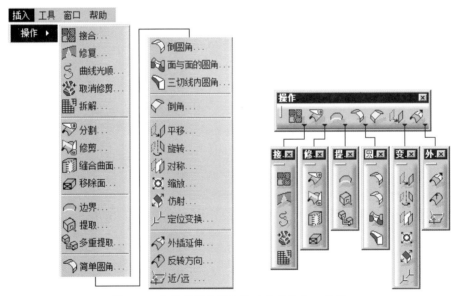

图 7-78　有关曲面编辑和修改的菜单和工具栏

7.4.1　接合

图标 的功能是将两个以上曲面或曲线合并成一个曲面或曲线。选择"插入"→"操作"→"接合"菜单命令或单击图标 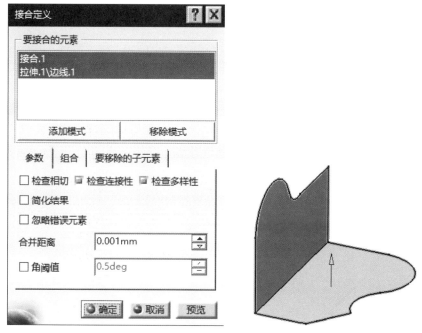，弹出如图 7-79 所示的"接合定义"对话框，向"要接合的元素"的列表框输入需要合并的曲线或曲面，确定后可合并成一个曲线或曲面。

图 7-79　接合曲面

对话框中各项的含义如下。

（1）要接合的元素：输入要合并的元素。单击"添加模式"，在模型中选择元素，添加到此列表中，单击"移除模式"按钮，从列表框中删除选中的元素。

（2）"参数"选项卡：设置参数。

① 检查相切：检查输入元素是否相切，若选中该复选框，单击"预览"按钮，将显示不相切的元素，并弹出错误信息窗口。

② 检查连接性：若选中该复选框，如果合并元素不是连接的，单击"预览"按钮，检查后产生错误警告。

③ 检查多样性：若选中该复选框，如果合并曲线不是多连通的，当选中后，单击"预览"按钮，检查后产生错误警告。

④ 简化结果：若选中该复选框，可以自动简化合并结果，如有可能，可以减少合并结果的面和棱。

⑤ 忽略错误元素：若选中该复选框，可以自动忽略不能合并的曲面或曲线。

⑥ 合并距离：输入距离阈值，小于阈值的两个元素被认为是一个元素，默认值是"0.001mm"。

⑦ 角阈值：小于该值被合并，大于该值不合并。只在合并棱线时有用，以防止交叉的元素被合并。

（3）"组合"选项卡：允许选择一些合并的输入元素组合成一个联合体。

（4）"要移除的子元素"选项卡：显示和编辑生成合并结果的输入元素的一些子元素，

当接合体生成后它们将被移除，其中的"创建与子元素的结合"按钮可以使所有移除的子元素产生一个接合体。

7.4.2 修复

图标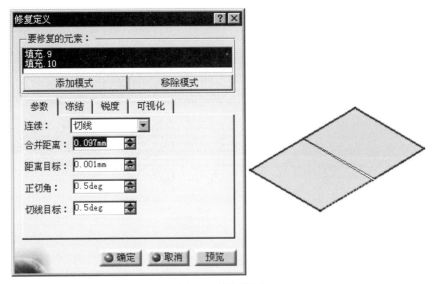的功能是修复曲面间的间隙，在曲面连接检查后或曲面合并后存在微小缝隙的情况下使用。选择"插入"→"操作"→"修复"菜单命令或单击图标，弹出如图7-80所示的"修复定义"对话框。

图 7-80　修复曲面

对话框中各项的含义如下。

（1）要修复的元素：输入要修复的元素，一般选择生成的结合、曲面。

（2）"参数"选项卡：设置参数。

① 连续：选择连续性的类型，可以选择"点"或"切线"连续。

② 合并距离：输入距离阈值，如果曲面之间的间隙小于阈值，曲面将被修复，使其间隙达到小于修复目标值。默认值是"0.001mm"。

③ 距离目标：输入距离目标值，即修复结果的最大间隙值。默认值是"0.001mm"，可以达到"0.1mm"。

④ 正切角：输入角度阈值，类似于合并距离，小于阈值的不连续切线的曲面将被修复。

⑤ 切线目标：输入角度目标值，即修复结果的最大切线夹角值。类似于距离目标，是连续性修复的目标值。默认值是"0.5 deg"，可以为"0.1 deg"～"2 deg"。

（3）"冻结"选项卡：选择一些子元素，在修复操作中不受被影响。

（4）"锐度"选项卡：选择一些棱线，在修复操作中保持其尖角不小于设定值，默认值为"0.5 deg"。

（5）"可视化"选项卡：选择修复结果的方式。可以选择"全部""尚未更改"或"无"按钮，分别表示全部显示结果提示信息、只显示没更改的信息或不显示。信息的显示方式用"交互显示""顺序显示"两个复选框更改。

7.4.3 平滑曲线

图标 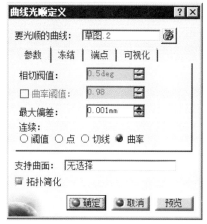 的功能是光顺曲线，去掉曲线上的间隙，减小曲线的切线和曲率不连续性，从而提高曲线的质量。选择"插入"→"操作"→"曲线光顺"菜单命令或单击图标 S，弹出图 7-81 所示的"曲线光顺定义"对话框。

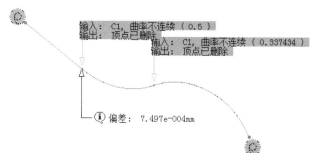

图 7-81　"曲线光顺定义"对话框

对话框中各项的含义如下。

（1）要光顺的曲线：选择要平滑的曲线。

（2）"参数"选项卡：设置参数。

① 正切阈值：输入切线角度变化的阈值，小于阈值进行光顺，大于阈值改善光顺性。

② 曲率阈值：输入曲率变化阈值，小于此值进行光顺，大于阈值改善光顺性。

③ 最大偏差：输入光顺前后曲线偏离最大允许值。

（3）"冻结"选项卡：与修复曲面的"冻结"选项卡完全相同。

（4）"端点"选项卡：可以设置曲线开始、结束端点的连续性，包括曲率、相切、点连续 3 种。

（5）"可视化"选项卡：设置显示状态。

① 显示解法：可以选择"全部""尚未校正"或"无"，显示结果的内容。

② 交互显示：若选中该复选框，则交互显示光标处的光顺结果。

③ 顺序显示：若选中该复选框，则用前后键顺序只显示一个结果。

（6）支持曲面：输入指定的支撑曲面，光顺后的曲线保证在此曲面上。

（7）拓扑简化：选中后控制键可以删除曲率连续的中间端点，从而简化光顺结果。

7.4.4 拆解

图标 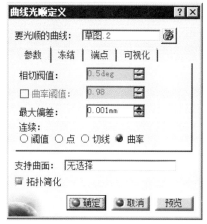 的功能是分解线框或曲面。此功能是结合的逆操作，把结合的结果拆解成结合

前的元素。可以选择拆成"所有单元"和"仅限域"两个方式，如图 7-82 所示。

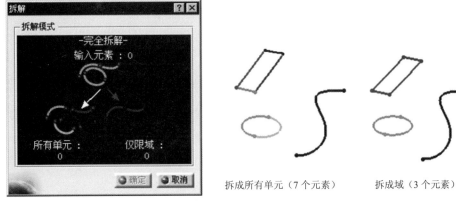

拆成所有单元（7 个元素）　　拆成域（3 个元素）

图 7-82　拆解曲面

7.4.5　分割

图标 的功能是分割曲线或曲面。可分为两种：

① 曲线被点、曲线或曲面分割；

② 曲面被曲线或曲面分割。

"分割定义"对话框如图 7-83 所示，输入的选项如下。

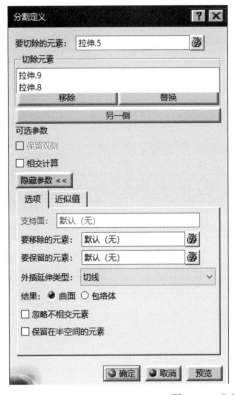

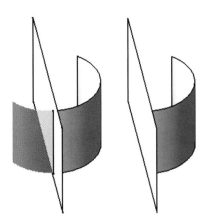

图 7-83　分割曲面

（1）要切除的元素：输入被分割对象。

（2）切除元素：选择分割的元素，可以是多个元素。

（3）移除、替换：去掉或替换分割元素。

（4）另一侧：单击此按钮，切换保留部分。

（5）可选参数：用于选择参数。

① 保留双侧：选中此复选框，可以把分割的两部分均保留。

② 相交计算：选中此复选框，可以计算出分割和被分割元素的公共部分。

（6）"选项"选项卡：用于选项设置。

① 支持面：当分割的对象是线框时，如果不提供支持面，可能得到异常的结果。如图 7-84（a）所示为切除前的状态。如果提供切除元素（圆的支持面），则得到如图 7-84（b）所示的正确结果，否则如图 7-84（c）所示。

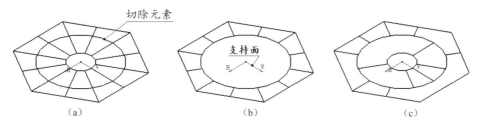

图 7-84   支持面对分割结果的影响

② 要移除的元素：在切割后形成多个元素时，在该文本框指定一些元素，结果如图 7-85 所示。

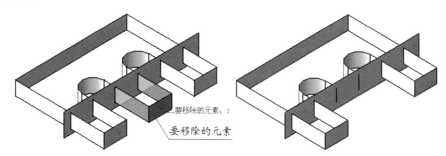

图 7-85   移除一个元素后的分割结果

③ 要保留的元素：在切割后形成多个元素时，在该域指定一些元素，结果如图 7-86 所示。

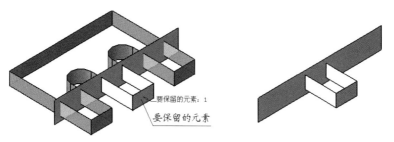

图 7-86   保留一个元素后的分割结果

④ 外插延伸类型：该复选框包括"无""切线"两种类型，前者没有外延，"切线"类型是当切割元素没有贯穿整个被切曲面时，将在两端沿切线外延伸进行切割，如图 7-87 所示。

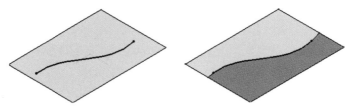

图 7-87　曲线延伸至曲面边界

⑤ 忽略不相交元素：若选中该复选框，则禁用"相交计算"（变暗），忽略（不进行）切除元素与不相交的被切除元素的切除活动。例如，图 7-88（a）所示的切除平面与面 1 相交、与面 2 不相交。选择"面.1"和"面.2"为被切除的元素，选择平面为切除元素，确认之前的图形状态如图 7-88（b）所示。若选中该复选框，单击"确定"按钮，结果如图 7-88（c）所示，即忽略平面切除"面.2"。若未选中该复选框，则出现如图 7-89 所示的"更新错误"对话框，等待用户干预。选中对话框内的诊断结果，单击"已取消"或"删除"按钮，返回图 7-83 所示的"分割定义"对话框，单击"确定"按钮，结果如图 7-88（c）所示。

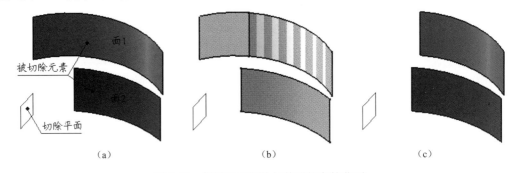

（a）　　　　　　　　　　（b）　　　　　　　　　　（c）

图 7-88　忽略平面切除与其不相交的曲面

图 7-89　"更新错误"对话框

⑥ 保留在半空间的元素：若选中该复选框，则"忽略不相交元素"自动激活，在切割元素是平面的情况下，只保留切割平面一侧的部分，如图 7-90 所示。

CATIA 实用教程（第 3 版）

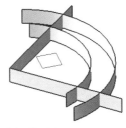

图 7-90　保留在半空间的元素

（7）"近似值"选项卡：通过对选项卡中几个参数的设置，控制分割曲面结果的质量。默认选项是"无"，是无近似的意思；如果是四边形形状曲面，可以得到近似结果，有两个选项"偏差"和"参数"。"偏差"选项需要在下面的"偏差"输入框中输入一个偏差值，近似计算结果与实际分割结果的误差不超过这个值；"参数"选项，需要输入近似曲面的最大阶次 U、V 和最大段数 U、V 值，近似曲面的阶次和段数将不超过这些设定值。这种近似只适用于四边形形状曲面。

7.4.6　剪切

图标的功能是在两个元素之间进行剪切。有"标准"和"段"两种剪切方式，前者适用于曲面、曲线，而且修剪的顺序是按照选择的顺序固定的；后者只适用曲线之间的互相修剪。

1. 标准方式

选择"插入"→"操作"→"修剪"菜单命令或单击图标，弹出如图 7-91 所示的"修剪定义"对话框，选择两个曲面后，通过其他选项确定移除或保留的部分（参照前面介绍

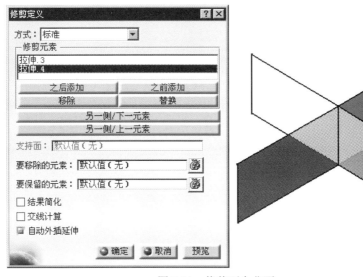

图 7-91　修剪两个曲面

的对话框），单击"确定"按钮即可。

2. 段方式

"段"方式下选取曲线的位置也是默认的该曲线的保留部分。如图 7-92（a）所示，若选取的位置是点 1～3，则所得结果如图 7-92（b）所示；若选取的位置是点 4～9，则所得结果如图 7-92（c）所示；若选取的位置是点 a～c，则所得结果如图 7-92（d）所示。

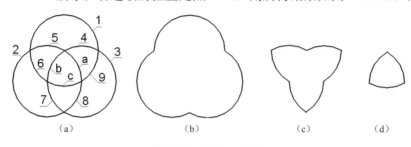

图 7-92　修剪 3 个圆

7.4.7　取消修剪

图标![icon]的功能是分割和剪切的逆操作，即恢复到分割和剪切操作前的状态。选择"插入"→"操作"→"取消修剪"菜单命令或单击图标![icon]，弹出如图 7-93 所示的"取消修剪"对话框。选择被分割或剪切的对象，单击"确定"按钮即可。

图 7-93　"取消修剪"对话框

若单击"动作"栏的图标![icon]，使之处于打开，则自动产生选择元素的边界曲线。若在特征树上选择被分割对象，则生成全部曲线，若用光标选取被分割对象，则只生成光标指定的曲线，如图 7-94 所示。

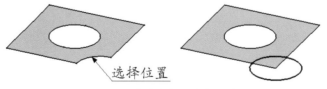

图 7-94　生成光标指定的曲线

　　　　　　　　　　　CATIA 实用教程（第 3 版）

7.4.8　提取曲面边界

图标的功能是提取曲面的边界。选择"插入"→"操作"→"边界"菜单命令或单击图标🙂，弹出如图 7-95 所示的"边界定义"对话框。

图 7-95　"边界定义"对话框

对话框中各项的含义如下。

（1）拓展类型：控制边界延伸的类型，有"完整边界""点连续""切线连续"和"无拓展"4 种选择。

（2）曲面边线：选择曲面的边界线。单击曲面边界上的一个点。例如图 7-96 所示的初始点。

（3）限制 1：选择边界上的一点作为提取结果的界限，可以不选。

（4）限制 2：选择边界上的另一点作为结果边界的界限，可以不选。

图 7-96 所示为同一曲面，相同的曲面边线点（初始点），拓展类型依次为"完整""点连续""切线连续"和"无拓展"时提取的曲面边界。

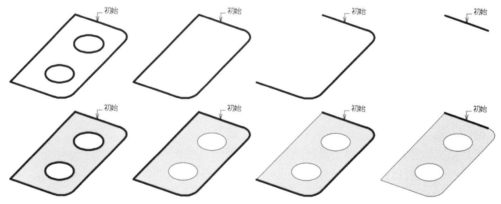

图 7-96　提取边界曲线连续性的 4 种选择

7.4.9　提取元素

图标🔶的功能是从多个元素中提取出一个或几个元素。可以提取点、线、面等类型元素。

选择"插入"→"操作"→"提取"菜单命令或单击图标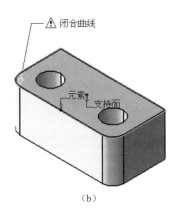，弹出如图 7-97（a）所示的"提取定义"对话框。如图 7-97（b）所示为从形体中提取顶面的曲线棱边并选择点连续的实例。

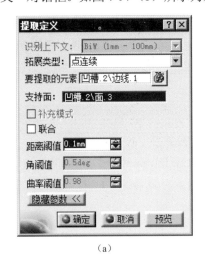

（a）

（b）

图 7-97　从形体提取棱边

（1）拓展类型：用于选择延续的方式。可以选择"点连续""切线连续""曲率连续"和"无拓展"4 种。

（2）补充模式：用于切换提取的曲面（或曲线）和未被提取的曲面或曲线。

（3）联合：可以把提取的元素合并成一个几何图形集，形成一个整体特征。

（4）距离阈值、角阈值、曲率阈值：只对曲线提取起作用。当选择"点连续"时，只有"距离阈值"被激活；选择"切线连续"时，"距离阈值"和"角度阈值"被激活；当选择"曲率连续"时，这 3 个阈值都被激活。距离阈值设定为 0.001～0.1mm，小于阈值的元素将被提取，默认值是"0.1mm"；"角阈值"设定为"0.5 deg"～"5 deg"，小于阈值的元素将被提取，默认值是"0.5 deg"；"曲率阈值"设定为 0～1，当 $\|Rho1\text{-}Rho2\| / \max(\|Rho2\|, \|Rho1\|) < (1\text{-}r)/r$ 时，曲率不连续将被光顺。其中 Rho1、Rho2 是连接点两侧的曲率向量，r 是设定值。

7.4.10　简单圆角（倒两曲面的圆角）

图标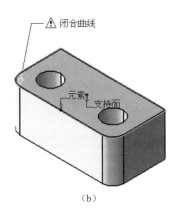的功能是倒两曲面的圆角。选择"插入"→"操作"→"简单圆角"菜单命令或单击图标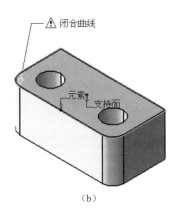，弹出如图 7-98 所示的"圆角定义"对话框。

对话框中各项的含义如下。

（1）圆角类型：可以选择"双切线内圆角"或"三切线内圆角"两种类型。

（2）支持"面.1"和支持"面.2"：第一个和第二个曲面或平面。

（3）修剪支持"面.1"和修剪支持"面.2"：控制是否剪切第一曲面或第二曲面。

（4）半径和弦：若选中"半径"单选按钮，则需要输入半径；若选中"弦"按钮，则需要输入长度。同一数值的弦和半径的圆角如图 7-99 所示。

（5）二次曲线参数：控制圆角曲面素线的类型参数。若参数<0.5，则生成椭圆；若参数=0.5，则生成抛物线；若参数>0.5，则生成双曲线。

　　　　　　　　　CATIA 实用教程（第 3 版）

图 7-98　"圆角定义"对话框

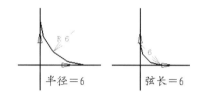

图 7-99　同一数值的弦和半径的圆角

（6）端点：确定圆角面的过渡类型。可以选择"光顺""直线""最大值"和"最小值"4 种类型，实例如图 7-100 所示。

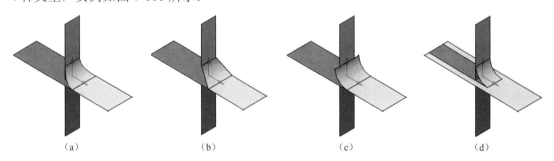

（a）　　　　　　（b）　　　　　　（c）　　　　　　（d）

图 7-100　圆角过渡的 4 种类型

（7）保持曲线：保留倒圆角的棱边，使之不被圆角操作去掉。

（8）脊线：脊线的定义与扫掠曲面中的定义是一致的，"半径"输入框旁边的"规则曲线"可以用来定义圆角半径沿脊线方向的变化函数，"法则曲线边界 1""法则曲线边界 2"输入框可以改变此变化区域的开始和结束点。如图 7-101 所示为用脊线控制的变化半径的圆角过渡曲面。

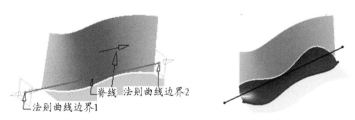

图 7-101　用脊线控制的变化半径的圆角

（9）要保留的面：如果出现多曲面带（Multi-Ribbons），该框输入要保留的部分曲面，如图 7-102 所示。

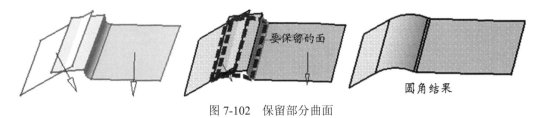

图 7-102　保留部分曲面

在"圆角类型"选择框选择"三切线内圆角"，这个类型是三个曲面用圆球曲面过渡的圆角，如图 7-103 所示，"圆角定义"对话框中的其他输入参数和"双参数圆角"对话框中是一致的。

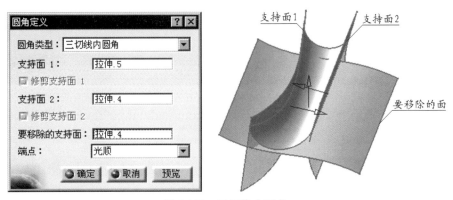

图 7-103　三切线内圆角

7.4.11　倒圆角（倒棱边的圆角）

图标 的功能是倒棱边的圆角。选择"插入"→"操作"→"倒圆角"菜单命令或单击图标 ，再选择曲面或曲面上的棱边，弹出如图 7-104 所示的"倒圆角定义"对话框。

对话框中各项的含义如下（参见第 4 章形体棱边倒圆角定义）。

（1）支持面：自动输入了预选棱边的曲面。

（2）端点：确定圆角面的过渡类型。可以选择"光顺""直线""最大值"和"最小值"4 种类型，如图 7-100 所示。

（3）半径：当右边第二个图标 被激活时，输入圆角半径；当右边第一个图标 被激活时，输入圆角弦长。图标 只在变半径倒圆角时被激活。详见（6）小节变半径倒圆角。

（4）要圆角化的对象：选择被倒成圆弧面的棱边。

（5）传播：选择棱边的延续特性。可以选择"相切""最小"，若选择了"最小"，则只对被选棱边及向两侧延伸的一小部分倒圆角；若选择了"相切"，则与被选棱边的邻接边相切的棱边也将被倒圆角，直到遇到不相切棱边为止。

（6）变化：以上都是在常量图标 被激活时进行固定半径倒圆角。单击对话框中的"变量"图标 ，可以进行变半径倒圆角。变半径倒圆角的说明如下。

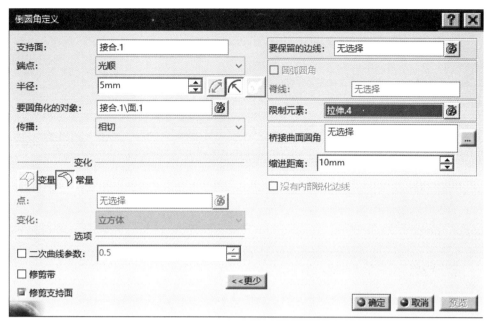

图 7-104　"倒圆角定义"对话框

① 点：指定改变圆角半径的位置。首先单击该编辑框，然后单击被选的棱边，在该点处显示了默认的半径值。双击该半径值，弹出如图 7-105 所示的"参数定义"对话框。通过该对话框输入新的半径值。如单击图标 ，则弹出如图 7-106 所示的"圆角值"对话框，查看当前各点的半径值。

图 7-105　"参数定义"对话框

图 7-106　"圆角值"对话框

② 变化：控制半径变化的规律，有"线性"和"立方体"两种选择。若选择"线性"，则圆角半径呈线性变化；若选择"立方体"，则圆角半径呈立方曲线变化。

（7）要保留的边线：当圆角的半径超出形体的尺寸时，会产生过切现象，系统会提出修改参数的警告。

（8）圆弧圆角：当选择变半径倒圆角时，该复选框可以被激活。若选中，则"脊线"文本框被激活。选择一条脊线（通常是一个草图）用来控制圆弧曲面的母线方位，此时的圆弧母线所在平面必须垂直于脊线的相应点的切线方向。

（9）限制元素：选择倒角的界限。

（10）桥接曲面圆角：在 3 条以上的棱边相交处会产生一个顶角，如图 7-107（a）所示。若对此顶角不满意，则单击该编辑框右侧的按钮，修改如图 7-107（b）所示尺寸的"缩进距离"值，得到较好的结果，如图 7-107（c）所示。

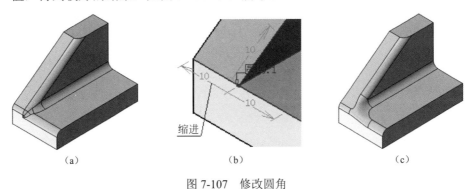

（a）　　　　　　　　　　　（b）　　　　　　　　　　　（c）

图 7-107　修改圆角

（11）二次曲线参数：控制圆角曲面素线的类型参数（如果选中了该复选框，那么"要保留的边线"就被禁用，反之亦然）。

① 当参数值小于 0.5 时，生成椭圆。

② 当参数值等于 0.5 时，生成抛物线。

③ 当参数值大于 0.5 时，生成双曲线。

（12）修剪带：选中该复选框后，当两个棱边的圆角出现交叠时，系统将不会警告无法执行，而是直接进行修剪处理。

（13）修剪支持面：该复选框用于控制是否剪切基础曲面。

例如，选择如图 7-108（a）所示的棱边，结果如图 7-108（b）所示。

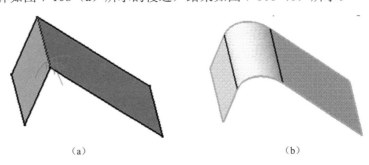

（a）　　　　　　　　　　　　　　（b）

图 7-108　倒棱边的圆角

7.4.12　面与面的圆角

选择"插入"→"操作"→"面与面的圆角"菜单命令或单击图标，弹出如图 7-109（a）所示的"定义面与面的圆角"对话框，选择一个曲面上的局部部分，例如两个凸台，输入适当半径值，就产生如图 7-109（b）所示的桥接面。"支持面"的输入是选择"要圆角化的面"后自动加上的，对话框的其他选项参考 4.3.2 小节。

输入的是合并成一个曲面中的两个凸台

产生的桥接面

(a)	(b)

图 7-109　生成面与面的圆角

7.4.13　三切线内圆角

选择"插入"→"操作"→"三切线内圆角"菜单命令或单击图标 ，弹出如图 7-110（a）所示的"定义三切线内圆角"对话框，选择如图 7-110（b）所示的一个曲面上的两个部分作为"要圆角化的面"，再选择一个"要移除的面"，CATIA 将自动计算出圆角半径值，产生如图 7-110（c）所示的三切线内圆角面。对话框的其他选项参考 4.3.3 小节。

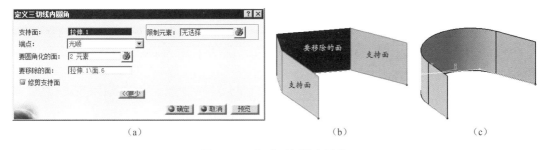

要移除的面　支持面

支持面

(a)	(b)	(c)

图 7-110　生成三切线内圆角

7.4.14　倒角

选择"插入"→"操作"→"倒角"菜单命令或单击图标 ，弹出如图 7-111 所示的"定义倒角"对话框。

注意：倒角的操作对象是一个完整的曲面，而不是多个曲面互相倒角。

对话框中各项的含义如下。

（1）支持面：若选择了支持面，则认为该面的所有边都是要倒角的对象。通常不选此项。若只倒该面的某些边，则逐个单选，由 CATIA 自动填写。

（2）端点：确定倒角面的过渡类型。有"光顺""直线""最大值"和"最小值"4 种选择，确定倒角的 4 种过渡类型。图 7-112 所示为倒角之前以及光顺过渡、直线过渡、最大值过渡和最小值过渡的结果。

（3）模式：有"长度 1/角度""长度 1/长度 2""弦长度/角度"和"高度/角度"4 种方式。若选择了某种模式，其下方就会出现要求输入该种模式的两个参数的编辑框。例如选择了"长度 1/角度"模式，其下方就是"长度 1"和"角度"的编辑框。

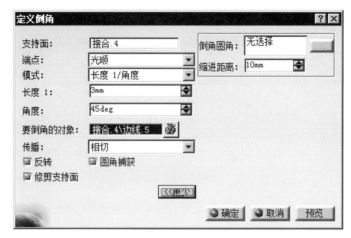

图 7-111　"定义倒角"对话框

图 7-112　倒角之前以及倒角过渡的 4 种类型

（4）要倒角的对象：通常直接选择棱边，若选择了面，则认为该面的所有边都是要倒角的对象。通常不选此项，CATIA 则根据指定的第一条棱边确定并填写支持面。

例如选择图 7-113（a）所示的棱边，在"长度 1/角度"模式下，设置"长度 1"为"3mm"，默认"角度"为"45 deg"，单击"确定"按钮，即可得到图 7-113（b）所示的结果。

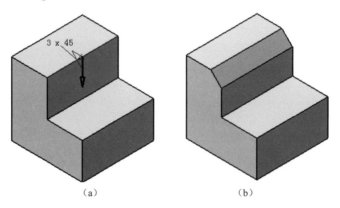

（a）　　　　　　　　　　　　　（b）

图 7-113　倒角

（5）传播：有"相切"和"最小"两个选择。若选择了"相切"，倒角将沿着两端相切连续棱边继续下去，直到不相切棱边为止，如图 7-114（a）、（b）所示；若选择了"最小"，倒角至直线两端为止，如图 7-114（c）所示。

CATIA 实用教程（第 3 版）

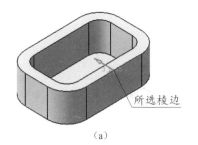
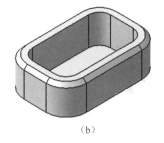
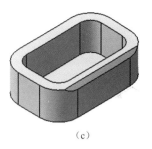

图 7-114 选择传播的两种倒角结果

（6）反转：若选中该复选框，则长度 1 和长度 2 互换。

（7）圆角捕获：若选中该复选框，结果如图 7-115（a）、（b）所示，否则如图 7-115（c）所示。

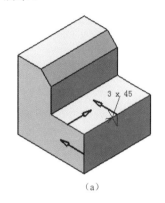
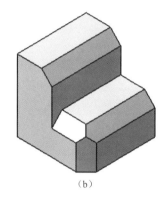
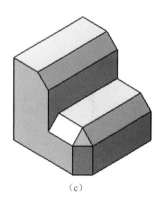

图 7-115 "圆角捕获"复选框的作用

（8）倒角圆角、缩进距离：右击"倒角圆角"的文本框，弹出如图 7-116（a）所示的快捷菜单，选择"按边线或顶点创建"命令，选中角点，在"缩进距离"编辑框输入缩进值，其效果如图 7-116（b）所示，否则如图 7-116（c）所示。

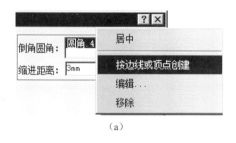
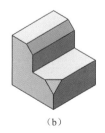
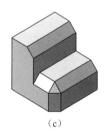

图 7-116 "倒角圆角和缩进距离"栏的作用

7.4.15 平移、旋转、对称、缩放、变形和阵列

平移、旋转、对称、缩放、仿射和阵列的操作与三维形体的操作基本相同，详见第 4 章。

例如，单击图标，弹出如图 7-117 所示的"缩放定义"对话框。

图 7-117　缩放曲面

注意：用平面和点作为参考结果是不同的。

仿射，也称作变形，该操作可以定义不同的参考原点和参考轴，"X""Y""Z"方向可以是不同的放大系数，如图 7-118 所示。

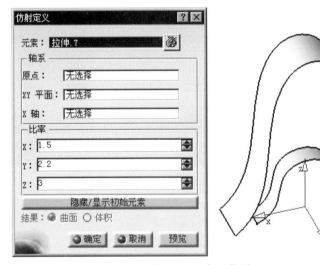

图 7-118　变形曲面

7.4.16　反向

图标 的功能是反向。有些命令允许通过反向操作改变生成的结果，例如调用"等距"命令生成等距面时，改变等距方向可以在原曲面的另一侧生成等距面。

7.5　曲线、曲面分析功能简介

有关曲线、曲面分析功能的菜单和工具栏如图 7-119 所示。

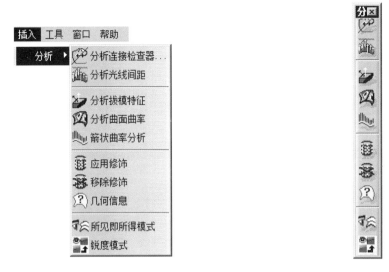

图 7-119　有关曲线、曲面分析的菜单和工具栏

7.5.1　连接分析

图标 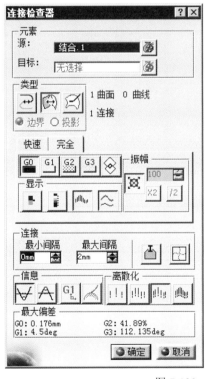 的功能是对两个相邻的曲线或曲面进行连接特性的分析，单击图标 ，弹出如图 7-120（a）所示的"连接检查器"对话框。

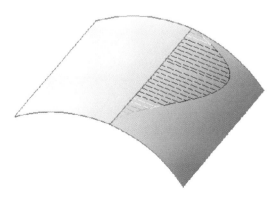

图 7-120　两个曲面的连接性分析

"类型"栏有 3 个图标：⟳ 的作用是曲线之间的连接特性分析；⟲ 的作用是对两个相邻的曲面进行连接特性的分析；⟰ 的作用是曲线和曲面连接分析。具体分析功能如下。

（1）距离分析。

（2）切线连续分析，以角度差（deg）表示。

（3）曲率连续分析，以比率（%）表示。

分析的结果用颜色图谱形式显示，例如在"快速"选项卡提供了快速分析的功能，通过给定距离、角度或曲率的阈值，分析结果只显示大于阈值的位置。在"完全"选项卡中可以用不同的颜色表示不同的距离，也可以用梳状线显示，图标 G0～G3 分别表示从 0 次点连续到 3 次曲率值，图标 ◇ 的功能是进行交叠缺陷分析。

若切线分析结果和曲率分析结果均大于阈值，则只显示切线结果。如图 7-120 所示为两曲面连接性分析，用梳状线显示分析结果。

例如，按照如图 7-120（a）所示对话框中的选择，结果如图 7-120（b）所示。如图 7-121 是两曲线的连接检查分析。

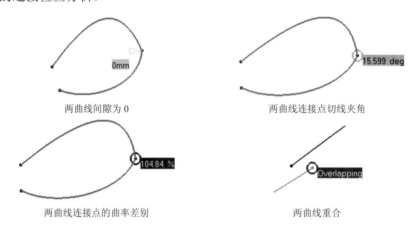

图 7-121　曲线连接检查分析

7.5.2　拔模角度分析

图标 ⟳ 的功能是拔模角度分析。拔模角度分析用于模具设计，以确定曲面的拔模特性。在 NC 加工中，找出是否有负拔模角，可以确定是否用 5 轴加工。在铸造毛坯设计中也经常用到拔模分析。

用指南针指定拔模方向，选择分析曲面，单击图标 ⟳，即可进入拔模分析。其中的"根据运行中的点"功能可以使用鼠标放在曲面上，显示出拔模方向、法线方向及其角度值，如图 7-122 所示。

注意：显示模式要选择"含材料着色" ▦ 方式，才能显示出材料的效果图。

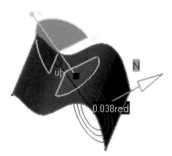

图 7-122　曲面拔模角度分析

7.5.3 曲线曲率分析

图标▨的功能是曲线曲率分析。此功能可以分析曲线或者曲面边界的曲率和曲率半径分布。分析结果可以用梳状线显示出来，如图 7-123 所示。

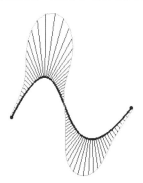

图 7-123　曲线曲率分析

7.5.4 曲面曲率分析

图标▨的功能是曲面曲率分析，主要用于高质量的曲面设计。利用此功能可以找到曲率突变点，如图 7-124 所示。

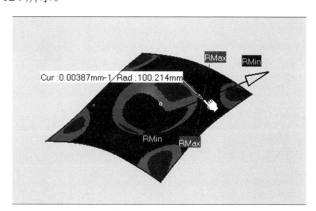

图 7-124　曲面曲率分析（颜色代表曲率大小）

7.6　曲线、曲面设计工具和混合设计

7.6.1 选择几何图形集

在特征树上，除了基本的"xy 平面""yz 平面""xz 平面"外，其余的数据存放在形体

（Body）和开放形体（OpenBody）中。用来构造形体的平面、曲面、曲线等都属于开放的形体。如果一个作业中包含多个开放形体，可以通过"工具"工具栏实现它们之间的切换。"工具"工具栏如图 7-125 所示。

图 7-125　通过"工具"工具栏选择几何图形集

7.6.2　填加材质

材料特征也可以应用于曲面。单击应用材料图标![icon]，弹出如图 2-37 所示的"库"对话框，选择要加材料的特征，单击"确定"或"应用"按钮，即可将材质附着到表面。

注意：显示模式要选择"含材料着色"![icon]方式，才能显示出材质效果。

7.6.3　曲面和形体的混合设计

通常，一个模型中同时包含形体和曲面两部分内容，这时涉及曲面和形体的混合设计。它包括以下两方面。

1．从曲面到形体设计

在形体设计模块中，"分割"![icon]、"厚曲面"![icon]、"缝合曲面"![icon]、"封闭曲面"![icon]提供了由曲面生成形体的操作，详细内容可以参考第 4 章。

2．从形体到曲面

从形体到曲面的操作必须在曲面设计模块完成，而不能在零件设计模块完成。一般地，形体边界被曲面模块认为是普通曲线，形体表面被曲面模块认为是普通曲面。因此可以利用形体边界和表面作为生成曲线曲面的输入元素。例如，下面的功能完全可以选择形体表面和棱边作为输入元素。

偏移![icon]：选择形体表面生成等距面。

填充![icon]：选择形体边界曲面。

结合![icon]：选择形体边界合并成一条曲线,或形体表面合并成一个曲面。

桥接![icon]：选择形体表面作为混合的基础面。

提取![icon]：选择形体表面或棱边提取。

也可以利用提取![icon]命令，把形体的表面和棱边提取出来，变成曲线和曲面元素，在对其进行修改编辑操作，可以当作一般的曲线曲面特征来使用。

7.7 曲面设计实例

【例 7-1】 设计图 7-126 所示的电话手柄。

图 7-126 电话手柄曲面模型

（1）选择"文件"→"新建"菜单命令，选择 Part 类型，建立新文件。选择"开始"→"形状"→"创成式外形设计"菜单命令，进入曲面设计模块。

（2）单击图标 ，选择"yz 平面"，进入草图设计模块，绘制如图 7-127 所示的"草图 1."。

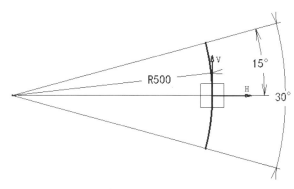

图 7-127 在"yz 平面"绘制"草图.1"

注意：原点是圆弧的中点。

（3）选择"插入"→"曲面"→"拉伸"菜单命令或单击图标 ，弹出"拉伸曲面定义"对话框。双向拉伸"草图.1"，"限制 1"和"限制 2"都为"45mm"，得到如图 7-128 所示的名称为"拉伸.1"的拉伸面。为了便于表述，省略名称内的"."，以下同。

（4）单击图标 ，选择"zx 平面"，进入草图设计模块，绘制如图 7-129 所示的"草图.2"。

（5）选择"插入"→"线框"→"投影"菜单命令或单击图标 ，参照图 7-130（a）所示的对话框，选择图 7-130（b）所示的"草图.2"为"投影的"，"拉伸.1"为支持面，结果得到如图 7-130（c）所示的名称为"项目.1"的投影。

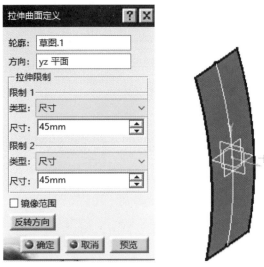

图 7-128 生成"拉伸面.1"

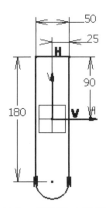

图 7-129 在"zx 平面"上绘制"草图.2"

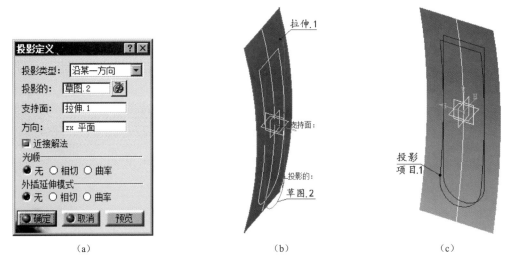

(a)   (b)   (c)

图 7-130 将"草图.2"投影到"拉伸.1"上

（6）右击特征树的结点"草图.1"，在弹出的快捷菜单中选择"隐藏/显示"命令，将其隐藏，用同样的操作隐藏"草图.2"。选择"插入"→"操作"→"分割"菜单命令或单击图标，用"项目.1"（步骤（5）得到的投影）裁剪"拉伸.1"，得到"分割.1"，如图7-131所示。

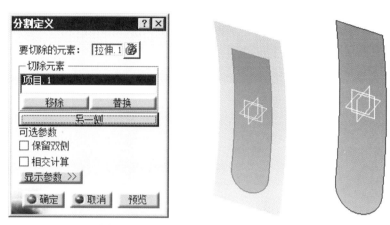

图 7-131　用"项目.1"裁剪"拉伸.1"

（7）选择"插入"→"曲面"→"拉伸"菜单命令或单击图标，弹出"拉伸曲面定义"对话框。选择"项目.1"，方向为y轴，拉伸"尺寸"为"8mm"，得到如图7-132所示"拉伸.2"。

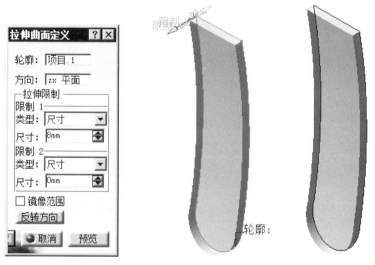

图 7-132　得到"拉伸.2"

（8）选择"插入"→"操作"→"接合"菜单命令或单击图标，选择"分割.1"（步骤（6）得到的曲面）和"拉伸.2"，将二者合并，得到如图7-133所示的"接合.1"。

（9）隐藏"项目.1"。选择"插入"→"操作"→"倒圆角"菜单命令或单击图标，弹出"接合定义"对话框。选择顶部的两个尖角，在对话框中输入圆角"半径"为"20mm"，得到如图7-134所示的"倒圆角.1"。

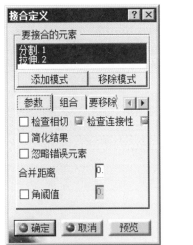

图 7-133　合并"分割.1"和"拉伸.2"得到"接合.1"

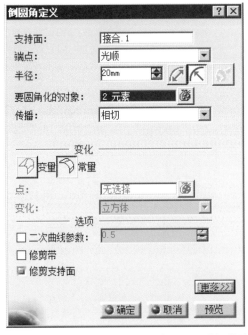
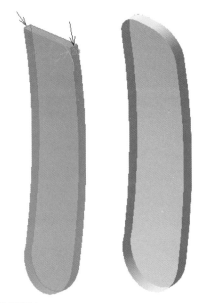

图 7-134　倒两短棱边的圆角

　　(10) 选择"插入"→"操作"→"倒圆角"菜单命令或单击图标 🖰，弹出"倒圆角定义"对话框。选择底面的棱边，在对话框中输入圆角"半径"为"3mm"，得到如图 7-135 所示的"倒圆角.2"。

　　(11) 隐藏曲线元素，选择"插入"→"操作"→"边界"菜单命令或单击图标 🖰，弹出"边界定义"对话框。选择曲面的边界，得到如图 7-136 所示的"边界.1"。

　　(12) 选择"插入"→"曲面"→"填充"菜单命令或单击图标 🖰，弹出"填充曲面定义"对话框。选择"边界.1"，得到如图 7-137 所示的名称为"边界.1"的曲面。

———————— CATIA 实用教程（第 3 版）

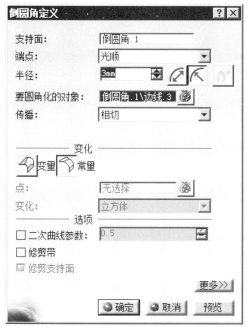
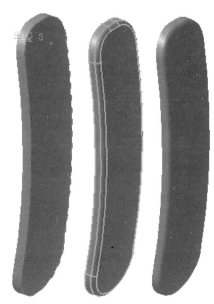

图 7-135　倒底面棱边的圆角

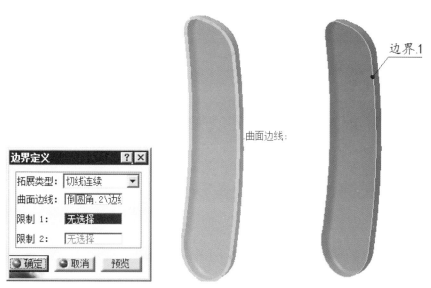

图 7-136　提取曲面边界

（13）单击图标 ，在弹出的"点定义"对话框中，选择"曲线"为"边界.1"，输入曲线长度的"比率"为"0.2"，在边界上生成"点.1"；用同样的操作，在"边界.1"上生成如图 7-138 所示的"点.2"。

（14）隐藏"边界.1"。单击图标 ，选择在步骤（12）生成的填充曲面，选择上述两点作为边界的界限，提取上部分表面的边界，得到"边界.2"，如图 7-139 所示。

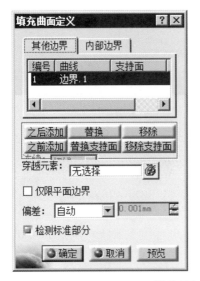

图 7-137　填充边界的曲面

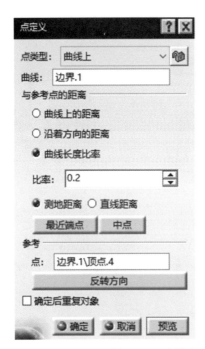
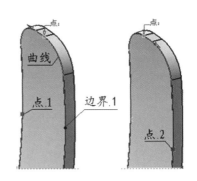

图 7-138　在填充曲面边界上生成两点

（15）选择"插入"→"曲面"→"扫掠"菜单命令或单击图标 ，弹出"扫掠曲面定义"对话框。选择"轮廓类型"为图标 ，"子类型"为"使用参考曲面"，选择"引导曲线.1"为"边界.2"，并选择"参考曲面"为步骤（12）生成的填充曲面，设置"角度"为"75deg"，"长度 1"为"16mm"，生成如图 7-140 所示的名称为"扫掠.1"的扫描曲面。

（16）单击图标 ，选择步骤（13）生成的两个点，选择填充面为支持面，生成"直线.1"，如图 7-141 所示。

CATIA 实用教程（第 3 版）

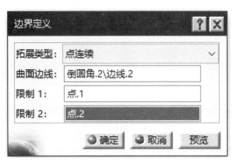
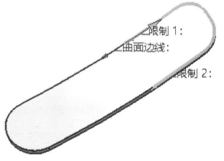

图 7-139　提取填充曲面上边界

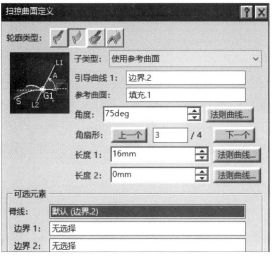
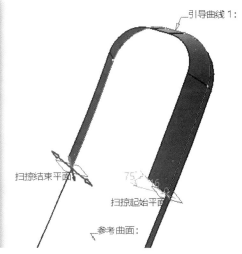

图 7-140　生成扫描曲面

图 7-141　生成"直线.1"

（17）选择"插入"→"操作"→"分割"菜单命令或单击图标，依次选择步骤（12）生成的"填充.1"和步骤（16）生成的"直线.1"，剪掉填充"曲面.1"的上部，如图 7-142 所示。

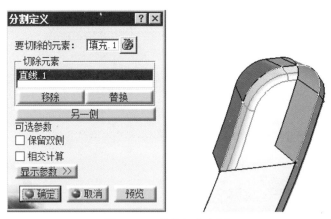

图 7-142　裁剪部分表面

（18）单击图标，选择"扫掠.1"的两个顶点，得到"直线.2"，如图 7-143 所示。

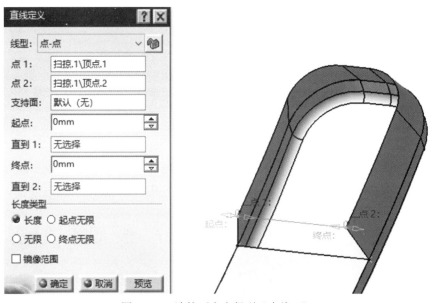

图 7-143　连接两尖点得到"直线.2"

（19）选择"插入"→"曲面"→"填充"菜单命令或单击图标，弹出"填充曲面定义"对话框。依次选择如图 7-144（a）所示的边界，填充成如图 7-144（b）所示的曲面。

（20）单击图标，依次选择如图 7-145（a）所示的边界，填充成如图 7-145（b）所示的曲面。

（21）选择"插入"→"曲面"→"偏移"菜单命令或单击图标，在特征树上选择步骤（20）生成的填充曲面，向下生成"偏移.2"的等距曲面，然后隐藏步骤（20）生成的填充曲面，如图 7-146 所示。

————————— CATIA 实用教程（第 3 版）

（a）

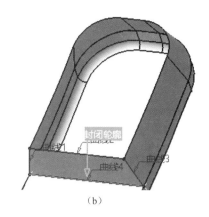

（b）

图 7-144　填充曲面

（a）

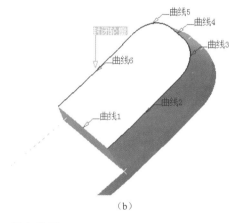

（b）

图 7-145　填充曲面

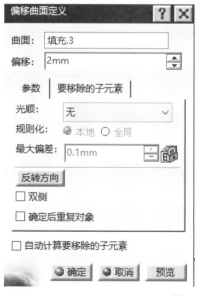

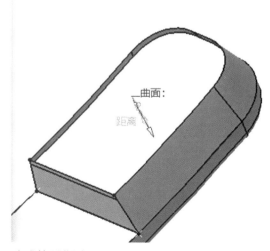

图 7-146　生成等距曲面

（22）单击图标 ，按照对话框的选择，生成曲面的中心点，如图 7-147 所示。

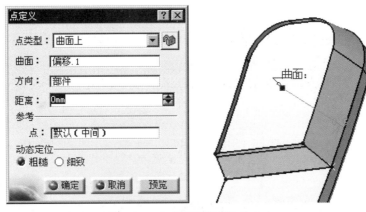

图 7-147　生成等距曲面的中心点

（23）单击图标 ，圆心为步骤（21）生成的点，"半径"为"12mm"，基础面选择等距曲面，选中"支持面上的几何图形"复选框，如图 7-148 所示。

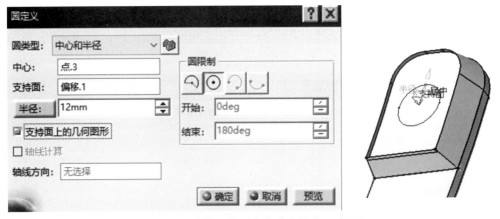

图 7-148　在等距曲面上生成半径为 12 的圆

（24）选择"插入"→"操作"→"分割"菜单命令或单击图标 ，依次选择在步骤（21）生成的等距曲面和步骤（23）生成的圆，剪掉圆的外部，得到"分割.3"，如图 7-149 所示。

（25）类似步骤（15），选择"插入"→"曲面"→"扫掠"菜单命令或单击图标 ，选择"轮廓类型"为图标 ，"子类型"为"使用参考曲面"，选择"引导曲面 1"为"圆.1"和"参考曲面"为步骤（24）得到的"分割.3"，设置"角度"为"45deg"，"长度 1"为"10mm"，如图 7-150 所示。

（26）单击图标 ，恢复显示步骤（20）生成的填充曲面。选择"插入"→"操作"→"修剪"菜单命令或单击图标 ，弹出如图 7-151（a）所示的"修剪定义"对话框，选择刚恢复的填充曲面和步骤（25）生成的扫掠曲面，单击"另一侧"按钮，修剪结果如图 7-151（b）所示。

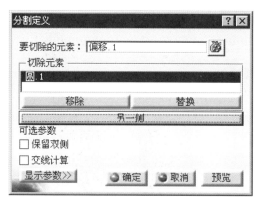

图 7-149　剪切圆的外部

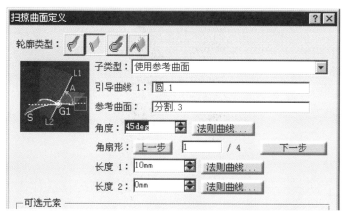
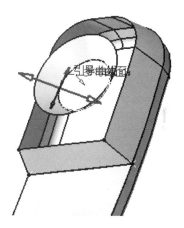

图 7-150　扫描生成锥面

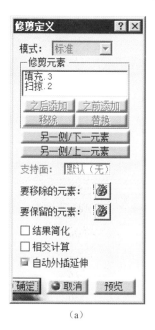

（a）

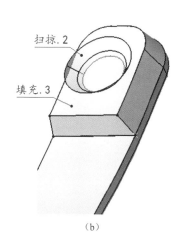

（b）

图 7-151　剪切曲面

（27）单击图标 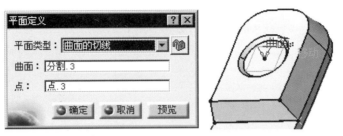，选择"曲面的切线"类型，选择步骤（24）生成的"分割.3"，以步骤（22）生成的点为参考点，生成如图7-152所示的平面。

图 7-152 生成切平面

（28）选择步骤（27）生成的平面，单击图标，进入草图设计模块，画出如图7-153所示的7个圆。

图 7-153 绘制草图 3

（29）选择"插入"→"线框"→"投影"菜单命令或单击图标 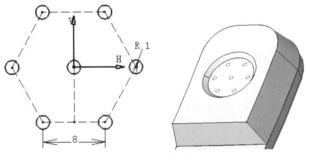，将"草图.3"投影到步骤（24）生成的分割面上，并保留所有7个圆，如图7-154所示。

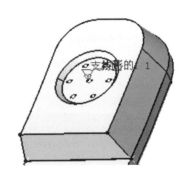

图 7-154 将草图 3 投影到分割面上

（30）选择"插入"→"操作"→"分割"菜单命令或单击图标，用步骤（29）得到的投影剪切支持面，如图7-155所示。

图 7-155　剪切听筒的小孔

（31）选择"插入"→"操作"→"边界"菜单命令或单击图标 ，提取填充曲面的半圆弧，如图 7-156 所示。

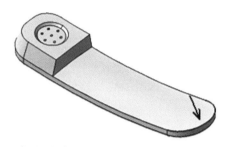

图 7-156　提取圆弧

（32）单击生成点图标 ，在如图 7-157 所示曲面上取一点。

图 7-157　曲面上提取一点

（33）单击图标 ，选择提取边界端点和上述生成的点，生成三点圆弧，如图 7-158 所示。

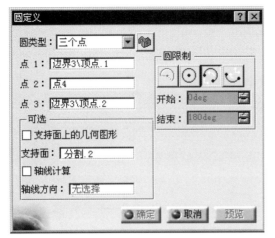

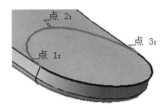

图 7-158　生成三点圆弧

（34）选择"插入"→"操作"→"接合"菜单命令或单击图标 ，选择步骤（33）生成的圆弧和步骤（31）的边界，将二者合并，如图 7-159 所示。

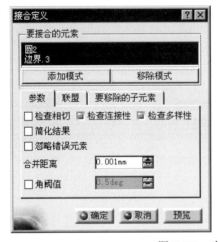

图 7-159　合并曲线

（35）单击图标 ，在坐标原点生成点，"X""Y""Z"都为"0mm"，如图 7-160 所示。

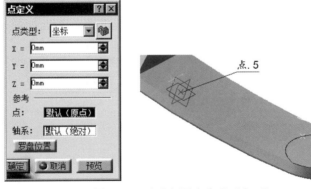

图 7-160　在坐标原点生成"点.5"

——————　CATIA 实用教程（第 3 版）

（36）单击图标 ，从原点开始，沿 x 轴正或反方向，生成长度为"-50mm"的直线，如图 7-161 所示。

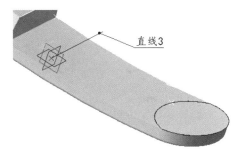

图 7-161　生成直线

（37）单击图标 ⊿，生成以步骤（36）生成的直线为旋转轴，建立与"xy 平面"夹角呈"-15deg"的"平面.2"，如图 7-162 所示。

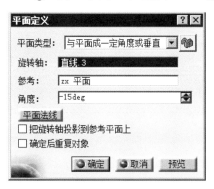

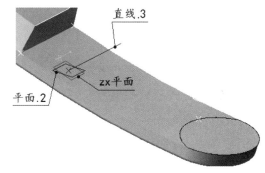

图 7-162　生成"平面.2"

（38）单击图标 ◿，生成和步骤（37）生成的平面"偏移"为 10mm 的等距平面，如图 7-163 所示。

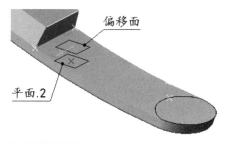

图 7-163　生成等距平面

（39）选择步骤（38）生成的"平面.2"，进入草图设计模块，绘制如图 7-164 所示的"草图.4"。

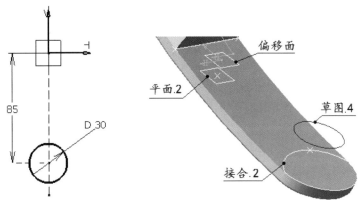

图 7-164　生成"草图.4"

（40）选择"插入"→"曲面"→"多截面曲面"菜单命令或单击图标 ，选择"草图.4"和步骤（34）的接合曲线，得到如图 7-165 所示的多截面。

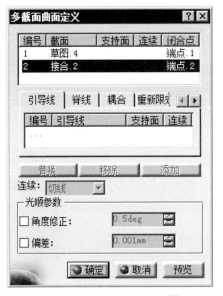
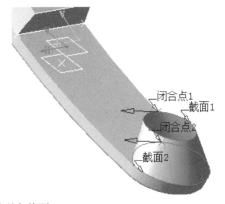

图 7-165　得到多截面

（41）单击图标 ，依次选择步骤（17）裁剪过的填充曲面和步骤（34）生成的接合曲线，剪掉曲线内部的表面，如图 7-166 所示。

（42）单击图标 ，选择多截面顶部边界曲线，得到如图 7-167 所示的填充曲面。

（43）选择步骤（42）的填充曲面，进入草图设计模块，绘制如图 7-168 所示"草图.5"。

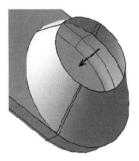

图 7-166　剪掉曲线内部的表面

图 7-167　得到填充表面

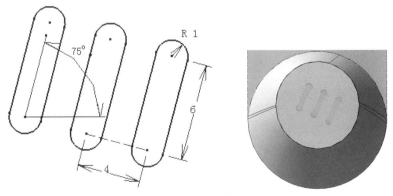

图 7-168　绘制"草图.5"

（44）单击图标，依次选择步骤（42）生成的填充表面和步骤（43）生成的"草图.5"，剪切 3 个长槽，如图 7-169 所示。

图 7-169　剪切拾音槽

（45）单击图标![icon]，选择上述生成的所有外表面，将它们合并在一起，如图 7-170 所示。

（46）单击图标![icon]，选择如图 7-171 所示的棱线，输入圆角"半径"为"10mm"。

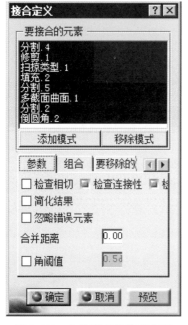

图 7-170　合并所有的外表曲面　　　　　　　　图 7-171　倒棱边圆角

（47）单击图标![icon]，选择变半径按钮![icon]，选择如图 7-172 所示的棱边，在圆弧两端点分别单击，输入圆角"半径"为"0 mm"；在圆弧中点单击，输入圆角"半径"为"10mm"。

（48）单击图标![icon]，选择如图 7-173 所示的棱边，输入圆角"半径"为"2mm"。至此，电话手柄的曲面造型完毕。

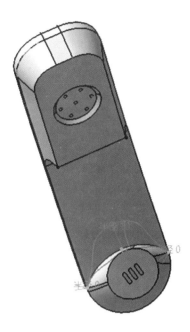

图 7-172　变半径倒圆角

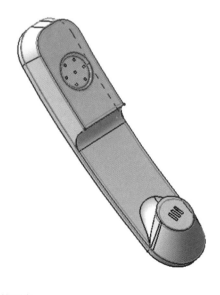

图 7-173　倒上表面棱边的圆角

（49）单击图标 ，选择话筒表面，在如图 2-37 所示的"库"对话框中选择 Bright Plastic，单击图标 ▓，即可看到图 7-126 所示的附着了所选材料的电话手柄。

【例 7-2】　创建如图 7-174 所示的由曲面连接梁和支架组成的模型。

图 7-174　曲面连接梁和支架的三维混合建模

该模型是由曲面的连接梁和支架组成的。应该首先建立这个曲面，然后在其上建立支架的三维模型。这是一个典型的曲面和实体混合建模的实例。

（1）选择"开始"→"创成式外形设计"菜单命令，进入曲面设计模块。选择"yz 平面"，单击图标 ▱，进入草图设计模块，绘制如图 7-175 所示的"草图.1"。该草图是连接梁的左端轮廓。

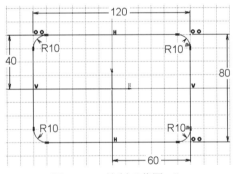

图 7-175　绘制"草图.1"

（2）单击图标 ▱，弹出如图 7-176（a）所示的"平面定义"对话框。选择"从平面偏移"类型，选择"yz 平面"作为参考对象，输入"偏移"距离为"320mm"，生成连接梁的右端平面，如图 7-176（b）所示。

（a）

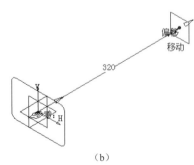

（b）

图 7-176　生成"平面.1"

（3）选择"平面.1"，单击图标 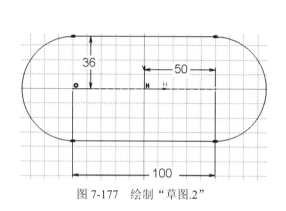，进入草图设计模块，绘制如图 7-177 所示的"草图.2"。该草图是连接梁的右端轮廓。

（4）双击图标 ，选择"从平面偏移"类型，选择"yz 平面"作为参考对象，分别输入"偏移"距离为"80mm""240mm"和"160mm"。生成"平面.2""平面.3""平面.4"三个作为中间截面的参考平面。

（5）选择"平面.2"，单击图标 ，进入草图设计模块，绘制如图 7-178 所示的"草图.3"。该草图是连接梁的中间轮廓。

图 7-177　绘制"草图.2"　　　　　　　　图 7-178　绘制"草图.3"

（6）在特征参数树上选择"草图.3"，按 Ctrl+C 组合键，复制"草图.3"。按 Ctrl+V 组合键，在特征树上粘贴了一个和"草图.3"相同的"草图.4"。

（7）右击特征树上的"草图.4"，在弹出的快捷菜单中选择"草图.4"→"更改草图支持面"命令，弹出如图 7-179（a）所示的"草图定位"对话框。选择"平面.3"作为参考对象，将"草图.3"的支持面转换到"平面.3"上，如图 7-179（b）所示。

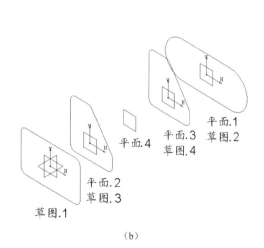

（a）　　　　　　　　　　　　　　　　　　　　（b）

图 7-179　创建"草图.4"

（8）单击图标 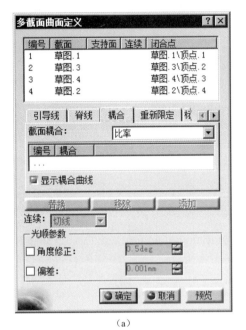，依次选择"草图.1""草图.3""草图.4""草图.2"作为轮廓线，在如图 7-180（a）所示对话框的"耦合"选项卡中选择"比率"，单击"确定"按钮，生成连接曲面，如图 7-180（b）所示。

（a）

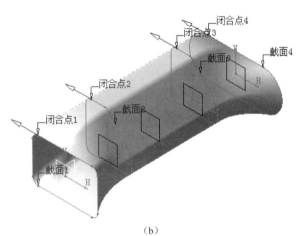

（b）

图 7-180　创建连接梁曲面

（9）选择"平面.4"，单击图标 ，进入草图设计模块，绘制如图 7-181 所示的"草图.5"。该草图作为下面扫描曲面的轮廓线。

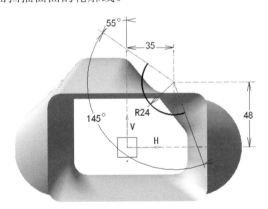

图 7-181　绘制"草图.5"

（10）单击图标 ，弹出如图 7-182（a）所示的"平面定义"对话框。选择"曲线的法线"作为"平面类型"，选择"草图.5"作为"曲线"，默认曲线的中点，生成"平面.5"，如图 7-182（b）所示。

（11）选择"平面.5"，单击图标 ，进入草图设计模块，绘制图 7-183 所示的"草图.6"。该圆弧将作为下面扫描曲面的导线。

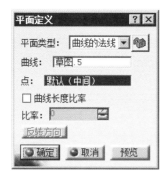
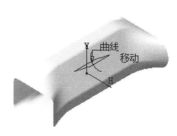

图 7-182　生成过曲线中点与之垂直的"平面.5"

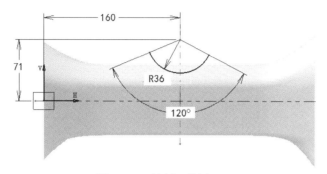

图 7-183　绘制"草图.6"

（12）单击图标 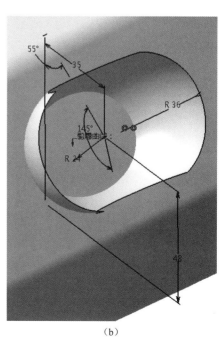，在如图 7-184 所示的对话框中，选择"子类型"为"使用参考曲面"，选择"轮廓"为"草图.5"，选择"草图.6"作为"引导曲线"，确认生成如图 7-184（b）所示的扫描曲面。

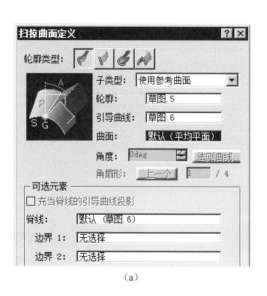

（a）

（b）

图 7-184　生成扫描曲面

（13）单击图标 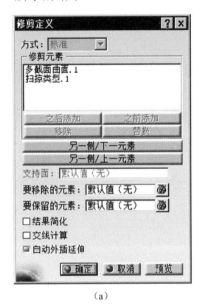，弹出如图 7-185（a）所示的"修剪定义"对话框。在"修剪元素"列表框中选择上面生成的放样曲面和扫描曲面，单击"另一侧/下一元素"和"另一侧/上一元素"两个按钮，切换两个曲面的去除、保留部分，形成一个曲面的凹坑，得到如图 7-185（b）所示的结果。

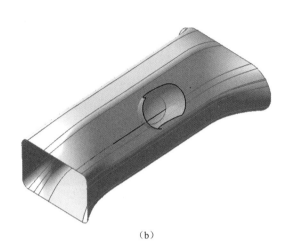

（a）　　　　　　　　　　　　　　　　　（b）

图 7-185　修剪凹坑

（14）单击图标 ，弹出如图 7-186（a）所示的"倒圆角定义"对话框。在"端点"下拉列表中选择"光顺"，输入"半径"为"8mm"，选择上面剪切生成的棱线作为要圆角化的对象，结果如图 7-186（b）所示。

（a）　　　　　　　　　　　　　　　　　（b）

图 7-186　棱线倒圆角

CATIA 实用教程（第 3 版）

至此，曲面模型创建完毕。如果需要加强梁的刚度，可以采用复制的办法，多做几个凹坑。下面生成如图 7-187 所示的支架的实体模型。

（15）单击图标 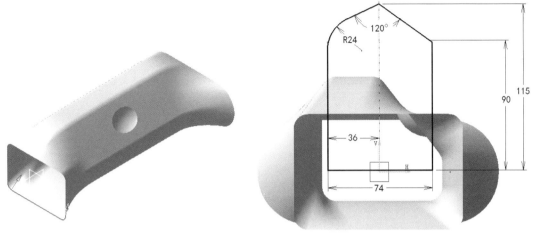，切换到零件设计模块，选择"平面.4"，单击图标，进入草图设计模块，绘制图 7-188 所示的"草图.7"。

图 7-187　连接梁曲面模型　　　　　　　　图 7-188　绘制"草图.7"

（16）单击图标，弹出如图 7-189（a）所示的"定义凸台"对话框。选择限制"类型"为"尺寸"，输入"长度"为"42mm"，选择"草图.7"作为轮廓，选中"镜像范围"复选框，生成拉伸实体，如图 7-189（b）所示。

（a）

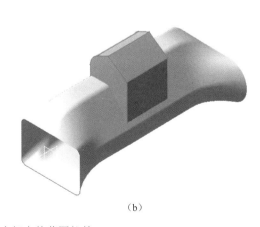

（b）

图 7-189　支架实体草图拉伸

（17）单击图标，弹出如图 4-29 所示的"倒圆角定义"对话框。选择如图 7-190（a）所示的 3 个棱边，输入倒角的"半径"为"8mm"。结果如图 7-190（b）所示。

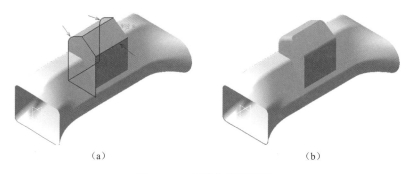

（a）　　　　　　　　　　　　　（b）

图 7-190　支架实体倒圆角

（18）单击图标 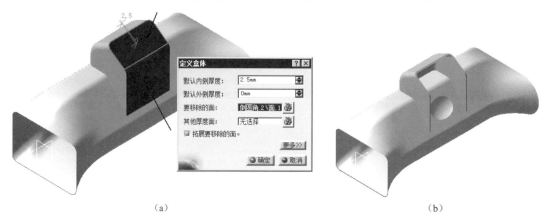，弹出如图 7-191（a）所示的"定义盒体"对话框。输入"默认内侧厚度"为"2.5mm"，移除图示实体的两个面，结果如图 7-191（b）所示。

（a）　　　　　　　　　　　　　（b）

图 7-191　生成支架的抽壳实体

（19）单击图标 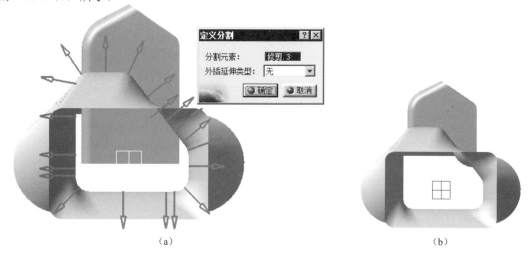，在如图 7-192（a）所示"定义分割"对话框的"分割元素"文本框中输入梁的曲面"修剪.3"，单击箭头可以切换其方向，切去梁内部的实体部分，结果如图 7-192（b）所示。

（a）　　　　　　　　　　　　　（b）

图 7-192　用梁的曲面剪切支架实体

（20）选择"平面.4"，单击图标 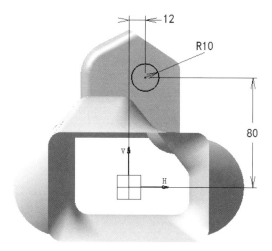，进入草图设计模块，绘制如图 7-193 所示的"草图.8"。

图 7-193　绘制"草图.8"

（21）单击图标 ⬛，弹出如图 7-194（a）所示的"定义凹槽"对话框。选择"尺寸"为限制类型，输入"深度"为"80mm"，选择"草图.8"作为轮廓，选中"镜像范围"复选框，生成如图 7-194（b）所示的支架孔。

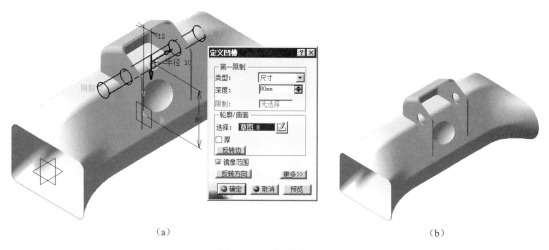

（a）　　　　　　　　　　　　　　　（b）

图 7-194　生成支架孔

至此，得到了如图 7-174 所示的曲面梁和支架实体模型。单击图标 💾，保存作图结果。

习　题　7

1. 用直线、二次曲线、填充面制作如图 7-195 所示的达索（DASSAULT）公司徽标。

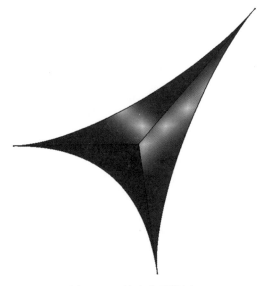

图 7-195　达索公司徽标

2. 创建如图 7-196 所示的三通。

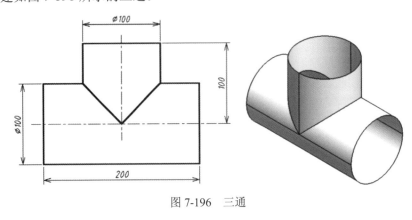

图 7-196　三通

3. 先创建如图 7-197（a）所示的螺旋线。螺旋线的螺距为 20mm、3 圈、起点如图所示。再用扫描掠命令创建如图 7-197（b）所示的螺旋管，螺旋管的直径为 16mm。

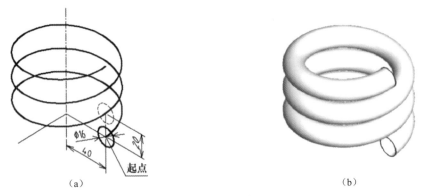

（a）　　　　　　　　　　　　　　　（b）

图 7-197　螺旋管

4. 创建如图 7-198 所示的灯罩。

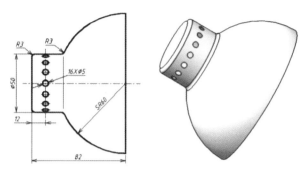

图 7-198　灯罩

5. 用阵列命令绘制图 7-199 所示的叶片，每个叶片都是直纹扫掠面（Sweep-line），导线是螺旋线，其"螺距"为"136mm"，"高度"为"36mm"，"基圆半径"为"100mm"；"扫掠素线"长 100mm。

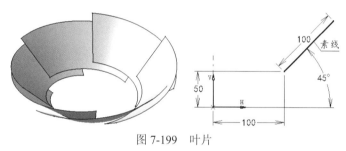

图 7-199　叶片

6. 放样图 7-200 所示的马鞍面。

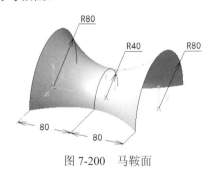

图 7-200　马鞍面

7. 放样图 7-201 所示的通风管道。

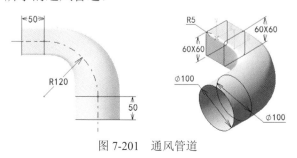

图 7-201　通风管道

第8章 工 程 分 析

工程分析指的是有限元分析，包括静态分析（Static Analysis）和动态分析。动态分析又分为限制状态固有频率分析（Frequency Analysis）和自由状态固有频率分析（Free Frequency Analysis），前者在物体上施加一定约束，后者的物体没有任何约束，即完全自由。

8.1 进入工程分析模块

1. 进入工程分析模块前的准备工作

（1）在零件设计模块建立形体的三维模型，为三维形体添加材质，详见 4.7 节。

（2）将显示模式设置为定制视图参数模式 🔲（在"着色"和"材料"两个单选按钮中进行选择），才能看到形体的应力和变形图，详见 2.12.5 节。

2. 进入工程分析模块

选择"开始"→"分析与模拟"→Generative Structural Analysis（创成式结构分析）菜单命令，弹出如图 8-1 所示的 New Analysis Case（新建分析案例）对话框。

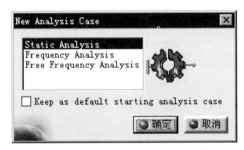

图 8-1　New Analysis Case 对话框

在对话框中选择 Static Analyses（静态分析）、Frequency Analyses（限制状态固有频率分析），或者 Free Frequency Analyses（自由状态固有频率分析），单击"确定"按钮，将开始一个新的分析实例。

3. 有限元分析的过程

有限元分析的一般过程如下。

（1）从三维实体建模模块进入有限元分析模块。

（2）在形体上施加约束。

（3）在形体上施加载荷。

（4）计算（包括网格自动划分）、解方程和生成应力应变结果。

（5）分析计算结果，单元网格、应力或变形显示。

（6）对关心的区域细化网格、重新计算。

上述（1）～（3）过程是有限元分析预（前）处理，（4）是计算过程，（5）和（6）是有限元后处理。有限元文件的类型为 CATAnalysis。

8.2 施 加 约 束

有关 Restraints（约束）的工具栏如图 8-2 所示。

1. 夹紧约束

该约束施加于形体表面或边界，使其上的所有结点的位置固定不变（3 个平移自由度全部约束）。施加夹紧约束的过程如下。

（1）单击图标▮，弹出如图 8-3 所示的 Clamp（夹紧约束）对话框。

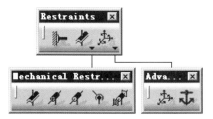

图 8-2　有关 Restraints 的工具栏

图 8-3　Clamp 对话框

（2）选择约束对象（曲面或边界），例如选择如图 8-4 所示形体的前表面，单击"确定"按钮，在所选形体表面和特征树的相应结点处产生了夹紧约束的标记。夹紧约束可以施加在所有的机械特征（如凸台、填充等）、几何特征（如顶点、表面）和分析特征（如虚拟实体、网格、几何特征组、边界组、邻近组等）。

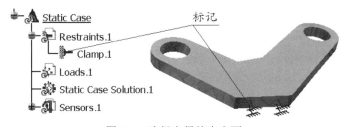

图 8-4　选择夹紧约束表面

如果单击"夹紧约束"对话框中的图标▦，可以选择网格，在网格上施加约束。

2. 表面滑动约束

该约束施加于形体表面，使得表面上的结点只能沿着与此表面滑动，而不能沿此表面有法线方向的运动。

施加滑动约束的过程如下。

（1）单击图标 ✎，弹出如图 8-5 所示的 Surface Slider（表面滑动约束）对话框。

（2）选择约束对象（形体表面），如图 8-6 所示形体的一个孔，单击"确定"按钮，在所选形体表面和特征树的相应结点处生成滑动约束的标记。

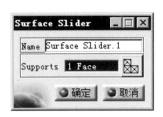

图 8-5　Surface Slider 对话框

图 8-6　选择滑动约束表面

3. 用户定义的约束

用户定义的约束也称作高级约束。该功能可以对任意结点的平移或旋转的自由度进行约束控制。该约束可以施加在所有的机械特征（例如凸台、填充等）、几何特征（例如顶点、表面）和分析特征（例如虚拟实体、网格、几何特征组、边界组、邻近组等）。

施加用户定义的约束的过程如下。

（1）单击图标 ♨，弹出如图 8-7 所示的 User-defined Restraint（用户定义的约束）对话框。

图 8-7　User-defined Restraint 对话框

（2）选择约束对象（曲面或棱边），例如选择如图 8-8 所示的形体的棱边。

（3）选择坐标系类型。Type（类型）对应的下拉列表中有 Global（全局坐标系）、Implicit（隐含坐标系）和 User（用户定义坐标系）3 种选择，本例选择 Global，其自由度的方向与绝对坐标系的方向保持一致。

（4）确定约束的自由度。对话框下半部是 6 个约束的复选框，依次是 Restrain Translation（约束平移）1、2、3（x、y、z 方向分量）的自由度和 Restrain Rotation（约束旋转）1、2、

3（x、y、z方向分量）的自由度。本例只取消选中 Restrain Translation 1 复选框，即只保留了 x 方向平移的自由度，与之对应的图 8-8 所示的约束标记的 x 轴上去掉了箭头。其他 5 个自由度被约束，图中用箭头显示。

图 8-8 选择棱边施加用户定义的约束

用户定义约束可以施加在所有的机械特征（例如凸台、填充等）、几何特征（例如顶点、表面）和分析特征（例如虚拟实体、网格、几何特征组、边界组、邻近组等）。

4．静态约束

该功能使形体不能产生刚体运动，成为静定状态（约束平移和旋转自由度）。

施加静态约束的过程如下。

（1）单击图标 ⚓，弹出如图 8-9 所示的 Isostatic Restraints（均衡约束）对话框。

图 8-9 Isostatic Restraint 对话框

（2）选择约束对象，并自动在形体附近显示静态约束标记 ⚓。

8.3 施 加 载 荷

有关 Loads（施加载荷）的工具栏如图 8-10 所示。

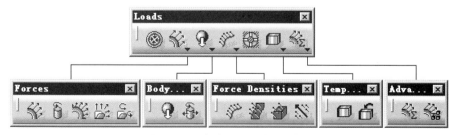

图 8-10 有关 Loads 的工具栏

1. 均匀压力载荷

该载荷可以施加在所有的机械特征（例如凸台、填充等）、几何特征（例如顶点、表面）和分析特征（例如虚拟实体、网格、几何特征组、边界组、邻近组等）。载荷均匀分布，方向为表面的法向方向。

操作步骤如下。

（1）单击图标 ◉，弹出如图 8-11 所示的 Pressure（施加压力载荷）对话框。

（2）选择施加对象（表面）。选择如图 8-12 所示形体的孔。

图 8-11　Pressure 对话框

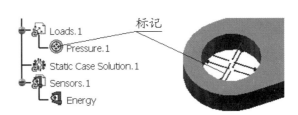

图 8-12　选择施加均匀压力载荷的表面

（3）输入压力数值（压强），例如 2N_m2。

（4）若选中 Data Mapping（数据信息表）复选框，对话框就会扩展为如图 8-13（a）所示的样式。单击 Browse 浏览按钮，出现文件选择框，选择一个如图 8-13（b）所示的电子表格或文本文件，通过文件给目标上的一些载荷点和载荷系数加载。

（a）

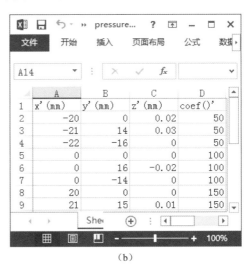

（b）

图 8-13　扩展后的施加压力载荷对话框和电子表格文件

若单击该对话框中的 Show（显示）按钮，则显示如图 8-14 所示的 Imported Table（输入载荷数据）表。

2. 分布力、扭矩载荷

该类载荷可以施加在所有的机械特征（例如凸台、填充等）、几何特征（例如顶点、表面）和分析特征（例如虚拟实体、网格、几何特征组、边界组、邻近组等），等价于在虚拟结点上的力和力矩。

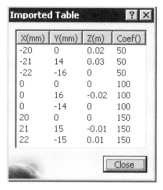

图 8-14　Imported Table

施加均匀分布力载荷的步骤如下。

（1）单击图标 🔧 或 🔩，弹出如图 8-15（a）所示的 Distributed Force（分布力）载荷的对话框。

（2）选择施加对象（表面或棱边）。例如选择如图 8-15（b）所示形体的两个底面。

（3）选择力的坐标系。在 Type 下拉列表中选择 Global（全局坐标系）。

（4）输入力或力矩的大小和方向。单击"确定"按钮，结果如图 8-15（b）所示。

（a）

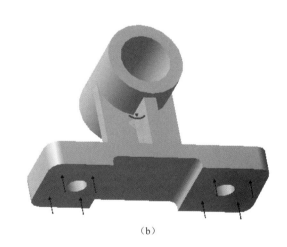

（b）

图 8-15　Distributed Force 对话框和加载结果

3. 轴承载荷

该类载荷施加在柱面、锥面等旋转类型表面的几何特征，在目标面上施加类似轴承压力分布的载荷。

施加轴承载荷的步骤如下。

（1）单击图标 🔧，弹出如图 8-16（a）所示的 Bearing Load（施加载荷）对话框。

（2）选择施加对象（表面或棱边）。例如选择如图 8-16（b）所示的轴承孔。

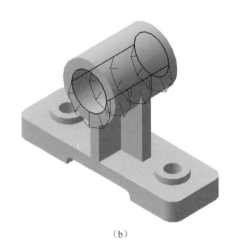

(a)   (b)

图 8-16　Bearing Load 对话框和加载结果

（3）通过 Orientation（方向）栏选择受力方向为 Radial（径向），如图 8-17（a）所示，或者 Paralel（平行）如图 8-17（b）所示。

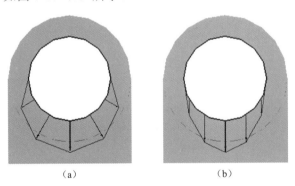

(a)   (b)

图 8-17　Radial（径向）和 Paralel（平行）载荷

（4）通过 Profile（轮廓形状）栏选择力的分布规律。可以选择 Sinusoidal（正弦曲线）、Parablic（抛物线）或 Law（规则曲线）分布。

（5）输入力或力矩的大小和方向，结果如图 8-16（b）所示。

4. 加速度载荷（形体的重力）

该功能提供了施加惯性力或重力的方法，即在目标上施加均匀一致的惯性力。该载荷可以施加在一维、二维和三维实体单元、空间实体组，以及几何组、虚拟单元上。

加载加速度载荷的一般流程如下。

（1）单击图标 。

（2）确定加载目标。

（3）选择坐标轴。

（4）输入加速度"X""Y""Z"方向载荷的分量。

5. 离心（向心）力载荷

定义由于旋转产生的离心力。类似于加速度载荷。该载荷可以施加在一维、二维和三维实体单元、空间实体组，以及几何组、虚拟单元上。

加载离心力载荷的一般流程如下。

（1）单击图标 。

（2）选择加载目标。

（3）选择旋转轴。

（4）输入角速度和角加速度值。

6. 力密度

力密度包括 线密度力、 面密度力和 体密度力，是施加于直线、曲面或实体上的均匀载荷以及相应的机械特征、空间特征组、几何元素组、边界组邻近组，在目标元素上均匀一致分布。

加载力密度的一般流程如下。

（1）单击力密度图标，例如 。

（2）选择施加对象（曲线、表面或形体）。

（3）选择轴系。

（4）选择力的方向和密度。

（5）选择坐标系类型。其中，Implicit 为隐含（局部）坐标系；Global 为全局坐标系；User 为用户定义的坐标系。

7. 强制位移载荷

该载荷在前面施加的约束基础上给定强制位移，等价于在实体约束表面施加载荷，例如一个表面施加了夹紧（Clamp）约束后可以给定此表面上的 3 个位移一定的数值，相当于对此表面施加了一定的载荷。强制位移载荷只能施加在约束上，而且只对约束方向上施加固定位置，自由方向是没有位移载荷的。

加载位移载荷的一般流程如下。

（1）单击图标 ，弹出如图 8-18 所示的 Enforced Displacement（强制位移载荷）对话框。

（2）选择已施加的约束。

（3）参照图 8-18 输入每个约束自由度的位移值。单击"确定"按钮，结果如图 8-19 所示。

图 8-18   Enforced Displacement 对话框

图 8-19   在夹紧约束上施加位移载荷

8.4   静态有限元计算过程和后处理

如果在进入工程分析模块时选择了 Static Analysis，在确定了约束条件和施加了载荷之后就可以进行静态有限元计算和后处理工作。

例如上述零件的底部选择了夹紧约束，左孔施加了"X""Y"分量均为–1000N 的轴承载荷，右孔施加了"X"分量为 1000N、"Y"分量为"–1000N"的轴承载荷，如图 8-20 所示。

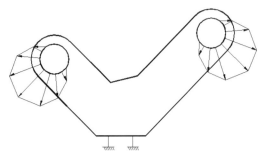

图 8-20   选择了夹紧约束和施加了轴承载荷的零件

8.4.1   计算

1. 确定存放计算数据和计算结果文件的路径

可以通过下面两种方法指定计算数据和结果的存储路径。

（1）单击图标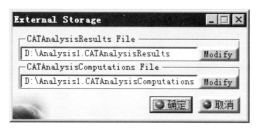，弹出如图 8-21 所示的 External Storage（确定存储路径）对话框，在其中输入计算数据和计算结果文件的路径。

图 8-21　External Storage 对话框

（2）通过如图 8-22 所示特征树 Links Manager（链接管理器）结点的目录中双击其分支，即可更改存储路径。

图 8-22　特征树的 Links Manager 结点

2. 启动有限元计算功能

单击图标▦，弹出如图 8-23 所示的 Compute（计算）对话框。在该对话框的列表框中选择 All，单击"确定"按钮即可开始计算，完成计算后，有关显示有限元分析结果的图标改变为可用的状态。

图 8-23　Compute 对话框

8.4.2　显示静态分析结果

1. 产生/显示自动划分的网格

单击图标▦，显示了增添网格后的形体。网格是 CATIA 自动划分的，如图 8-24 所示。

右击特征树的结点 Deformed Mesh.1，在弹出的快捷菜单中选择 Deformed Mesh（变形网格对象）→"定义"命令，弹出如图 8-25（a）所示的 Image Edition（网格效果）对话框。若选中 Deformed according to（变形后网格）复选框，则显示变形后的形体如图 8-24 所示，否则显示变形前的形体，如图 8-25（b）所示。

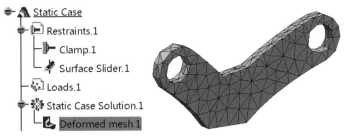

图 8-24　增添网格后的形体

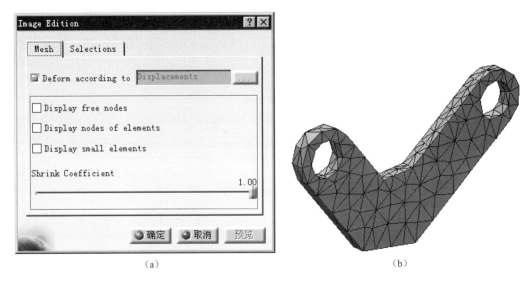

（a）　　　　　　　　　　　　　　　　（b）

图 8-25　Image Edition 对话框

2. 冯·米斯应力显示

单击图标 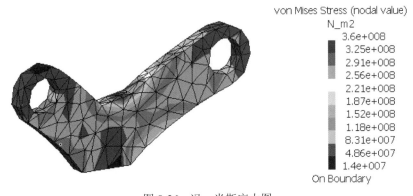，显示了冯·米斯（Stress von Mises）应力图，如图 8-26 所示。冯·米斯应力图用于评价应力的分布情况，右面是 CATIA 自动生成的调色板，颜色从蓝到红，表示应力逐渐变大。当鼠标指向结点时，会显示此结点的冯·米斯应力值。

图 8-26　冯·米斯应力图

3. 位移显示

单击图标 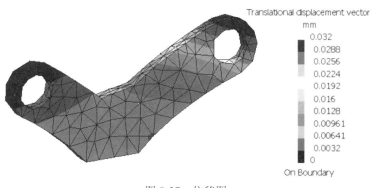，显示了位移图，如图 8-27 所示。位移显示代表变形情况，也是用颜色代表位移值，自动产生调色板，代表一定范围的位移值；光标停留在结点上，可显示此点的位移值。

图 8-27　位移图

4. 主应力张量显示

单击图标 ，显示主应力张量图，如图 8-28 所示。该功能显示结点处应力张量的符号，从图中可以看到形体承接载荷的路径和状态，颜色从蓝到红，表示应力逐渐变大。

图 8-28　主应力张量图

5. 显示位移或应力的最大值和最小值

在显示位移或应力图时，单击图标 ，可以在位移或应力图上标注位移或应力的最大值和最小值，如图 8-29 所示。

图 8-29　显示应力的最大值和最小值

8.5　动态分析的前处理和显示计算结果

如果在进入工程分析模块时选择了 Frequency Analysis（限制状态固有频率分析）或 Free Frequency Analysis（自由状态固有频率分析），将进行形体的动态分析，如图 8-1 所示。Frequency Analysis 和 Free Frequency Analysis 都是形体的固有频率分析，但前者需要对形体施加一定的约束，是约束模态分析，后者是自由形态模态分析。

8.5.1　动态分析前处理

1. 施加约束

动态分析中约束有夹紧（Clamp）、曲面滑动（Surface Slider）和用户定义的约束（User-Defined Restraints）3 种类型。如果在进入工程分析模块时选择了 Frequency Analysis，就需要对形体施加一定的约束，施加约束的方法同静态分析。

2. 附加质量

通过 Mass 工具栏 为形体附加质量，属于质量单元，计算中等价到各个结点之上。

（1）附加分布质量。分布质量载荷可以施加在所有的机械特征（例如凸台、填充等）、几何特征（例如顶点、表面）和分析特征（例如虚拟实体、网格、几何特征组、边界组、邻近组等），代表着结点上的附加质量，属于质量单元，计算中等价到各个结点之上。

单击图标 ，弹出如图 8-30 所示的 Distributed Mass（分布质量）对话框。选择形体表面、棱边或虚拟单元，在对话框中输入质量数值。例如选择了图 8-31 中零件的右孔表面，输入"1kg"的质量，单击"确定"按钮，结果如图 8-31 所示。

图 8-30　Distributed Mass 对话框

图 8-31　施加分布质量后的零件

（2）附加线质量密度。以单位长度的方式为形体附加质量，可以施加到棱线几何特征、机械特征边界以及空间特征组、几何特征组、邻近组和边界组的线性边界上。单击图标 ，弹出如图 8-32 所示的 Line Mass Density（线质量密度）对话框。选择形体的棱边，输入线质量密度数值即可。

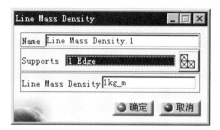

图 8-32　Line Mass Density 对话框

（3）附加面质量密度。以单位面积的方式为形体附加质量，可以施加到表面几何特征、机械特征表面边界以及空间特征组、几何特征组、邻近组和边界组的表面边界上。单击图标 ，弹出与如图 8-32 所示对话框类似的 Surface Mass Density（面质量密度）对话框。选择形体的表面，输入面质量密度数值即可。

8.5.2　计算

1. 确定存放计算数据和计算结果文件的路径

具体操作同静态分析。

2. 确定计算模态的最高阶数

双击如图 8-33（a）所示特征树上频率分析工况结点 Freq...on.1，弹出如图 8-33（b）所示的 Frequency Solution Parameter（频率参数）对话框，在对话框中指定计算模态的最高阶数，一般输入"10"。

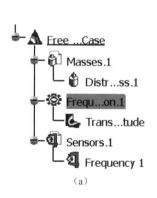

（a）

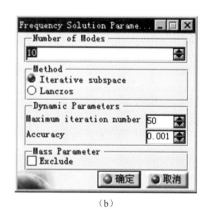

（b）

图 8-33　特征树和 Frequency Solution Parameter 对话框

8.5.3　显示动态分析结果

1. 冯·米斯应力显示

单击图标 ，显示形体的冯·米斯应力图，如图 8-34（a）所示。双击该应力图或特征树的结点 von M…lue，弹出如图 8-34（b）所示的 Image Edition（图像编辑）对话框。通过该对话框选择不同的频率阶数，即可得到相应的模态图。

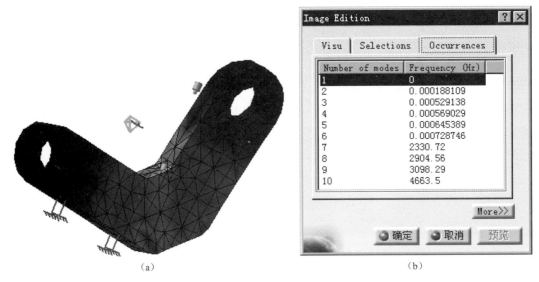

（a）　　　　　　　　（b）

图 8-34　形体的冯·米斯应力图和 Image Edition 对话框

2. 模态显示

单击图标 ，显示形体的模态图，如图 8-35 所示。双击该应力图或特征树的结点 Trans…tude，弹出如图 8-34（b）所示的 Image Edition（图像编辑）对话框。通过该对话框选择不同的频率阶数，即可得到相应的模态图。图 8-35 是 Number of Modes（频率阶数）为"10"时，形体的模态图。

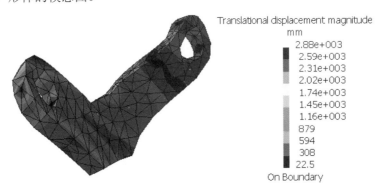

图 8-35　频率阶数为 10 时形体的模态图

3. 模态的动画显示

单击图标 ，弹出如图 8-36 所示的 Animation（动画）对话框，其中的播放控制按钮与播放影像设备的按钮用法相同。通过这些按钮可详细地观察形体在不同时刻应力或位移的变化。

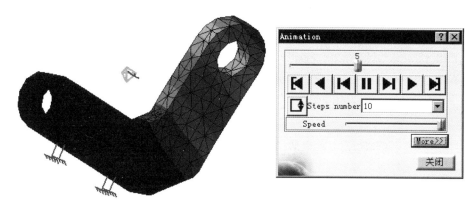

图 8-36　动画的播放

8.6　有限元分析实例

【例 8-1】　以第 4 章建立的摇杆（如图 8-37 所示）为例，介绍有限元分析的过程。

图 8-37　摇杆

（1）进入有限元分析模块前的准备工作。

① 打开摇杆的三维形体文件 yaogan.CATPart，显示如图 8-37 所示的摇杆。选择摇杆，单击图标 🖼，弹出如图 2-37 所示的"库"对话框，在其中选择 Steel（钢）。

② 将显示模式设置为 🔲。

③ 选择"开始"→"分析与模拟"→General Structure Analysis 菜单命令，在如图 8-1 所示的对话框中选择 Static Analysis（静态分析），进入有限元分析模块，将产生一个新的 CATAnalysis 文件。

（2）施加约束。单击图标 🗡，选择摇杆中心孔，为摇杆施加滑动约束，如图 8-38 所示。

单击图标 🔧，选择摇杆左孔，为摇杆施加夹紧约束，如图 8-39 所示。

（3）单击图标 📡，选择摇杆右边的长孔，在"分布载荷"对话框内输入"X"轴方向大小为"–1500N"（负号表示方向相反）的分布载荷，如图 8-40 所示。

（4）单击图标 🖳，通过图 8-21 所示的"确定存储路径"对话框输入计算数据和计算结果文件的路径。

图 8-38　在摇杆中心孔施加滑动约束

图 8-39　在摇杆左孔施加夹紧约束

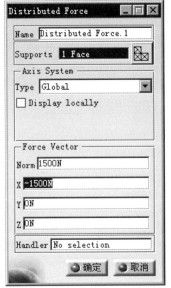

图 8-40　在摇杆右边的长孔施加载荷

（5）单击图标▦，开始计算。

（6）显示分析结果。单击图标▨，显示摇杆的网格变形图，如图 8-41 所示。

图 8-41　摇杆网格变形图

单击图标▨，显示摇杆的冯·米斯应力图，如图 8-42 所示。如果需要提高计算精度，可以重新细化网格或者设定某区域的计算精度，重新进行计算。

———— CATIA 实用教程（第 3 版）

图 8-42 摇杆的冯·米斯应力图

【例 8-2】 建立汽车稳定杆的模型并对其进行有限元分析。

汽车稳定杆如图 8-43 所示。它的中心线是由若干空间结点控制的三维曲线，结点坐标如表 8-1 所示。截面是"直径"为"25mm"的圆，两端的结构如图 8-44 所示。由于其具有对称性，可以建立其一半的模型，再对称生成整个模型，然后对其进行有限元刚度和应力分析。

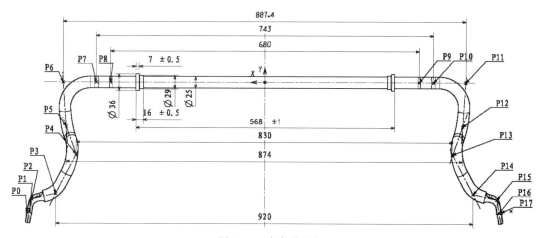

图 8-43 汽车稳定杆

表 8-1 汽车稳定杆结点坐标

方向	P0	P1	P2	P3	P4	P5	P6	P7	P8	原点
X	–308.199	–251.5	–240	–155	–95	0	0	0	0	0
Y	522.575	512.3	460	415	437	443.7	371.5	340	309	0
Z	8.884	–7.9	–13	–45	18	–4	–4	0	0	0
R	—	20	55	60	60	55	55	55	—	—

（1）选择"文件"→"新建"菜单命令，在弹出的"新建"对话框中选择 Part 类型；输入文件名称，进入零件设计模块。

（2）单击图标 ✍，进入创成式外形设计模块。

（3）双击图标 ▪，弹出如图 8-45 所示的"点定义"对话框。选择点类型为"坐标"，输入如表 8-1 所示的点 P0～P8 以及原点的坐标，创建"点.1"～"点.10"。

（4）单击图标 〜，弹出如图 8-46 所示的"折线定义"对话框。在特征树上依次选择

"点.1" ～ "点.10"，若某点的半径不为 0，则输入该点的圆角半径，结果如图 8-47 所示。

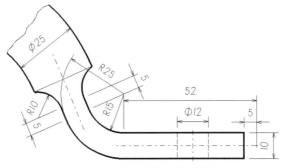

图 8-44 稳定杆的两端结构

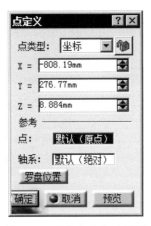

图 8-45 "点定义"对话框

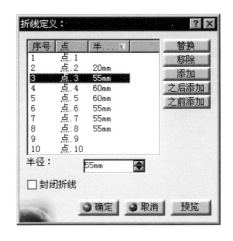

图 8-46 "折线定义"对话框

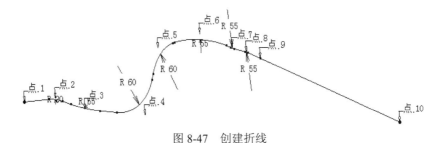

图 8-47 创建折线

（5）单击图标 ◯，弹出如图 8-48 所示的"圆定义"对话框。选择"点.10"（原点）为"居中"对象，选择"zx 平面"为支持面，创建"半径"为"12.5mm"的圆。

（6）单击图标 ◉，返回零件体设计模块。

（7）单击图标 ◢，弹出如图 8-49（a）所示的"肋定义"对话框。选择"圆.1"作为"轮廓"，选择"折线.1"作为"中心曲线"，选择"保持角度"作为"轮廓控制"，结果如图 8-49（b）所示。

（8）单击图标 ◿，弹出如图 8-50 所示的"平面定义"对话框。选择"通过两条直线"作为"平面类型"，选择线段"直线.1"和"直线.2"，创建"参考平面.1"。

CATIA 实用教程（第 3 版）

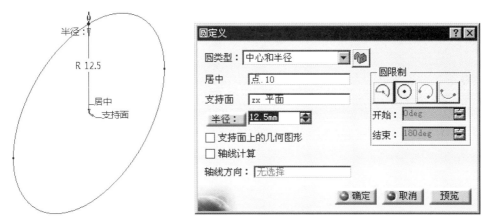

图 8-48　"圆定义"对话框

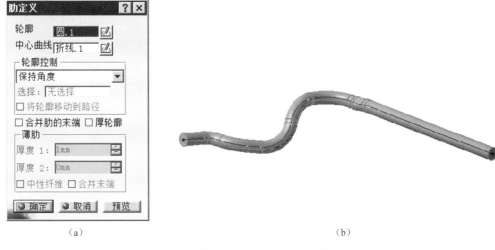

（a）　　　　　　　　　　　　　（b）

图 8-49　通过扫掠得到半个汽车稳定杆

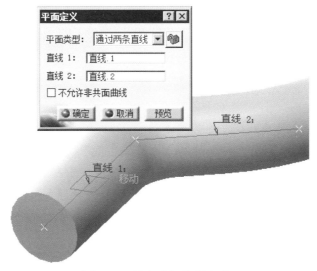

图 8-50　创建"参考平面.1"

（9）选择"参考平面.1"，单击图标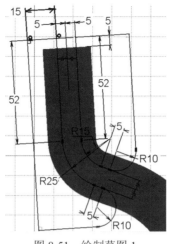，进入草图设计模块，绘制如图 8-51 所示的"草图.1"。

图 8-51　绘制草图 1

（10）单击图标，弹出如图 8-52（a）所示的"凹槽定义"对话框，选择"草图.1"作为轮廓，第一限制选择"类型"为"尺寸"，输入"深度"为"20mm"，选中"镜像范围"复选框，结果如图 8-52（b）所示。

（a）

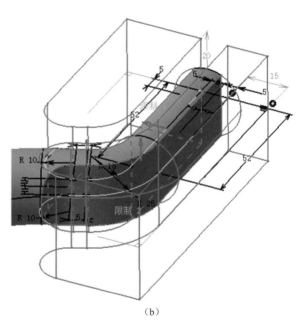

（b）

图 8-52　在汽车稳定杆的一端挖槽

（11）预选形体的两条棱线作为参考元素，单击形体的上表面，单击图标，弹出如图 8-53（a）所示的"孔定义"对话框。按照图示的尺寸限制孔的位置，再在对话框的"扩展"选项卡中选择"直到下一个"，生成"直径"为"12mm"的通孔，如图 8-53（b）所示。

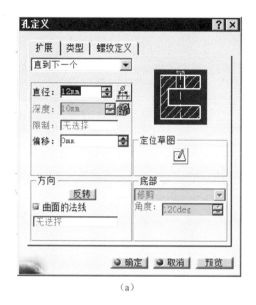

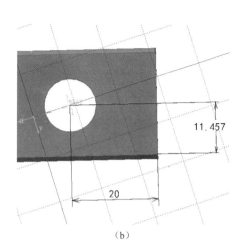

(a)　　　　　　　　　　　　　　(b)

图 8-53　在稳定杆的端部打孔

（12）单击图标 ⬚，选择"zx 平面"，得到完整的汽车稳定杆。

（13）单击图标 ⬚，弹出如图 2-37 所示的"库"对话框。选择 Steel，单击特征树的"零件"几何体。

（14）单击图标 ⬚，激活"材料"按钮，模型表面显示出材质的纹理，如图 8-54 所示。

图 8-54　显示材质为钢的汽车稳定杆模型

（15）建立数学模型。计算载荷等参数：稳定杆侧倾工况如图 8-55 所示。P_d、P_g 是转轴固定点，在稳定杆两端施加大小相等、方向相反的力 $\boldsymbol{F}_{Z_d}$、$\boldsymbol{F}_{Z_g}$，则抗侧倾刚度

$$Y = \frac{(|\boldsymbol{F}_{Z_d}| + |\boldsymbol{F}_{Z_g}|) \times Y_{Q_d}}{\arctan\left(\dfrac{Z_{Q_d}}{Y_{Q_d}}\right)}$$

式中参数含义如下。

Z_{Q_d}：在作用力 $\boldsymbol{F}_{Z_d}$ 的作用下 Q_d 点的 Z 向位移。

Z_{Q_g}：在作用力 $\boldsymbol{F}_{Z_g}$ 的作用下 Q_g 点的 Z 向位移。

Y_{Q_d}：Q_d 点到 zx 平面的距离。

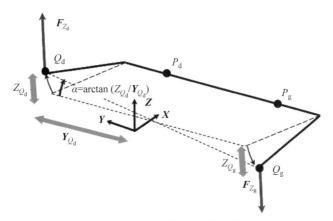

图 8-55　稳定杆侧倾刚度计算方法

F_{Z_d}：Q_d 点的作用力。

F_{Z_g}：Q_g 点的作用力。

由 $F_{Z_d} = F_{Z_g}$ 可得到 $Z_{Q_d} = -Z_{Q_g}$。

选择的材料参数：

```
Material: Steel 钢材
Young Modulus: 2e+011N_m2
Poisson Ratio: 0.266
Density: 7860kg_m3
Thermal Expansion: 1.17e-005_Kdeg
Yield Strength: 2.5e+008N_m2（参考值）
```

计算中取 $F_{Z_d} = F_{Z_g}$ =1000N。Y_{Q_d} =520 mm，由有限元计算出位移 Z_{Q_d}，即可算出侧倾刚度。

（16）选择"开始"→"分析与模拟"→Generative Structural Analysis 菜单命令，弹出如图 8-1 所示的 New Analysis Case 对话框。选择 Static Analysis，进入有限元静态分析模块，将产生一个新的 CATAnalysis 文件。

（17）定义单元类型和网格疏密程度。单击图标 ，选择汽车稳定杆，弹出如图 8-56 所示的 OCTREE Tetrahedron Mesh（八叉树四面体网格）对话框。在 Size（网格大小）框

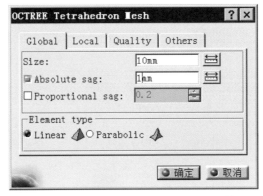

图 8-56　OCTREE Tetrahedron Mesh 对话框

中输入"10mm"，在 Absolute sag（网格误差）框中输入"1mm"，这些都是相对值。

（18）定义约束。单击图标 ⚡，选择如图 8-57 所示的一段曲面。这个约束只允许沿着曲面表面的滑动，约束了曲面法线方向的自由度。在另一端的对称位置定义同样的约束。

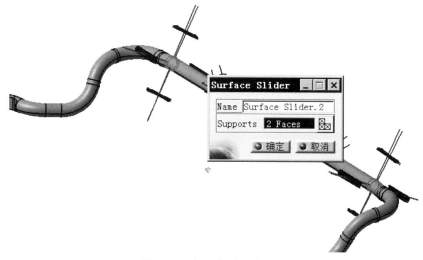

图 8-57　定义曲面滑动约束

（19）用户自定义约束。单击图标 ⚓，弹出如图 8-58 所示的 User-defined Restraint 对话框。选择中间部分的直杆表面，选中 Restrain Translation 2（位移约束分量 2）、Restrain Rotation 1（旋转约束分量 1）和 Restrain Rotation 3（旋转约束分量 3）三个复选框。约束了直杆部分的沿轴向运动和径向平面的转动。

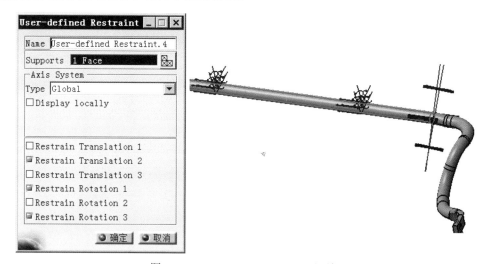

图 8-58　User-defined Restraint 对话框

（20）施加分布载荷。单击图标 ✎，弹出如图 8-59（a）所示的 Distributed Force（分布力）对话框。选择圆孔表面，在 Z 方向输入 1000N 的作用力。用同样的操作，在另一端的圆孔施加同样载荷，如图 8-59（b）所示。至此，有限元分析的前处理部分完成，保存分析文件。

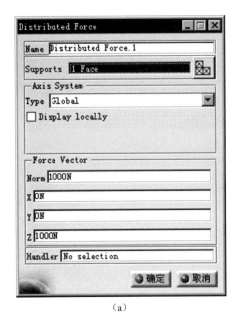
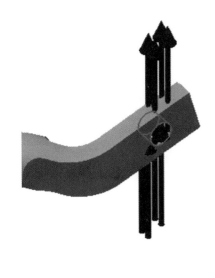

(a)　　　　　　　　　　　　　　　　　　(b)

图 8-59　施加分布载荷

（21）单击图标 ▦，根据约束条件和施加的载荷进行计算。

（22）单击图标 ▣，在对话框中选择 Average iso（平均分布），变形位移显示的结果如图 8-60 所示。端部位移值 $Z_{Qd} = 9.73$mm。

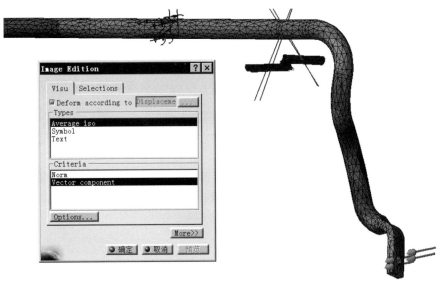

图 8-60　变形位移显示

（23）单击图标 ▣，显示的冯·米斯应力图如图 8-61 所示，最大的冯·米斯应力约为 203MPa。

按照上述计算刚度公式，计算出抗侧倾刚度 Y=55769 N·m/rad。对比标准要求，"抗横向摆动杆的刚度范围为 15000～47000N·m/rad"，刚度值超出范围，应该适当减小直径值。

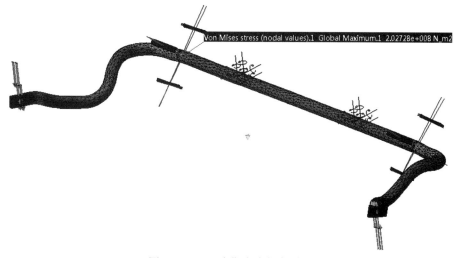

图 8-61   冯·米斯应力颜色谱图

计算结果如表 8-2 所示。

表 8-2   计算结果

F_{z_d}（力）/N	Disp.（位移）/mm	刚度/N·m·rad^{-1}	Max VonMises（应力）/MPa
1000	9.73	55769	203

可以看出，有限元的位移和刚度计算精度是较高的，非常符合实际情况。由于应力受约束条件的影响较大，其结果只作为参考和同等约束条件的对比分析。

习   题   8

1. 孔板（取 1/4）如图 8-62 所示，厚度为 20mm，材料为钢，边界条件为沿着平面滑动，压力为 2000N，做孔板受压应力分析。

2. 图 8-63 所示为球冠受力图，已知球冠的材料为钢，压力为 3000N 均匀分布。作球冠应力和变形分析。

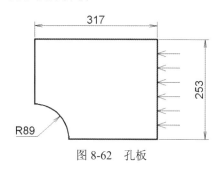

图 8-62   孔板

图 8-63   球冠

3. 钢材悬臂梁的尺寸如图 8-64 所示，作该悬臂梁的特征值分析。

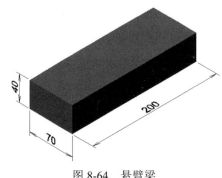

图 8-64　悬臂梁

4. 四边刚性固定的方形板，尺寸为 $200 \times 200 \times 2.5 mm^3$。表面均匀压力为 1600N，材料为钢材，求解中心挠度。

5. 连杆如图 8-65 所示，材料为钢，两端孔受杆轴线方向压力为 980N，求解应力和变形。

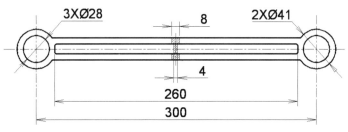

图 8-65　连杆

第9章　参数化与知识顾问

参数化与知识顾问模块的功能是将隐式的设计规范和标准转化为嵌入整个设计过程的显式知识。用户通过定义特征、公式、规则和检查，产生参数（Parameter）、设计表（Design Table）、方程（Formula）、检查（Check）以及规则（Rule）等知识对象。这些工具可以对产品设计实施参数化，利用企业积累的设计规范或标准对产品设计进行智能检查、实现设计标准和三维几何模型的统一化、集成化和智能化，从而有利于企业产品知识的继承和积累，对企业新产品的设计开发大有裨益。

9.1　设置有关知识工程的环境

使用 CATIA 知识工程的参数、方程或设计表时，应该进行以下设置。

（1）设置特征树的显示状态。选择"工具"→"选项"菜单命令，弹出如图 9-1 所示的"选项"对话框。在该对话框左侧选择结点"参数和测量"，选择"知识工程"选项卡，设置内容如图 9-1 所示。

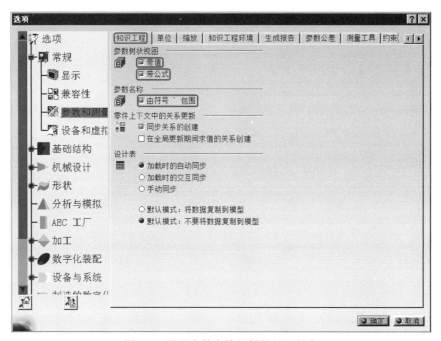

图 9-1　设置参数在特征树的显示状态

一些选项的含义如下。

① "参数树状视图"栏。

● 带值：若选中该复选框，则参数值显示在特征树上。

● 带公式：若选中该复选框，则方程显示在特征树上，如图 9-2 所示。

图 9-2　参数和公式在特征树上显示的实例

② "参数名称"栏。若选中"由符号'包围"复选框，则参数用引号括起。

（2）载入扩展语言库。选择"知识工程环境"选项卡，如图 9-3 所示。若选中"加载扩展语言库"复选框，可以使用测量或用户定义的函数，可以从下面的选项框中选择库函数。

（3）在如图 9-1 所示"选项"对话框的左侧选择结点"基础结构"→"零件基础结构"，选择"显示"选项卡，设置内容如图 9-4 所示。

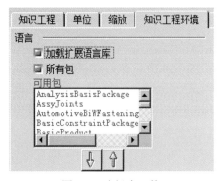

图 9-3　选择库函数

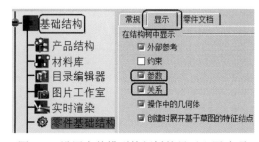

图 9-4　设置实体模型特征树的显示配置选项

① 参数：若选中该复选框，则实体模型的参数显示在实体特征树上。

② 关系：若选中该复选框，则实体模型的方程、检查或规则等关系显示在实体特征树上。

（4）在图 9-1 所示"选项"对话框的左侧选择结点"基础结构"→"产品结构"，选择"自定义树"选项卡，设置内容如图 9-5 所示，在"结构树顺序"列表中激活"参数"和"关系"。还可以调整它们在结构树上的位置。

　　　　　　　　　　　CATIA 实用教程（第 3 版）

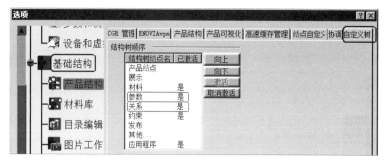

图 9-5　设置装配体模型特征树的显示配置选项

9.2　参数化和知识工程工具

有关参数化和知识工程的术语有参数、关系、方程、规则、检查和设计表。

9.2.1　参数

1. 参数的特点

（1）参数是 CATIA 特有的特征，被赋予特定值，可以在关系中引用。

（2）可以在实体模型层（Part Level）、装配模型层（Product Level）和特征层（FeatureLevel）3 个层次定义参数。

（3）参数可以分为 CATIA 自动产生的内部参数和用户定义的参数。

（4）参数有实数、整数、字符串、逻辑变量、长度、质量等数据类型。

（5）参数可以是单值的，也可以是多值的。

2. 定义参数的过程

单击"知识工程"工具栏的图标 $f\infty$，弹出如图 9-6 所示的"公式"对话框。通过该对话框定义参数的名称、类型、单值还是多值，以及该参数的默认值。

例如定义参数 a.1，a.1 是整型的单值的参数，它的默认值是"10"。具体操作如下。

在"新类型参数"下拉列表中选择数据类型，从"具有"下拉列表中选择"单值"或"多值"。例如选择了"整数"和"单值"后，单击"新类型参数"按钮，在参数列表和"编辑当前参数的名称或值"的编辑框出现了"整数.1"。

"整数.1"是当前默认的新参数。将选择"编辑当前参数的名称或值"编辑框内的"整数.1"修改为"a.1"，将其右侧的编辑框内的默认值修改为"10"，参数"a.1"定义完毕。用同样的操作定义参数"b.2"为"50"和"c.3"为"0"，在特征树上显示了这些结点，如图 9-6 所示。

若单击"公式"对话框左上角的图标 ，则在参数列表只显示用户增加的参数，否则还要显示 CATIA 默认的所有参数。

"过滤器"可以对参数列表进行过滤操作，在参数较多时，可以很快地检索出参数并简化显示的内容。

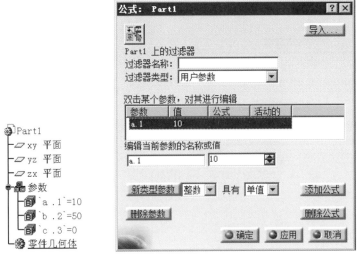

图 9-6　定义参数对话框和添加参数之后的特征树

9.2.2　公式

公式即一个参数用其他参数定义的表达式。有以下 3 种定义公式的途径。

1. 通过参数的快捷菜单定义一个新的或修改原有的公式

例如，现有参数 a.1、b.2、c.3，如图 9-6 所示，若定义公式"a.1= 2 * b.2 + (c.3 + 10)/3"，操作过程如下。

右击特征树上的结点 a.1，显示了如图 9-7 所示的快捷菜单。选择"a..1 对象"→"编辑公式"命令，弹出如图 9-8 所示的"公式编辑器"对话框。

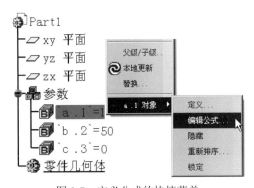

图 9-7　定义公式的快捷菜单

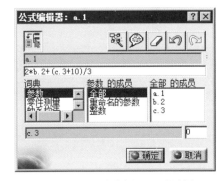

图 9-8　"公式编辑器"对话框

在"公式编辑器"对话框的文本编辑框中输入"2 * b.2 + (c.3 + 10) / 3"，单击"确定"按钮即可。在特征树上，参数 a.1 从原来的"'a.1'=10"改变为"'a.1'=103=2*'b.2'+('c.3'+10)/3"，并且增加了结点"关系"，如图 9-9 所示。

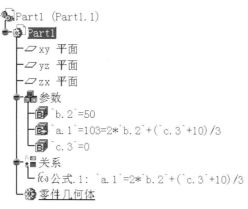

图 9-9 建立了一个公式之后的特征树

2. 利用"公式"对话框定义公式

单击图标 $f_{(x)}$，弹出如图 9-6 所示的"公式"对话框。在列表框选择一个参数，单击该对话框中的"添加公式"按钮或双击某一参数，弹出如图 9-8 所示的"公式编辑器"对话框。即可定义一个新的或修改原有的公式。

3. 利用对话框中的按钮 $f_{(x)}$ 修改公式或参数

（1）直接改变参数的数值。双击特征树上的参数，弹出如图 9-10 所示的"编辑参数"对话框。右击该对话框中的图标 $f_{(x)}$，弹出如图 9-8 所示的"公式编辑器"对话框。通过它可修改原有的公式。

（2）间接改变参数的数值。当参数已通过公式成为形体参数的函数时，修改该形体，原有的对话框增加了图标 $f_{(x)}$，通过该图标 $f_{(x)}$ 可以修改原有的公式。

例如，某公式定义参数 L.2 等于某拉伸体的第一限制长度（注意统一单位为毫米），双击这个拉伸体，弹出"定义凸台"对话框。该对话框增加了如图 9-11 所示的图标 $f_{(x)}$。单击该图标，弹出如图 9-8 所示的"公式编辑器"对话框，通过它可以修改原有的公式。

图 9-10 "编辑参数"对话框   图 9-11 增加了图标 $f_{(x)}$ 的"定义凸台"对话框

4. 在建模过程中定义零件的参数和公式

在建模过程中定义的零件参数和公式，可以用来创建设计表，实现零件的参数化设计。图 9-12 所示为垫圈 GB/T　97.2—2002 的剖视图和尺寸参数。要求在建模过程中定义垫圈的参数 d1、d2、h 和 c。

（1）建立参数和公式。单击图标 f_{∞}，弹出如图 9-13 所示的"公式"对话框。建立如图 9-12 所示的 4 个参数。

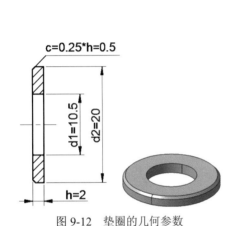

图 9-12　垫圈的几何参数

图 9-13　"公式"对话框

选中参数"c"，单击"添加公式"按钮，弹出如图 9-14 所示的"公式编辑器"对话框。

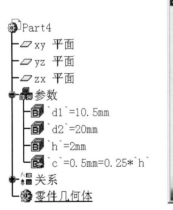

图 9-14　公式编辑器

在"公式编辑器"对话框的文本编辑框中输入"0.25*h"，单击"确定"按钮，公式定义完毕，返回"公式"对话框。再次单击"确定"按钮，参数和公式定义完毕，在特征树上显示了相应的结点。

CATIA 实用教程（第 3 版）

（2）将垫圈的外径 d2 参数化。选择"xy 平面"，单击图标 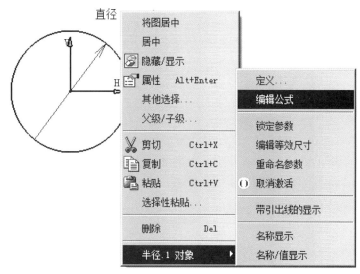，进入草图设计环境。单击图标 ⊙，以原点为圆心绘制一个圆。单击图标 ⊟，标注该圆的尺寸。右击该尺寸，出现如图 9-15 所示的快捷菜单。选择"编辑公式"命令，弹出如图 9-16 所示的"公式编辑器"对话框。

图 9-15　右击尺寸时出现的快捷菜单

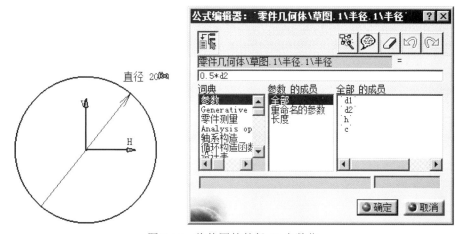

图 9-16　将垫圈的外径 d2 参数化

在"公式编辑器"对话框的文本编辑框中输入"0.5*d2"，单击"确定"按钮，垫圈的外径尺寸"d2"参数化完毕。单击图标 ⬆，返回零件设计模块。

（3）将垫圈的厚度 h 参数化。单击图标 ⬚，弹出"定义凸台"对话框。右击"长度"数值时，出现如图 9-17 所示的快捷菜单。选择快捷菜单中的"编辑公式"命令，弹出如图 9-18 所示的"公式编辑器"对话框。

在"公式编辑器"对话框的文本编辑框中输入"h"，单击"确定"按钮，垫圈的厚度尺寸 h 参数化完毕。若再次单击该凸台时，"定义凸台"对话框的长度选项就会增加了图标 𝑓∞，如图 9-19 所示。

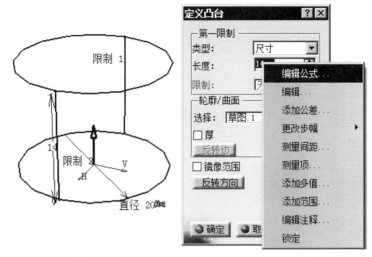

图 9-17 右击"长度"数值后出现的快捷菜单

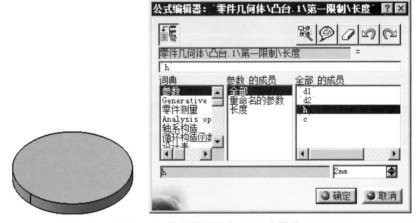

图 9-18 将垫圈的厚度"h"参数化

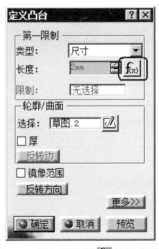

图 9-19 增加了图标 $f_{(x)}$ 的长度选项

CATIA 实用教程（第 3 版）

（4）将垫圈的内径 d1 参数化。单击图标 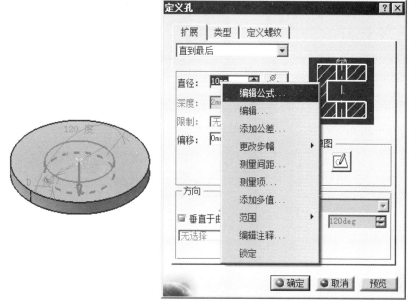，弹出"定义孔"对话框。右击"直径"数值时，出现如图 9-20 所示的快捷菜单。

图 9-20　右击"直径"数值后出现的快捷菜单

选择快捷菜单中的"编辑公式"命令，弹出如图 9-21 所示的"公式编辑器"对话框。

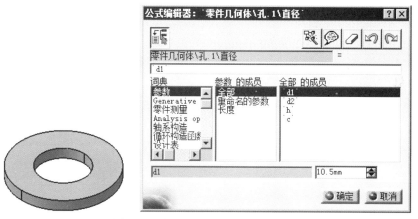

图 9-21　将垫圈的内径"d1"参数化

在"公式编辑器"对话框的文本编辑框中输入"d1"，单击"确定"按钮，垫圈的内径尺寸 d1 参数化完毕。

（5）将垫圈的倒角 c 参数化。单击图标 ，弹出"定义倒角"对话框。右击"长度 1"数值，出现如图 9-22 所示的快捷菜单。

在快捷菜单中选择"编辑公式"命令，弹出如图 9-23 所示的"公式编辑器"。

在"公式编辑器"的文本编辑框中输入"c"，单击"确定"按钮，垫圈的倒角尺寸 c 参数化完毕。至此，垫圈的全部尺寸参数化完毕。

图 9-22 右击"长度 1"数值时出现的快捷菜单

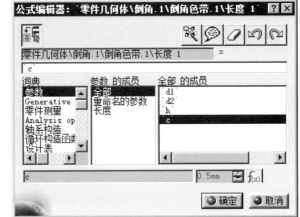

图 9-23 将垫圈的倒角 c 参数化

9.2.3 检查

检查是一系列判断表达式，为用户提供是否满足某种状况的信息。检查不影响形体的几何形状。

如果当前模块没有"检查"的图标 ☑ 和"规则"的图标 ，则选择"开始"→"知识工程模块"→Knowledge Advisor 菜单命令，即可出现如图 9-24 所示的含有这两个图标的 Reactive Features 的工具栏。

1. 定义检查

单击图标 ☑，弹出如图 9-25（a）所示的"检查 编辑器"对话框。输入检查的名称，例如，"高度 H"。单击"确定"按钮，弹出如图 9-25（b）所示的"Check Editor: 高度 H Active"

对话框。

图 9-24　Reactive Features 工具栏

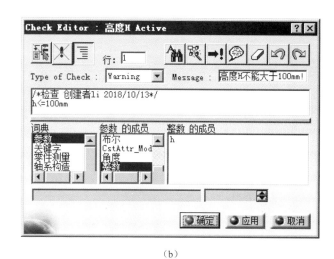

(a)　　　　　　　　　　　　　　(b)

图 9-25　"检查 编辑器"对话框

从如图 9-25（b）所示对话框的 Type of Check（检查类型）的下拉列表选择返回值的种类，例如选择 Warning（警告）；在 Message 域输入返回的具体信息，例如"高度 H 不能大于100 mm!"，在中间的大窗口输入检查条件，例如"h <= 100 mm"。单击"确定"按钮即可。

2. 判断表达式

判断表达式与程序设计语言的判断表达式相同，举例如下。

h < 100 mm，若参数 h 的值小于 100mm，则满足检查的条件，不返回任何信息。

h <= 100 mm，若参数 h 的值小于或等于 100mm，满足检查的条件，不返回任何信息。

h >= 10 mm and h<= 100 mm，若参数 h 的值为 10～100mm（包括 10mm 和 100mm），满足检查的条件，不返回任何信息。

如果不满足上述检查的条件，则返回在 Message 域指定的信息。

3. 检查返回值的类型

若数据不满足给定的条件时，可有不同类型的返回值。从 Type of Check 的下拉列表中可以选择以下 3 种类型。

（1）Silent：不返回任何信息。

（2）信息：返回提示信息，如图 9-26 所示。

（3）Warning：返回警告信息，如图 9-27 所示。

图 9-26　返回提示信息

图 9-27　返回警告信息

9.2.4　规则

规则类似于程序设计语言的条件语句,在满足条件的情况下执行一些指令,如定义参数或方程,或者发出提示信息,用于对参数的控制。

单击图标![icon],弹出如图 9-28 所示的"规则 编辑器"对话框。输入规则的名称,单击"确定"按钮,弹出如图 9-29 所示的 Rule Editor(编辑规则)对话框。

图 9-28　"规则 编辑器"对话框

图 9-29　Rule Editor 对话框

定义规则时,参数可以从特征树、几何图形的尺寸或字典参数库中选取,例如图 9-29定义的规则的含意是,如果点 Point.5 的 x 坐标为正数,显示信息"Point.5 abccissa is positive",

否则显示信息 "Point.5 abxcissa is：×××（Point5 的 x 参数值）"。

9.2.5 设计表

设计表提供了产生和管理系列零件的工具，系列零件具有相同的参数、类似的结构，只是零件的参数值不尽相同。例如一种垫圈的系列，垫圈的螺纹规格、内径、外径厚度和倒角的尺寸可以定义为一些参数。设计表中的每一行数值对应垫圈的这些参数，即对应一个垫圈零件，整个表对应一系列垫圈。

设计表的目的是通过外部参数数据控制几何形状，设计表的功能需要 Microsoft Excel 支持。

1. 建立设计表

单击"知识工程"工具栏的图标 ▦，弹出如图 9-30 所示的"创建设计表"对话框，输入设计表的名称和注释。

图 9-30　"创建设计表"对话框

2. 建立设计表的两个途径

有两种生成设计表的途径：一个是通过已经存在的 Excel 文件生成设计表；另一个是利用现有参数创建设计表。

1）通过已经存在的文件生成设计表

图 9-31 是一个存有垫圈几何参数的 Excel 文件，文件中的参数如图 9-12 所示。在如图 9-30 所示的对话框中选中"从预先存在的文件中创建设计表"单选按钮，单击"确定"按钮，再从随后弹出的"选择文件"对话框内选择这个 Excel 文件。弹出如图 9-32 所示的"自动关联"确认框。单击"是"按钮，则自动将 Excel 表格的参数与当前设计模块的设计参数或通过图标 ƒ(x) 定义的参数中的同名参数相关联，若单击"否"按钮，则需要手动将 Excel 表格的参数与后者相关联。

	A	B	C	D
1	d1	d2	h	c
2	5.3	10	1	0.25
3	6.4	12	1.6	0.4
4	8.4	16	1.6	0.4
5	10.5	20	2	0.5
6	13	24	2.5	0.625
7	15	28	2.5	0.625
8	17	30	3	0.75
9	21	37	3	0.75
10	25	44	4	1
11	31	56	4	1
12				

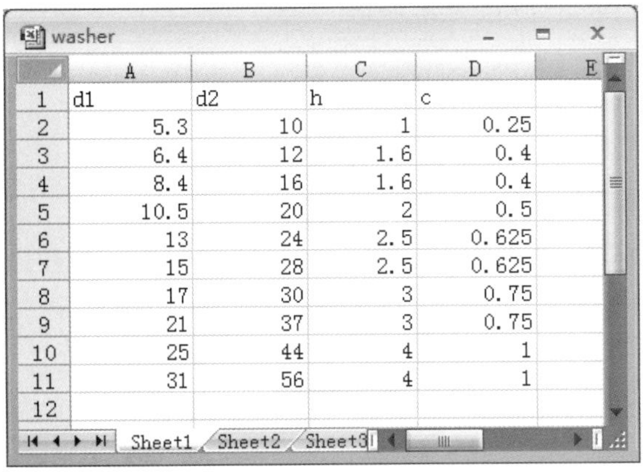

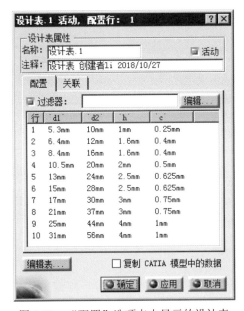

图 9-31　用 Microsoft Excel 建立的文件名为 washer 的文件

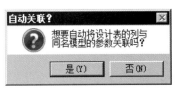

图 9-32　“自动关联”确认框

（1）自动关联。如果已经定义了与 Excel 表格同名的参数 d1、d2、h 和 c，应该选择自动关联。单击“是”按钮，则同名参数自动关联，在“设计表”对话框的“配置”选项卡上显示了生成的设计表，如图 9-33 所示。单击“确定”按钮，即可生成垫圈的设计表，在特征树上增加了该设计表的结点。

行	\`d1\`	\`d2\`	\`h\`	\`c\`
1	5.3mm	10mm	1mm	0.25mm
2	6.4mm	12mm	1.6mm	0.4mm
3	8.4mm	16mm	1.6mm	0.4mm
4	10.5mm	20mm	2mm	0.5mm
5	13mm	24mm	2.5mm	0.625mm
6	15mm	28mm	2.5mm	0.625mm
7	17mm	30mm	3mm	0.75mm
8	21mm	37mm	3mm	0.75mm
9	25mm	44mm	4mm	1mm
10	31mm	56mm	4mm	1mm

图 9-33　“配置”选项卡上显示的设计表

如果单击“编辑表”按钮，则打开新生成的电子表格文件。如果在该文件增加新的数据，则关闭该文件后返回如图 9-33 所示的设计表，设计表也增加了相同的数据。

（2）手动关联。如果所定义的参数与 Excel 表格中的参数名不相同，应该选择手动关联。例如，当前定义的参数是“内径”“外径”“厚度”和“倒角”。

手动关联的“设计表”与“自动关联”的相同，只是“配置”选项卡是空的，如图 9-34 所示。

单击“关联”选项卡的标签，即可显示“关联”选项卡的内容如图 9-35 所示。

图 9-34　手动关联开始时"配置"选项卡是空的

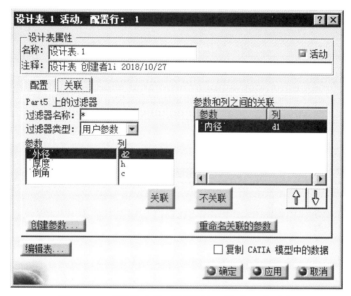

图 9-35　"设计表"对话框的"关联"选项卡

该卡有以下 3 个栏。

①"参数"栏：该栏列出了在 CATIA 建模过程中定义的参数和通过图标 f_∞ 定义的参数。显示了经过"用户参数"过滤后的参数。

②"列"栏：该栏列出了 Excel 文件中的参数名。

③"参数和列之间的关联"栏：该栏列出了已经关联的参数对。

在"参数"和"列"两栏中各选择一个参数，单击"关联"按钮，即可建立两者的关联关系。这两个参数的类型必须相同。例如在"参数"栏选择"内径"，在"列"栏选择 d1，单击"关联"按钮，"内径"和 d1 即可转移到"参数和列之间的关联"栏。用同样的操作，将"外径"和 d2、"厚度"和 h、"倒角"和 c 也建立关联的关系。

通过上、下箭头可以调整已经关联的这对参数在设计表的位置。若单击"不关联"按钮，则解除所选的一对参数的关联关系，并返回到左边各自的列表。

单击"配置"选项卡的标签,显示如图 9-36 所示的手动关联的设计表。单击"确定"按钮,即可得到该设计表,同时在特征树上增加了设计表的结点。

(3)自动关联开始,手动关联补充。如果定义的参数中,有一部分参数与 Excel 表格同名。例如,定义了 d1 和 d2 与 Excel 表格同名的两个参数,还定义了"厚度"和"倒角"两个参数。

开始的操作同"自动关联"。于是,"设计表"的"配置"选项卡列出了与表格同名的参数 d1 和 d2 两列数据,如图 9-37 所示。

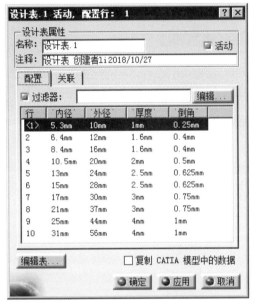

图 9-36 手动关联创建的设计表

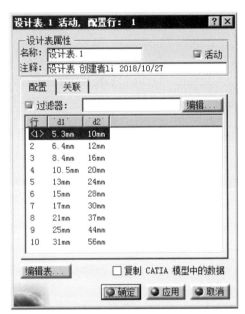

图 9-37 "配置"选项卡只显示两列数据

单击"关联"选项卡的标签,显示如图 9-38 所示的内容。接着的操作同"手动关联"。

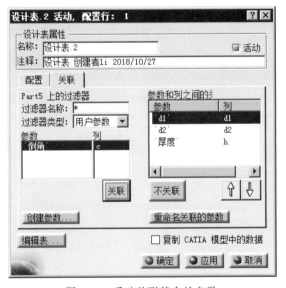

图 9-38 手动关联其余的参数

即在"参数"栏选择"厚度",在"列"栏选择"h",单击"关联"按钮,"厚度"和"h"这一对参数被转移到"参数和列之间的关联"栏,以此类推。

单击"配置"选项卡的标签,显示的内容如图 9-39 所示。

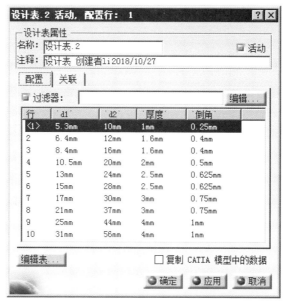

图 9-39　自动关联、手动关联补充创建的设计表

单击"确定"按钮,即可得到该设计表,同时在特征树上增加了设计表的结点。

2)利用当前的参数生成设计表

当前的参数可以分为用户建立的参数和操作过程中 CATIA 自动生成的参数。

(1)利用 CATIA 自动生成的参数生成设计表。假定在创建如图 9-12 所示垫圈的三维模型的过程中,没有定义过任何参数。

单击图标 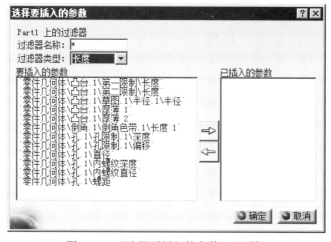,弹出如图 9-30 所示的"创建设计表"对话框,选中"使用当前的参数值创建设计表"按钮,单击"确定"按钮,弹出如图 9-40 所示的"选择要插入的参数"对话框。

图 9-40　"选择要插入的参数"对话框

该对话框有"要插入的参数"和"已插入的参数"两个栏。前者的全部参数约有 30 个，经过"长度"过滤，长度类型的参数如图 9-40 所示。每个参数都是在建模的过程中产生的，例如"零件几何体\凸台.1\第一限制\长度\"，是凸台的厚度 h。将其选中，然后单击图标 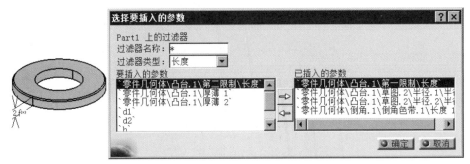，该参数随即被转移到"已插入的参数"栏。再将另外三个参数转移到"已插入的参数"栏，如图 9-41 所示。

图 9-41　将 4 个参数转移到"已插入的参数"栏

单击"确定"按钮，弹出"另存为"对话框将其保存为电子表格文件。输入将要生成的电子表格文件的名字之后，弹出如图 9-42 所示的"设计表"对话框。在该对话框的配置栏，看到了设计表的内容。单击"确定"按钮，生成设计表结束。在特征树上增加了设计表的结点。

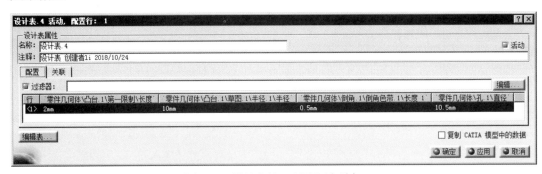

图 9-42　设计表的"配置"选项卡

如果单击"编辑表"按钮，打开新生成的电子表格文件，如图 9-43 所示。如果在该文件增加新的数据。关闭该文件，则返回如图 9-42 所示的设计表，此时设计表中增加了相同的数据。

图 9-43　电子表格文件

由于所有的参数名都是 CATIA 内定的，参数的名称并非专业术语，因此不便于阅读。此外参数的名称都很长，且参数名称与零件几何参数也不直接对应。例如 "零件几何体/凸台.1/草图.1/半径/" 是垫圈外径 d2 的一半。因此，不应局限于 CATIA 内定的参数，应该自定义与零件几何参数一致的一些参数。

（2）利用自定义的参数生成设计表。如果按照 9.2.2 节的操作在创建图 9-12 所示的垫圈的三维模型的同时也实现了垫圈的 4 个参数 d1、d2、h 和 c 的参数化。就可以直接利用垫圈的这 4 个参数创建设计表。

单击图标 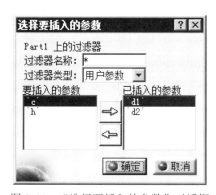，弹出如图 9-30 所示的"创建设计表"对话框，选中"用当前的参数值创建设计表"按钮，单击"确定"按钮，弹出如图 9-44 所示的"选择要插入的参数"对话框。

在"过滤器类型"下拉列表中选择"用户参数"，这样"要插入的参数"栏就只有如图所示的 4 个参数。依次将每个参数，通过按钮 ⇨ 转移到"已插入的参数"栏。

单击"确定"按钮，弹出"另存为"对话框。输入这个电子表格文件的名称，例如 washer 之后，弹出如图 9-45 所示的"设计表.1"对话框。在该对话框的"配置"选项卡，看到了"设计表.1"的内容。单击"确定"按钮，完成操作。此时在图 9-46 所示的特征树上增加了"设计表.1"结点。

图 9-44　"选择要插入的参数"对话框

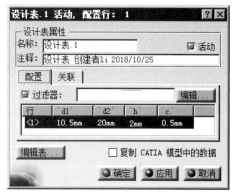

图 9-45　"设计表.1"对话框

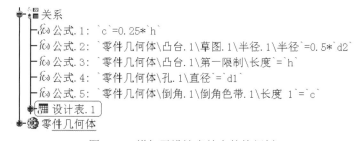

图 9-46　增加了设计表结点的特征树

如果单击"编辑表"按钮，则打开如图 9-47 所示的名字为 washer 的电子表格文件。如果在该文件增加了如图 9-48 所示的两行数据。保存并关闭该文件，返回如图 9-49 所示的"设计表"对话框，此时该设计表也增加了相同的数据。

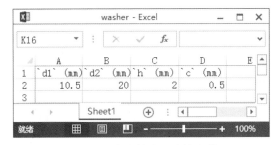

图 9-47 生成的电子表格文件

图 9-48 增加了两行的电子表格文件

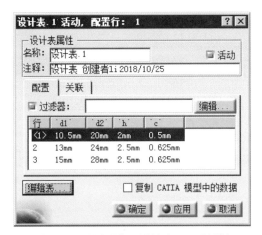

图 9-49 返回后的"设计表.1"对话框

　　双击特征树上的结点"设计表.1",弹出如图 9-49 所示的"设计表.1"对话框。选中第一行,单击"确定"按钮,得到如图 9-50 中左边的垫圈。用相同的操作选中"设计表.1"的第二行、第三行,则得到如图 9-50 中的中间和右边的垫圈。

图 9-50 利用"设计表"得到不同几何参数的垫圈

此过程是典型的零件参数化设计实例。

3. 修改"设计表"的配置或"设计表"的参数值

（1）双击如图 9-51 所示的特征树上"设计表.1"项下的"配置"结点，出现如图 9-52 所示的"编辑参数"对话框。

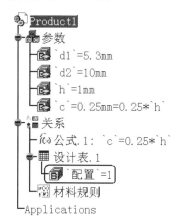

图 9-51　特征树上"设计表.1"项下的"配置"结点　　　　图 9-52　"编辑参数"对话框

（2）单击如图 9-52 所示对话框中的图标 ▦，进入如图 9-53 所示的"设计表 1"对话框，改变其中的参数。也可以直接双击特征树上的"设计表.1"结点，弹出如图 9-49 所示的"设计表"对话框，改变设计表中的参数。

图 9-53　"设计表.1"对话框

9.3　应　用　实　例

【例 9-1】　　以系列的螺栓为例，介绍参数化设计及知识工程的应用。

1. 进入零件设计模块

选择"文件"→"新建"菜单命令，在随后弹出的"新建"对话框中选择 Part，进入零件设计模块。

2. 建立参数

单击图标 $f\infty$，弹出如图 9-54 所示的"公式"对话框。根据图 9-55 所示的数据建立参数如下。

```
Material=steel                    材料
Designation=GB/T 5780 M6×30       螺栓名称
D_dia=6mm                         螺纹大径
L_length=30mm                     螺柱长度
K_max_head_depth=4mm              六角头厚度
S_nom_across_flats=10mm           六角头对边距离
P_pitch=0.5mm                     倒角宽度
R_min=0.25mm                      圆角半径
```

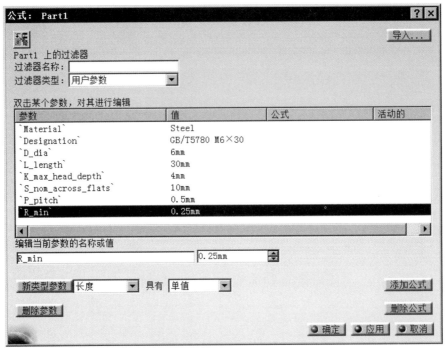

图 9-54　"公式"对话框

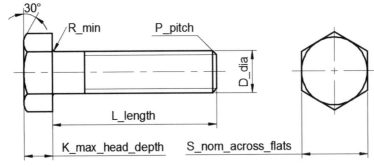

图 9-55　螺栓的几何参数

单击"确定"按钮，参数定义结束，特征树增加了"参数"结点，如图 9-56 所示。

——————— CATIA 实用教程（第 3 版）

图 9-56　特征树的参数结点

3. 建立螺栓的模型

（1）定义螺柱半径的公式。单击图标 ，选择"yz 平面"，以坐标原点为圆心，画任意半径的圆。右击半径尺寸，弹出如图 9-57 所示的快捷菜单。选择"半径.1 对象"→"编辑公式"菜单命令，弹出如图 9-58 所示的"公式编辑器"对话框。定义如图所示的公式"半径= 0.5* D_dia"。

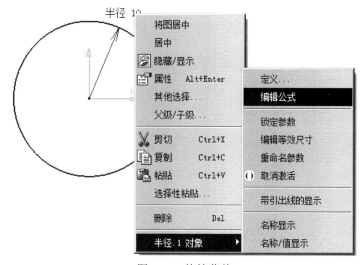

图 9-57　快捷菜单

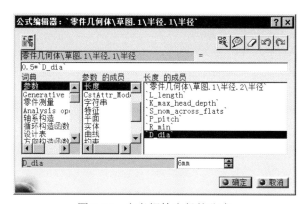

图 9-58　定义螺栓半径的公式

（2）定义螺栓长度的公式。返回零件建模模块，单击图标。在如图 9-59 所示的"定义凸台"对话框中右击"长度"文本框的数值，在弹出的快捷菜单中选择"编辑公式"命令，弹出如图 9-60 所示的"公式编辑器"对话框。定义螺栓长度的公式为 L_length。

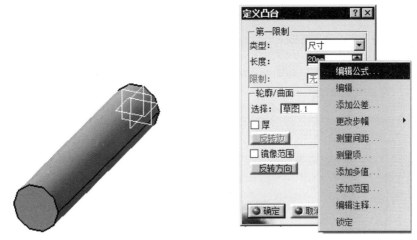

图 9-59　"定义凸台"对话框

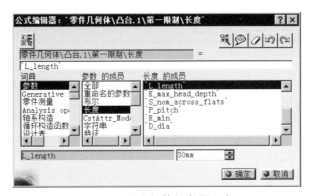

图 9-60　定义螺栓长度的公式

（3）定义正六边形对边距离的公式。螺栓的头部可以看作是由一个正六边形经过拉伸而得到的。单击图标，选择圆柱的左端面为基面，画正六边形，如图 9-61 所示。用定

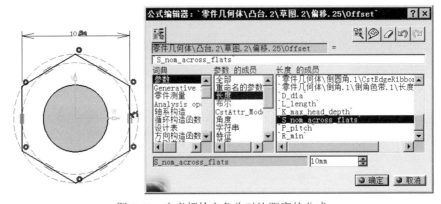

图 9-61　定义螺栓六角头对边距离的公式

义螺栓半径的方法定义六角头对边距离的公式为 S_nom_across_flats。

（4）定义螺栓六角头厚度的公式。返回零件设计模块，单击图标 🔧，用定义螺栓长度的方法定义六角头厚度的公式为 "K_max_head_depth"，如图 9-62 所示。

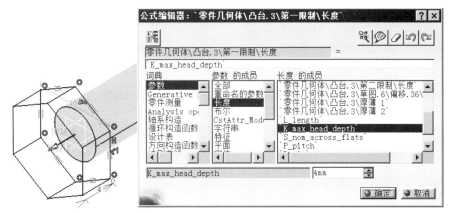

图 9-62　定义螺栓六角头厚度的公式

（5）定义三角形的一个顶点 A 相对于螺栓位置的两个公式。选择 "zx 平面"，单击图标 📐，绘制如图 9-63 所示的三角形。标注该三角形顶点 A 至螺栓轴线的垂直尺寸 5、顶点 A 至螺栓头部右端面的水平尺寸 4。右击尺寸 5，用定义螺柱半径的方法定义该三角形顶点 A 到螺栓轴线距离的公式为 "0.5*S_nom_across_flats"，如图 9-63（a）所示。右击尺寸 4，用同样的方法定义三角形顶点 A 到螺栓头部右端面距离的公式为 "K_max_head_depth"，如图 9-63（b）所示。

返回零件设计模块，单击图标 🔧，生成螺栓头部的圆锥面，如图 9-64 所示。

（6）定义螺栓圆角半径的公式。单击图标 🔧，生成螺栓的圆角，用定义螺栓长度的方法定义圆角半径的公式为 "R_min"，如图 9-65 所示。

（a）

图 9-63　定义三角形顶点 A 相对于螺栓位置的公式

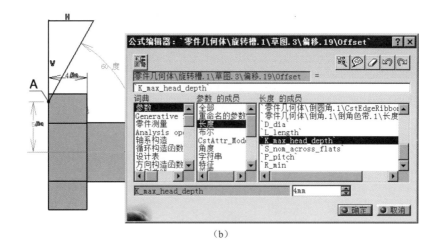

（b）

图 9-63 （续）

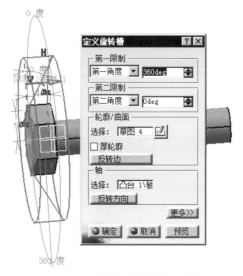

图 9-64 生成螺栓头部的圆锥面

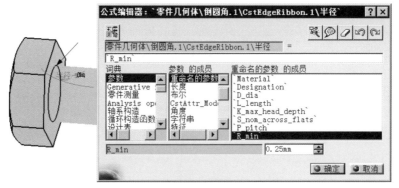

图 9-65 定义螺栓圆角半径的公式

（7）定义螺栓倒角宽度的公式。单击图标 ，生成螺栓的倒角。用定义螺栓圆角半径的方法定义螺栓倒角宽度的公式为"P_pitch",如图 9-66 所示。

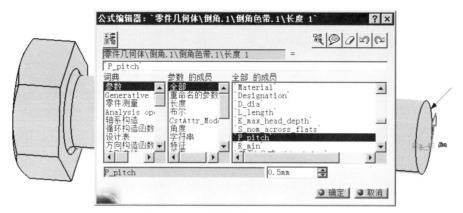

图 9-66　定义螺栓倒角宽度的公式

至此,螺栓的参数化模型建立完毕,结果如图 9-67 所示。

图 9-67　完成螺栓的参数化建模

(8)在 Microsoft Excel 环境下建立图 9-68 所示的名称为 bolt 的电子表格文件。

	A	B	C	D	E	F
1	D_dia	L_length	K_max_head_depth	S_nom_across_flats	P_pitch	R_min
2	5	20	3.5	8	0.5	0.2
3	5	25	3.5	8	0.5	0.2
4	5	30	3.5	8	0.5	0.2
5	5	35	3.5	8	0.5	0.2
6	5	40	3.5	8	0.5	0.2
7	6	12	4	10	0.5	0.25
8	6	16	4	10	0.5	0.25
9	6	20	4	10	0.5	0.25
10	6	25	4	10	0.5	0.25
11	6	30	4	10	0.5	0.25

图 9-68　螺栓参数的 Excel 文件

(9)生成设计表。如果想要去掉参数名两侧的符号"`",则选择"工具"→"选项"菜单命令,通过如图 9-1 所示的"选项"对话框取消选中"由符号'包围"复选框。

单击图标▉,弹出如图 9-30 所示的"创建设计表"对话框。选择"从预先存在的文件中创建设计表"按钮。单击"确定"按钮,在弹出的"选择文件"对话框内选择名称为 bolt 的 Excel 文件,弹出如图 9-32 所示的"自动关联"确认框,单击"是"按钮,弹出"是否产生同名参数自动关联"提示框,即可得到如图 9-69 所示的螺栓设计表。

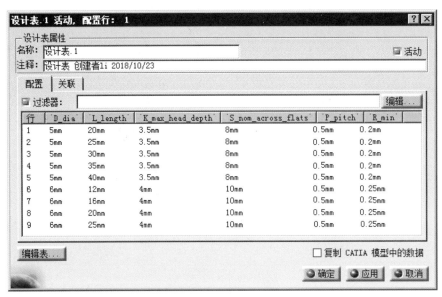

图 9-69　螺栓设计表

（10）定义规则。单击图标，弹出的"规则 编辑器"对话框中输入"规则的名称"为"材料规则"，如图 9-70 所示。单击"确定"按钮，弹出如图 9-71 所示的 Rule Editor（编辑规则）对话框。

图 9-70　"规则 编辑器"对话框

图 9-71　Rule Editor 对话框

如图 9-71 所示，在 Rule Editor 对话框的文本编辑框中输入"if L_length > 30 mm

'Material' = "Steel"　else 'Material' ="Aluminium"'，单击"确定"按钮，定义规则完毕。

此规则的含义是，当参数 L_length 大于 30mm 时，螺栓的材料为"Steel"（钢），否则为"Aluminium"（铝）。例如，当 L_length 等于 20mm 时，Material 等于 Aluminium，当 L_length 等于 50mm 时，Material 等于 Steel，如图 9-72 所示。

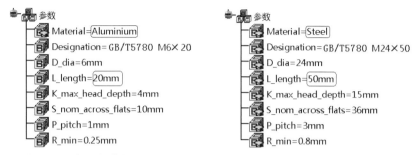

图 9-72　根据螺栓的"L_length（长度）"确定它的"Material（材料）"

（11）定义检查。单击图标 ✔，在弹出的"检查 编辑器"对话框中输入"检查的名称"为"直径检查"，如图 9-73 所示。单击"确定"按钮，弹出如图 9-74 所示的 Check Editor 对话框。

图 9-73　建立一个检查，名字为"直径检查"

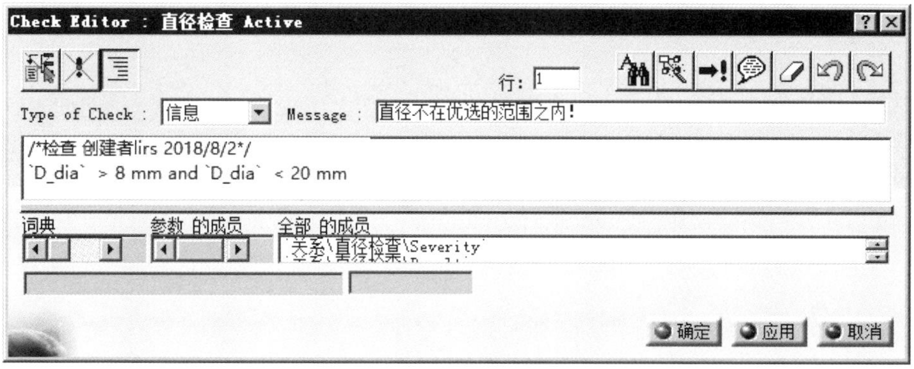

图 9-74　Check Editor 对话框

如图 9-74 所示，在 Check Editor 对话框的 Type of Check 下拉列表中选择"信息"，在 Message 文本框中输入"直径不在优选的范围之内！"，在检查的内容域输入"'D_dia' > 8 mm and 'D_dia' < 20 mm"。单击"确定"按钮，定义完毕。

（12）应用。至此，系列螺栓的参数化及一个知识工程的定义完毕。双击特征树上的"设计表.1",弹出如图 9-69 所示的对话框中将显示"设计表.1"的配置,选择任意一行,单击"应用"按钮,螺栓的几何模型就会随之更新,从而实现了螺栓系列化设计。

如果螺栓的直径范围为 8～20mm,就会弹出如图 9-75 所示的警告对话框,同时特征树上的直径检查结点就以红色显示。在特征树上还可以看到:如果螺栓的长度大于 20mm 时,其材料参数结点为钢,否则为铝。

图 9-75 特征树上检查结点变成红色并且弹出警告对话框

【例 9-2】 参数化设计在汽车总布置分析中头部包络建模的应用。

头部空间的大小是汽车产品的一项重要人机指标,它在很大程度上影响了驾乘人员的舒适感;而头部包络位置的确定是整车设计中决定头部空间的必要条件,驾乘人员头部空间的舒适感可用头部包络位置来评价。因此,头部包络位置是确定车身内部顶棚的高度设计的基础。

美国机动车工程师学会(Society of Automotive Engineers,SAE)制定的标准是汽车行业权威性的技术标准,《机动车辆驾驶员或乘客头部包络及定位标准》(SAE J1052)明确了汽车驾乘人员头部位置与座椅行程、驾乘位置等有着密切关系,可以根据标准中的算法分门别类,手动建立不同位置、不同条件下的头部包络。本例根据 SAE J1052 标准,利用 CATIA V5 参数化设计方法开发头部包络模型,在不同车型中通过更改参数使头部包络达到更新。

如图 9-76 所示为头部包络尺寸相对于整车特征尺寸的关系。头部包络是指不同人体坐于汽车内,将座椅调整到合适的位置,头部运动在整车坐标系下所形成的分布图形,为研究车辆的头部空间提供基准。

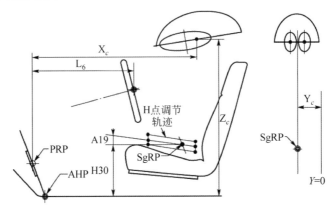

图 9-76 头部包络曲面尺寸定义

(1)选择"开始"→"形状"→"创成式外形设计"菜单命令,进入曲面设计模块。
(2)定义参数。单击图标 f_{∞},弹出如图 9-6 所示的"公式"对话框,定义以下参数。

```
PRP_L1=573 mm              整车硬点油门踏板 PRP 点 X 坐标值
SgRP_L31=1500 mm           整车硬点 SgRP 点 X 坐标值
W20= -400 mm               整车尺寸 H 点 Y 坐标值
AHP_H8=325mm               整车硬点油门踵点 AHP 点 Z 坐标值
H30=325mm                  整车硬点油门踵点 AHP 点和 H 点 Z 坐标差值
L6=709mm                   方向盘中心到 PRP 的 X 向距离
t=0                        多值整数，无离合器为 0，有离合器为 1
BETA=-12 deg               头部包络倾角
```

本例中根据 SAE J1052 标准尺寸规定，按照座椅行程 TL23>133mm，95%假人，驾驶员和前排外侧乘客的头部包络和眼椭球建造曲面模型。

（3）建立 3 个基准点的公式。单击图标 ，在弹出的"点定义"对话框中右击坐标数值，在弹出的快捷菜单中选择"编辑公式"命令，生成 3 个点的坐标，如图 9-77 所示。坐标的公式如图 9-78 所示。

图 9-77　建立 3 个基准点的公式

```
关系
  公式.1: `零件几何体\点.1\X`=`PRP_L1`+664mm+0.587*`L6`-0.176*`H30`-12.5mm*`t`
  公式.2: `零件几何体\点.1\Y`=`W20`-32.5mm
  公式.3: `零件几何体\点.1\Z`=`AHP_H8`+638mm+`H30`
  公式.4: `零件几何体\点.2\X`=`PRP_L1`+664mm+0.587*`L6`-0.176*`H30`-12.5*`t`
  公式.5: `零件几何体\点.2\Y`=`W20`+32.5mm
  公式.6: `零件几何体\点.2\Z`=`AHP_H8`+638mm+`H30`
  公式.7: `零件几何体\点.3\X`=`零件几何体\点.1\X`+90.6mm
  公式.8: `零件几何体\点.3\Y`=`W20`
  公式.9: `零件几何体\点.3\Z`=`零件几何体\点.1\Z`+52.6mm
```

图 9-78　生成眼椭球和头部包络中心点的坐标公式（SAE 标准）

（4）建立两个球面。单击图标 ，弹出如图 9-79 所示的"球面曲面定义"对话框。在对话框中选择"点.1"为"中心"，输入"30.15mm"为"球面半径"，设置纬线和经线的起始和终止角度，生成"球面.1"。

图 9-79　生成基础"球面.1"

再次单击图标 ⚪，选择"点.2"为"中心"，输入与"球面.1"相同的数据，得到"球面.2"。

（5）将两个球面变换为椭球曲面。单击图标 🔧，弹出如图 9-80 所示的"仿射定义"对话框。选择"球面.1"为仿射对象，"点.1"为"原点"，选择"xy 平面"为坐标平面，右击，在弹出的快捷菜单中选择"X 轴"命令，在弹出的"仿射定义"对话框中设置"比率"栏的"X"为"206.4/60.3"，"Y"为"1"，"Z"为"93.4/60.3"。单击"确定"按钮，特征树上得到结点"仿射.1（椭球面.1）"。

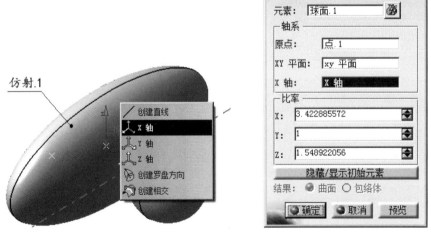

图 9-80　生成椭球面 1

再次单击图标 🔧，选择"球面.2"为仿射对象，"点.2"为"原点"，其余选项同生成"椭球面.1"，得到"仿射.2（椭球面.2）"。

（6）生成头部包络中的基础球面。SAE 标准定义驾驶员和前排乘员头部包络是由图 9-81 所示的两个 1/4 椭圆面和半个椭圆柱面组成的。椭球面的生成方法与眼椭球面生成的方法相同。

——————— CATIA 实用教程（第 3 版）

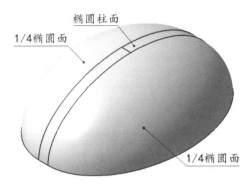

图 9-81　头部包络的曲面组成

单击图标 ◎，弹出"球面曲面定义"对话框，选择"点.3"为"中心"，输入"球面半径"为"133.5mm"，纬线和经线的起始和终止角度如图 9-82 所示，得到"球面.3"。

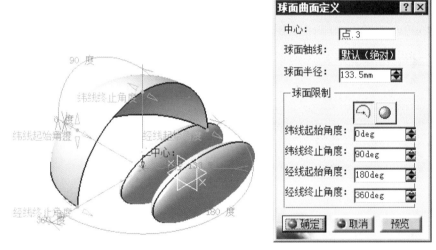

图 9-82　生成头部包络基础球面

（7）将"球面.3"变换为椭球面。单击图标 ，弹出"仿射定义"对话框，选择"球面.3"为仿射对象，"点.3"为"原点"，在弹出的"仿射定义"对话框中设置"比率"栏的"X"为"211.25/133.5"，"Y"为"143.75/133.5"，"Z"为"1"，其余选项如图 9-83（a）所示，单击"确定"按钮，得到如图 9-83（b）所示的"仿射.3（椭球面.3）"。

（8）生成对称的椭球面。

① 在特征树上单击结点"球面.3"，将其隐藏。

② 单击图标 ，弹出"平面定义"对话框，其选项如图 9-84（a）所示，单击"确定"按钮，得到如图 9-84（b）所示的"平面.1"。

③ 单击图标 ，弹出"对称定义"对话框，其选项如图 9-85（a）所示，单击"确定"按钮，得到如图 9-85（b）所示的"对称.1"。

（9）分别将两椭球面沿"Y 轴"的正、反方向平移，形成 23mm 的间隙。

(a)

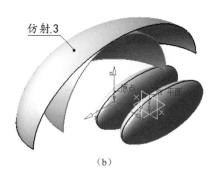

(b)

图 9-83 生成头部包络"椭球面.3"

(a)

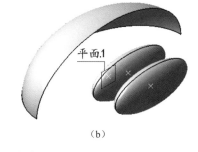

(b)

图 9-84 生成用于对称的"平面.1"

(a)

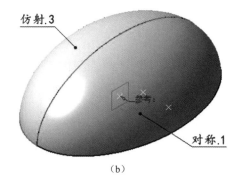

(b)

图 9-85 生成与"仿射.3"对称的曲面

① 单击图标 ，弹出"平移定义"对话框，设置平移"距离"为"−11.5mm"，其余选项如图 9-86（a）所示，单击"隐藏/显示初始元素"按钮之后，单击"确定"按钮，得到如图 9-86（b）所示的"平移.1"。

② 再次单击图标 ，弹出"平移定义"对话框，设置平移"距离"为"11.5mm"，其余操作同①，得到如图 9-87 所示的"平移.2"。

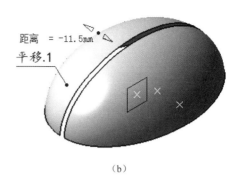

(a)　　　　　　　　　　　　　　　　　(b)

图 9-86　得到"平移.1"

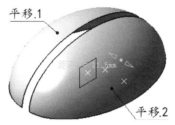

图 9-87　得到"平移.2"

（10）生成头部包络中间的椭圆柱面。

① 单击图标 ⌒，弹出"边界定义"对话框，选择"平移.1"，其余选项如图 9-88（a）所示，单击"确定"按钮，得到"边界.1"，如图 9-88（b）所示。

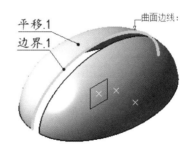

(a)　　　　　　　　　　　　　　　　　(b)

图 9-88　得到"边界.1"

② 再次单击图标 ⌒，弹出如图 9-88（a）所示的"边界定义"对话框，选择"平移.2"，其余选项同①，得到如图 9-89 所示的"边界.2"。

③ 单击图标 ⬙，弹出如图 9-90（a）所示的"桥接曲面定义"对话框，依次选择"边界.1""平移.1（椭球面.1）""边界.2""平移.2（椭球面.2）"，生成"桥接.1"，如图 9-90（b）所示。

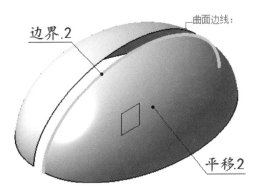

图 9-89　得到"边界.2"

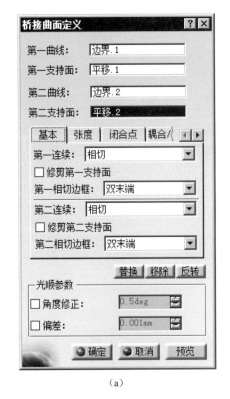

(a)

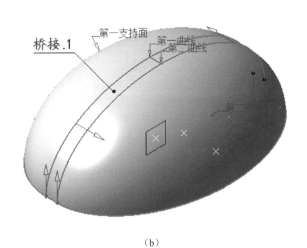

(b)

图 9-90　生成"桥接.1"

（11）单击结合图标 ，弹出如图 9-91（a）所示的"接合定义"对话框，依次选择"平移.1""桥接.1"和"平移.2"，生成如图 9-91（b）所示的"接合.1"。

（12）将"结合.1"绕过"点.3"的"Y 轴"方向旋转角度 BETA，得到工作位置的头部包络曲面。

① 单击图标 ，弹出"直线定义"对话框，输入如图 9-92（a）所示的数据，得到平行于"Y 轴"经过点 3 的"直线.1"，如图 9-92（b）所示。

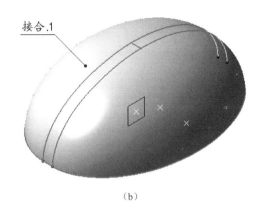

（a）　　　　　　　　　　　　　　　　（b）

图 9-91　生成"结合.1"

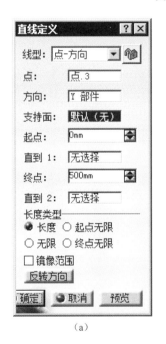

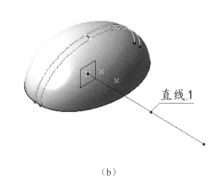

（a）　　　　　　　　　　　　　　　　（b）

图 9-92　生成旋转轴线

②　单击图标 🐌，弹出如图 9-93 所示的"旋转定义"对话框，选择"轴线-角度"模式、"接合.1"为旋转对象、"直线.1"为旋转轴线。右击"角度"编辑框的数值，在弹出的快捷菜单中选择"编辑公式"命令，弹出如图 9-94 所示的"公式编辑器"对话框。从中选择参数"BETA"，单击"确定"按钮，结果如图 9-95 所示。

（13）隐藏头部包络和眼椭球之外的所有元素。依次单击图标 🔳、🔳、🔳，得到图 9-96 所示的依次从右、前、左方向观察头部包络曲面的效果。

图 9-93 "旋转定义"对话框

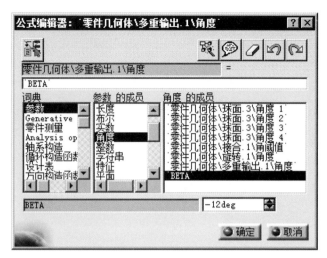

图 9-94 从"公式编辑器"对话框中选择参数 BETA

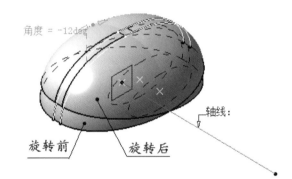

图 9-95 旋转前、后的"结合.1（头部包络曲面）"

图 9-96 依次从右、前、左方向观察头部包络曲面的效果

（14）选择"文件"→"保存"菜单命令，输入文件名称"Head Envelope"。至此，头部包络曲面参数化建模完毕。如果改变车的外形，只要更改 PRP_L1、SgRP_L31、W20 等参数的值，头部包络曲面就会得到更新。

习　题　9

1. 如何定义用户参数？试定义表 9-1 所示的参数。

表 9-1　第 1 题定义的用户参数

参数类型	名　　称	初　　值
长度（length）	Cube_Length	100mm
	Cube_Width	80mm
	Cube_Height	60mm
体积（volume）	Cube_Volume	1000mm*3
字符串（string）	String_Warning	"Volume out of range"

2. 如何定义方程（Formula）？试定义以下方程：

```
Cube_Volume = Cube_Length * Cube_Width * Cube_Height
```

3. 如何定义规则（Rule）？试定义以下规则：

```
if  Cube_Volume >= 100000, then
    Cube_Length = Cube_Width + Cube_Height
Else
    Cube_Length = Cube_Width * 2
```

4. 如何定义检查（Check）？试定义检查：如果立方体的体积超过 $1\times10^5\text{mm}^3$，显示警告信息："立方体体积超过限度！"

5. 设计表（Design Table）有何作用，如何实现参数和设计表之间的链接？

第 10 章 数字样机运动机构分析

10.1 概 述

CATIA 运动机构模块也称为运动仿真模块或数字样机运动分析模块。通过建立运动副连接，真实化仿真模拟运动机构运动过程，验证机构的运动状况，根据零部件系统的运动连接关系，运动机构可以建立许多模拟真实运动关系的运动副连接，仿真实际机构运动，进而可以用来分析零件运动的速度、加速度、干涉和间隙等。

10.1.1 进入运动机构分析模块

如图 10-1 所示，选择"开始"→"数字化装配"→"DMU 运动机构"菜单命令，进入运动机构分析模块。

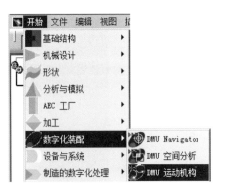

图 10-1 进入运动分析模块的路径

10.1.2 运动分析模块的工具栏

常用的工具栏有"DMU 运动机构""运动机构更新""DMU 一般动画"及"DMU 空间分析"。

1. "DMU 运动机构"工具栏

"DMU 运动机构"（DMU Kinematics）工具栏提供了数字样机运动机构的构建及运动仿真实现的基本功能。工具栏中的图标从左至右分别对应的功能是模拟（Simulation）、机械装置修饰（Mechanism Dress Up）、运动接合点（Kinematics Joints）、固定件（Fixed Part）、装配件约束转换（Assembly Constraints Conversion）、速度及加速度（Speed and Acceleration）

和机械装置分析（Mechanism Analysis）。其中"模拟"和"运动接合点"还有其下一级的工具栏，如图 10-2 所示。

图 10-2　"DMU 运动机构"工具栏

2.　"运动机构更新"工具栏

"运动机构更新"（Kinematics Update）工具栏如图 10-3 所示，它提供运动约束改变后的位置更新（Update Positions）、导入子机制（Import Sub-Mechanisms）与运动仿真后的机械位置初始位置重置（Reset Positions）功能。

图 10-3　"运动机构更新"工具栏

3.　"DMU 一般动画"工具栏

"DMU 一般动画"（DMU Generic Animation）工具栏提供运动仿真的动画制作、管理以及部分运动分析功能。工具栏的功能图标由综合模拟（Generic Simulation）、回放和编辑（Simulation Player）、碰撞和干涉分析（Clash Detection）、扫掠包络体（Swept Volume）和运动轨迹（Trace）组成。其中综合模拟、回放和编辑、碰撞和干涉分析有扩展功能工具栏，如图 10-4 所示。

图 10-4　"DMU 一般动画"工具栏

4.　"DMU 空间分析"工具栏

"DMU 空间分析"（DMU Space Analysis）工具栏用于对数字样机与空间有关的距离、干涉及运动的范围进行研究，如图 10-5 所示。工具栏具有"碰撞"（Clash）、"距离与区域分析"（Distanceand Band Analysis）两个图标。

图 10-5　"DMU 空间分析"工具栏

10.1.3　数字样机特征树

一个具备运动仿真功能的典型数字样机的特征树如图 10-6 所示。特征树上的 Applications 结点下出现了运动仿真专用的要素与子结点。所有的特征放置在机械装置下，可以有若干机构，每个机构下有"接合"结点放置定义的连接结点运动副，"命令"结点放置机构的驱动结点参数，"固定零件"定义了机构中固定的零部件，"法线"结点下放置了定义的规则，"速度和加速度"结点下放置了测量的速度和加速度结果，"重放"结点下放置了生成的模拟动画 Replay.1，"模拟"结点下放置了生成的动态模拟定义特征，"距离"结点下放置了距离、间隙和干涉等空间分析特征。

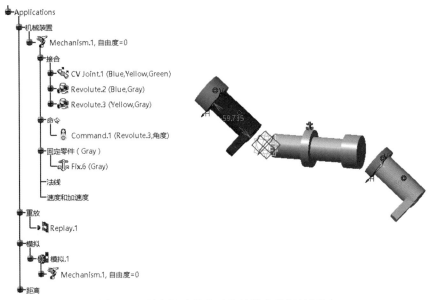

图 10-6　具有运动仿真功能的数字样机特征树

10.2　运动机构的建立

数字样机在运动机构之前一般应先完成静态装配，具有完整的静态约束。所谓完整的静态约束，是指装配的所有零部件能够限制或规定三维空间全部自由度的运动，保证每一个零部件均具有唯一确定的位置。但是对于一些只有几个零部件组成的简单样机，以及复杂样机上的某些运动副的运动部件，也可以不经过静态装配过程而直接创建运动机构。

10.2.1　创建运动副的方法

运动机构建立的主要工作是运动副的创建。运动副的创建有装配约束转换法、直接创建法、构建要素创建法，以及关联运动副的创建，如图 10-7 所示。

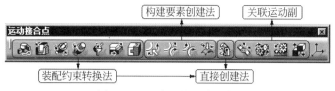

图 10-7　运动副的创建图标

（1）装配约束转换法创建运动副。装配约束转换法利用静态装配过程中已建立的零部件间的静态约束，转换成为运动约束（运动副），转换过程可分为自动创建及手动创建。

（2）直接创建法。通过运动副创建更复杂的复合运动副，例如"U 形结合"副。

（3）构建要素法需增加额外的点线进行创建动态约束。

10.2.2　创建运动副

1. 创建旋转副

图标 📷 的功能是创建旋转副。旋转副是指两零部件之间的相对运动为转动的运动副，也称铰链。其创建要素是两条相合轴线及两个轴向限制面，如图 10-8 所示。

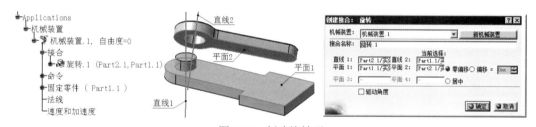

图 10-8　创建旋转副

在"创建接合"对话框中，"接合名称"是自动产生的（以下同）。"直线.1"需要选择一个实体的旋转轴线，"平面.1"选择这个实体上垂直于轴线的一个平面；"直线.2"需要选择另一个实体的旋转轴线，"平面.2"选择另一实体上垂直于轴线的一个平面；如图 10-8 所示，如果选中"驱动角度"复选框，表示这个旋转运动副可以作为驱动输入，相应整体运动机构自由度数减一，一个机构可以有几个独立的驱动角度运动副，但相对之间不能互相冲突。

2. 创建棱形副

图标 📷 的功能是创建棱形副。棱形副是两个零部件沿某一条公共直线相对滑动的运动副。该类型运动副常用于机床刀架的移动及液压缸的伸缩。棱形副的基本创建要素是分属两个零部件的两条相合的直线及与直线平行或重合的两个相合的平面。如图 10-9 所示的燕尾槽和滑块的两个零件，可以建立棱形副。

依次选择燕尾槽的棱线"直线.1"、滑块的棱线"直线.2"、燕尾槽的"平面.1"、滑块的"平面.2"，单击"确定"按钮即可。如果选中"驱动长度"复选框，表示这个棱形运动副可以作为驱动输入，相应的整体运动机构的自由度数减一，如图 10-9 所示的特征树。

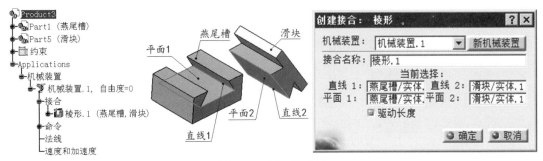

图 10-9　创建棱形副

3. 创建圆柱面副

图标 的功能是创建圆柱面副。圆柱面副是指两零部件之间即可沿公共轴线转动又能向棱形副一样沿着这一条轴线滑动的运动副，如轴和滑动轴承之间的运动。圆柱面副创建的基本要素是两条分属于两零部件的相合轴线。如图 10-10 所示，圆柱面副是在轴和轴套之间建立的。

图 10-10　创建圆柱面副

4. 创建螺钉副

图标 的功能是创建螺钉副。螺钉副是指两零部件之间沿公共轴线的转动以及沿这一轴线滑动的两个运动形式以"螺距"（Pitch of Screws）为约束联动的运动副，如机床常用的丝杠传动。螺钉副的基本创建要素与圆柱副一样，为两条分属两零部件的相合轴线。不同的是螺钉副需要输入"螺距"值，如图 10-11 所示。

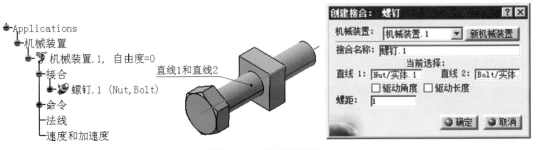

图 10-11　创建螺钉副

5. 创建球面副

图标 ![icon] 的功能是创建球面副。球面副是指两个零部件之间仅被一公共点或公共球面约束的多自由运动副，可以实现多方向的摆动与转动，又称球销。球面副构成的运动机构常见于球形万向节，以及各类具有仿形功能的杆件系统中。

球面副的创建要素是分属两零部件上的两个相合的点，对于高仿真模型来讲即两零部件上相互配合的"球孔"与"球头"的球心，如图10-12所示。

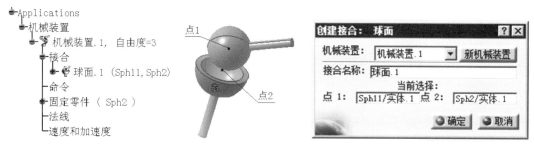

图 10-12　创建球面副

特征树上显示该机构"自由度＝3"，所以，球面副不能单独驱动，只能配合其他运动副来建立运动机构。

6. 创建平面副

图标 ![icon] 的功能是创建平面副。平面副是指两零部件之间以一个公共的平面为约束，具有除沿平面法向移动及绕平面坐标轴转动外的三个自由度。该运动副类似于斜盘式柱塞泵滑靴与斜盘之间的运动关系的建立。

平面副的创建要素是分属于两零部件的相合平面，如图10-13所示。

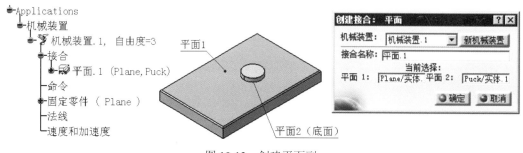

图 10-13　创建平面副

特征树上显示该机构"自由度＝3"，所以平面副不能单独驱动，只能配合其他运动副来建立运动机构。

7. 创建点曲线副

图标 ![icon] 的功能是创建点曲线副。点曲线副是指两零部件之间通过点与曲线的相合而构成的运动副。其创建要素是一个零部件上的一条线（曲线或直线）及另一运动副构件上与该线相合的一个点，如图10-14所示。

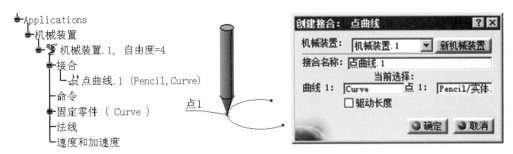

图 10-14 创建点曲线副

8. 创建滑动曲线副

图标 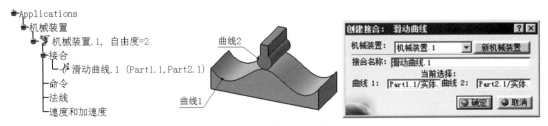 的功能是创建滑动曲线副。滑动曲线副是指两零部件间通过一对相切的曲线，实现互为约束的、切点速度不为零的运动。其创建要素是分属于不同零部件上相切的两条曲线或一条直线与一条曲线，如图 10-15 所示。

图 10-15 创建滑动曲线副

9. 创建滚动曲线副

图标 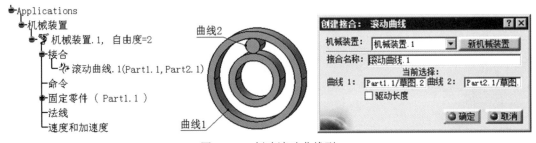 的功能是创建滚动曲线副。滚动曲线副是指两构件间通过一对相切的曲线，实现互为约束的、切点速度为零的运动。其创建要素是分属于不同零部件上相切的两条曲线或一条直线与一条曲线，如图 10-16 所示。

图 10-16 创建滚动曲线副

10. 创建点曲面副

图标 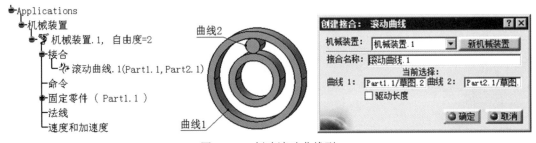 的功能是创建点曲面副。点曲面副是指两零部件之间通过点与曲面的相合而构成的运动副。其创建要素是一个零部件上的曲面与另一构件上与该曲面处于相合状态的一个点，如图 10-17 所示。

CATIA 实用教程（第 3 版）

图 10-17　创建点曲面副

11. 创建 U 形接合副

图标 的功能是创建 U 形接合副。U 形接合副用于同步关联两条相交轴线的旋转，这种接合可以不依赖零部件的物理连接，用在不以传动过程为重点的运动机构，创建过程中能简化结构并减少操作过程。其创建要素是分属于不同零件上的两条相交轴线，或已建成的两个轴线相交的旋转，如图 10-18 所示。

图 10-18　创建 U 形接合副

12. 创建 CV 接合副

图标 的功能是创建 CV 接合副。CV 接合副用于通过中间轴同步关联两个特定位置的两个旋转运动副。这种结合可以不依赖相关零部件的物理连接，用于不以传动过程为重点的运动机构建立，可以简化结构并减少操作步骤。其创建要素是分属于不同零部件上的三个轴线，或已建成的 3 个旋转。

关联的基本条件是 3 条轴线相交并处于同一平面内，且输入、输出端轴线与中间轴轴线夹角相同，如图 10-19 所示。

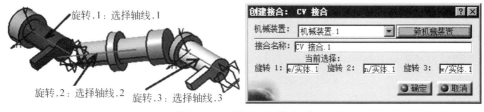

图 10-19　创建 CV 接合副

13. 创建齿轮副

图标 的功能是创建齿轮副。齿轮副用于以一定比率关联两个旋转运动副，可以创建平行轴、交叉轴和相交轴的各种齿轮运动机构，以"正"比率关联还可以模拟带传动和链传动。其创建要素是建立在同一个零件上或建立在刚性连接体上的两个旋转运动副，如图 10-20 所示。

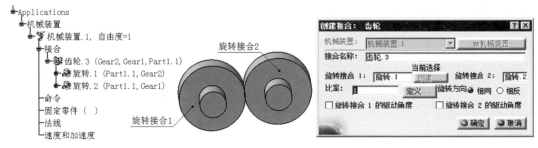

图 10-20　创建齿轮副

14. 创建齿轮-齿条副

图标 ![icon] 的功能是创建齿轮-齿条副。齿轮-齿条副用于以一定比率关联一个旋转和一个棱形运动副，工程应用中常见于旋转与直线运动相互转换的场合。

其创建要素是建立在同一个零部件上的一个旋转和一个棱形运动副或建立在刚性连接体上的一个旋转和一个棱形运动副，如图 10-21 所示。

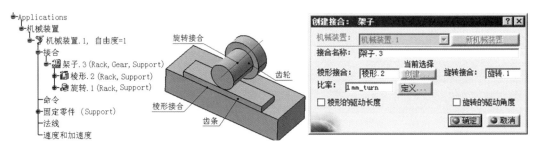

图 10-21　创建齿轮-齿条副

15. 创建电缆副

图标 ![icon] 的功能是创建电缆副。电缆副用于以一定比率关联两个棱形副，在运动机构中实现具有一定配合关系的两个直线运动。其创建要素是同一运动机构中的任意两个棱形运动副，如图 10-22 所示。

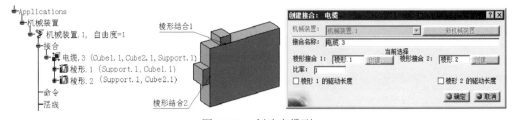

图 10-22　创建电缆副

16. 创建刚性副

图标 ![icon] 的功能是创建刚性副。刚性副用于将两个零部件在初始位置不变的情况下，实现空间上的一种限制所有自由度的完全约束，使关联体在运动机构建立过程中具有一个零部件的整体属性。

其创建要素是空间中任意位置的两个零部件集合体，如图 10-23 所示。

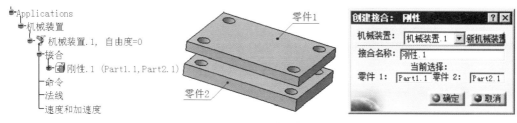

图 10-23　创建刚性副

10.2.3　装配件约束转换

图标 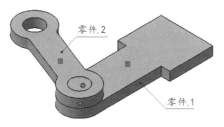 的功能是可以把装配设计的约束自动或手动转换成运动副，目前自动转换只能是旋转、圆柱、刚体、平面、球面和棱形等简单运动副。举个自动转换旋转运动副例子，如图 10-24 所示，"零件.1"被施加了固定约束，"零件.1"和"零件.2"被施加了重合（同心）和接触约束，特征树如图 10-25 所示。

图 10-24　自动转换运动副

图 10-25　自动转换前的特征树

单击图标 ，弹出如图 10-26 所示的"装配件约束转换"对话框。单击"自动创建"按钮，特征树自动添加了"旋转.1"运动副，如图 10-27 所示。若单击"更多"按钮，可以

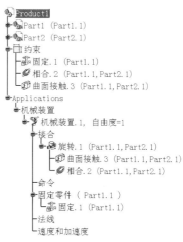

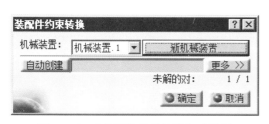

图 10-26　"装配件约束转换"对话框

图 10-27　自动转换后的特征树

手动添加运动副。

10.2.4　运动副的规律

（1）运动副的类型、自由度及其与驱动元素的关系如表 10-1 所示。

表 10-1　运动副的类型、自由度及其与驱动元素的关系

运动副的类型		自由度数	驱动元素类型	是否可以用鼠标直接驱动
旋转		旋转.1	角度	可以用鼠标左键
棱形		平移.1	长度	
圆柱		旋转.1、平移.1	长度、角度	长度用鼠标左键，角度用左键+中键（单个长度或角度驱动元素时，使用左键）
球面		旋转.3	—	
平面		平移.2、旋转.1	—	
刚体		—		
滚动曲线		旋转.1、平移.1	长度	
滑动曲线		旋转.2、平移.1		—
点曲线		旋转.3、平移.1	长度	
点曲面		平移.2、旋转.3	—	
通用连接		旋转.1		
齿轮			角度.1 或角度.2(互斥)	
齿条		旋转或平移	长度.1 或角度.2(互斥)	可以用鼠标左键
电缆		平移.1	长度.1 或长度.2	
螺栓		旋转.1 或平移.1	角度或长度（互斥）	
CV		—	—	—

（2）运动副的类型与选择对象的类型、次序的关系如表 10-2 所示。

表 10-2　运动副的类型与选择对象的类型、次序的关系

运动副类型		选择对象的次序和类型						速比	假设条件
		选择.1	选择.2	选择.3	选择.4	选择.5	选择.6		
旋转		直线	直线	平面	平面	平面	平面		①②③⑥
棱形									①②④
圆柱									
球面		点	点	—	—	—	—	—	①
平面		平面	平面						
刚体		实体	实体						
滚动曲线		曲线	曲线						

续表

运动副类型		选择对象的次序和类型						速比	假设条件
		选择.1	选择.2	选择.3	选择.4	选择.5	选择.6		
滑动曲线		曲线	曲线	—	—	—	—	—	①
点曲线			点						①
点曲面		曲面							
通用连接		直线	直线	直线					①⑤
齿轮		旋转运动副	旋转运动副	—				输入速比	⑦
螺栓		直线	直线						①
电缆		棱形运动副	棱形运动副						⑦
齿条		旋转运动副	旋转运动副						
CV		通用运动副	通用运动副						⑦⑧

① "选择.1"完成之后,再在第二个实体上完成"选择.2"。

② "选择.3"可以和"选择.1"或"选择.2"在一个实体上完成,"选择.4"在另一个实体上完成。

③ 被选直线垂直于平面,并且属于同一实体。

④ 被选直线位于同一实体的平面上。

⑤ 被选"直线.3"可以和"选择.1"或"选择.2"在一个实体上。

⑥ "选择.5"、"选择.6"是可选的(当"对中"时需要输入)。"选择.5"可以和"选择.1"或"选择.2"在一个实体上;"选择.6"在另一个实体上。

⑦ 复合运动副是在简单运动副的基础上生成的,或者嵌入生成,同一实体属于两个运动副。

⑧ 输入和输出的角度必须相同。

10.3　运行机构模拟

CATIA 提供了使用命令进行模拟 和使用法则曲线进行模拟 两种运动模拟方式。

10.3.1　使用命令进行模拟

使用命令进行模拟的特点是仅单纯进行机构几何操作,不考虑时间,没有速度、加速度等分析,使用方式比较简单。

1. 进行命令模拟的条件

进行命令模拟的运动机构,不仅要添加足够的运动副,还需要含有固定的零件和至少一个驱动运动的命令。当这些条件具备时,就会弹出如图 10-28 所示的提示信息,表示这个运动

图 10-28　提示信息

机构可以进行运动机构模拟了。

以下面的机构为例，介绍固定零件和添加驱动命令的操作过程。这两个零件通过图标 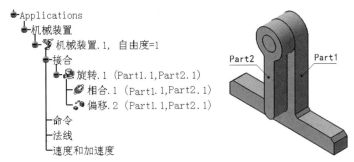，已经创建了二者的连接为旋转副，该机构及其特征树如图 10-29 所示。

图 10-29　添加了旋转副的两个零件

单击图标 ⚙，弹出如图 10-30 所示的无法模拟机械装置运动的对话框。

（1）指定固定的零件。根据对话框的提示，单击图标 🔧，弹出如图 10-31 所示的"新固定零件"对话框，选择零件 Part1 或其特征树上的结点将其作为固定零件即可。每个机构都必须有位置固定的零件，如果在部件装配阶段已经对某零件施加了固定约束，这样的零件通过图标 ⚙可以转换为运行机构模拟模块中的固定零件。

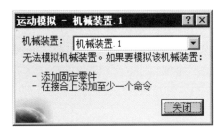

图 10-30　无法模拟机械装置运动时显示的对话框

图 10-31　"新固定零件"对话框

（2）添加驱动命令。双击特征树的结点"旋转.1"，弹出如图 10-32 所示的"编辑接合"对话框，选中"驱动角度"复选框即可。特征树随之更新为如图 10-33 所示的状态，并弹出如图 10-28 所示的"可以模拟机械装置"的信息框。每个机构至少有一个驱动命令，如果在建立接合时将有关驱动的复选框选中，则包含了该操作。

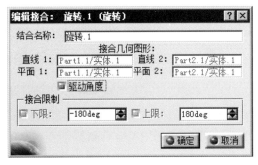

图 10-32　"编辑接合"对话框

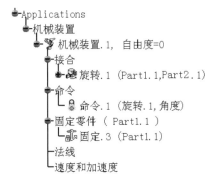

图 10-33　添加固定零件和驱动命令之后的特征树

CATIA 实用教程（第 3 版）

2. 进行命令模拟

单击图标 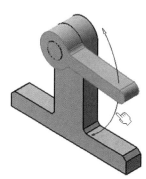，弹出如图 10-34 所示的"运动模拟"对话框。

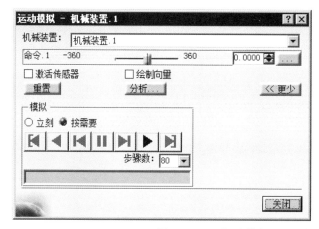

图 10-34 "运动模拟"对话框

（1）命令栏。通过按住鼠标左键拖曳"命令.1"栏的滑块，在其右面的输入框直接输入命令值，或者用鼠标左键拖动零件 Part2 的末端，都可以改变命令值的大小，同时驱动零件 Part2 转动指定的角度，如图 10-34 所示。

单击图标 ，弹出如图 10-35 所示的"滑块"对话框，通过该对话框可以改变活动零件的运动范围，"旋转框增量"文本框用于设置单击上、下箭头 的增量大小。

（2）"模拟"栏。

① "立刻"单选按钮：若选择该按钮，则改变驱动值后，立即显示该值所对应的运动零件的状态。

② "按需要"单选按钮：若选择该按钮，则需要使用下面的播放键来模拟结构的运动。

③ 播放键。

：回到开始 Start。

：逆向播放 Play Back。

：回退一步 Step Back。

：暂停 Pause。

：向前一步 Step Forward。

：正向播放 Play Forward。

：到结束 End。

④ "分析"按钮：单击该按钮，弹出如图 10-36 所示的"编辑分析"对话框。从中选择事先定义的干涉或碰撞检查的要求，以便边运行模拟，边进行干涉或碰撞的检测。

⑤ "激活传感器"复选框：若激活该复选框，将同时弹出如图 10-37 所示的"传感器"对话框，在其中可以选择要激活的传感器，以便边运行模拟，边进行传感器数据记录。

⑥ "绘制向量"复选框：若激活该复选框，将同时弹出如图 10-38 所示的"瞬时向量"对话框，在其中可以选择一个参考实体和另一个实体上的一点，产生出此点相对于参考实

体的旋转轴线或运动切线方向。

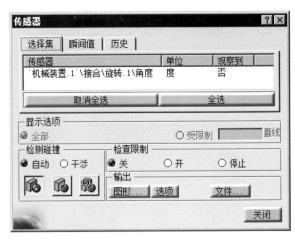

图 10-36 "编辑分析"对话框　　　　　图 10-37 "传感器"对话框

图 10-38 "瞬时向量"对话框

10.3.2 使用法则曲线进行模拟

1. 定义运动法则

运动法则就是以时间为变量时，机构运动的规律。如图 10-34 所示的两个零件组成的机构可以使用命令模拟机构的运动，但不能使用法则曲线对其进行运动模拟，因为尚未为其定义机构运动的法则。因此单击图标 ，就会弹出如图 10-39 所示的"运动模拟"对话框，要在命令参数和时间参数之间添加至少一个关联，以便使用法则曲线来模拟机构的运动。

图 10-39 关于机构不能进行运动模拟的原因的对话框

单击图标 $f(x)$，弹出如图 10-40 所示的"公式"对话框，在其中可以定义机构运动的法则曲线。

选择"过滤器类型"为"角度"，选择参数"机械装置.1\命令.1\角度"，单击"添加公

CATIA 实用教程（第 3 版）

式"按钮，弹出如图 10-41 所示的"公式编辑器"对话框。

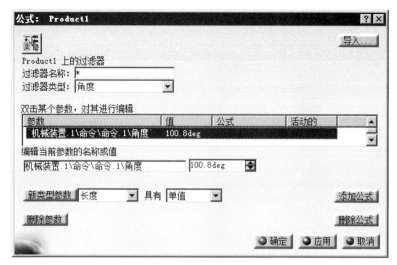

图 10-40 "公式"对话框

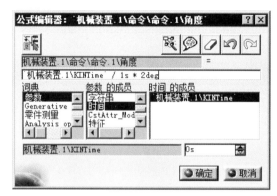

图 10-41 "公式编辑器"对话框

在"参数的成员"栏选择"时间"，双击"时间的成员"栏的"机械装置.1\KINTime"，该字符串即可输入到第 2 行。接着输入"/1s * 2deg"，其含义是本机构在每秒的 DMU Kinematics 时间转动的角度为"2deg"。单击"确定"按钮，公式定义完毕，特征树上增加了相应的公式 1 的结点，如图 10-42 所示。

图 10-42 特征树上增加了法线的公式

2. 进行法则曲线模拟

单击图标 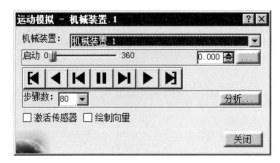，弹出如图 10-43 所示的"运动模拟"对话框。

图 10-43 "运动模拟"对话框

单击对话框中的图标 •••，弹出如图 10-44 所示的"模拟持续时间"对话框，输入模拟的运行总时间，例如"360s"。"步骤数"用来确定运行的总步数，例如 60 步。对话框中的其余控件的功能与使用命令模拟的方式相同。

图 10-44 "模拟持续时间"对话框

【例 10-1】 如图 10-45 所示为机械手的模型，已经添加了 5 个旋转副和相应的驱动命令。当前的特征树如图所示。通过公式和规则，驱动机械手的 5 个旋转零件，实现机械手的运动模拟。

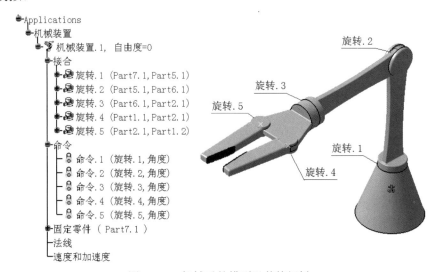

图 10-45 机械手的模型及其特征树

（1）定义驱动命令的法则曲线。定义的过程参照 10.3.2 节，定义的三个公式如图 10-46 所示。

（2）定义规则。选择 "开始"→"知识工程模块"→Knowledge Advisor 菜单命令。增加了图 9-24 所示的 Reactive Features 工具栏。单击该工具栏的图标 ，弹出如图 10-47 所示的"规则 编辑器"对话框。

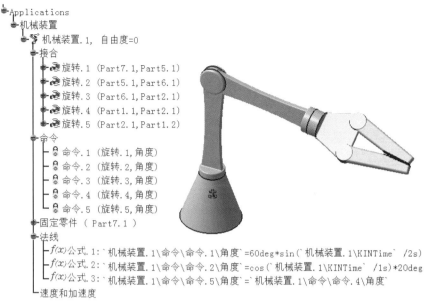

图 10-46　定义法则曲线的公式

图 10-47　"规则 编辑器"对话框

单击对话框的"确定"按钮，弹出如图 10-48（a）所示的 Rule Editor 对话框。输入图中所示的规则内容。单击"确定"按钮，规则定义完毕，特征树上显示了"规则.1"的结点，如图 10-48（b）所示。

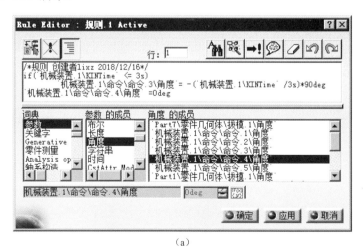

（a）

图 10-48　Rule Editor 对话框和特征树的"规则.1"结点

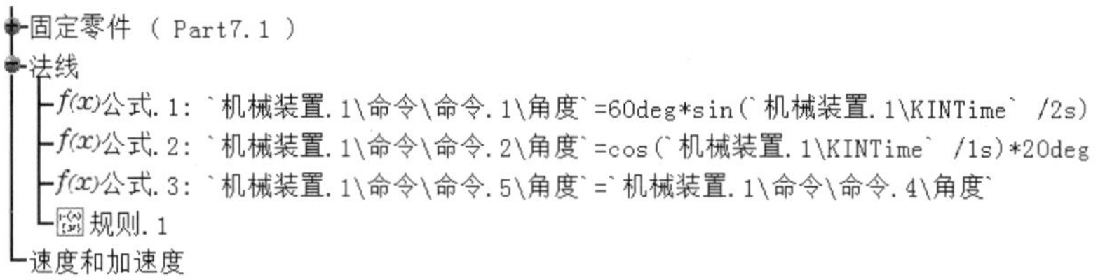

固定零件 （ Part7.1 ）
法线
f(x)公式.1: `机械装置.1\命令\命令.1\角度`=60deg*sin(`机械装置.1\KINTime` /2s)
f(x)公式.2: `机械装置.1\命令\命令.2\角度`=cos(`机械装置.1\KINTime` /1s)*20deg
f(x)公式.3: `机械装置.1\命令\命令.5\角度`=`机械装置.1\命令\命令.4\角度`
规则.1
速度和加速度

(b)

图 10-48 （续）

（3）模拟机械手的运动。单击图标，弹出如图 10-49 所示的“运动模拟”对话框。通过滑块或播放键即可模拟机械手的运动。

运动模拟 – 机械装置.1
机械装置:
机械装置.1
启动 0
25
1.125
步骤数:
80
分析...
激活传感器
绘制向量
关闭

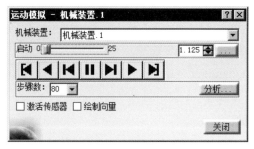

图 10-49 “运动模拟”对话框

10.3.3 动画模拟

该功能用于创建动画模拟。单击图标，弹出如图 10-50 所示的“选择”对话框。

首先选择机构，例如选择 LANDING GEAR，即如图 10-51 所示的飞机起落架机构。单击“确定”按钮，弹出如图 10-52 所示的“运动模拟”和“编辑模拟”对话框。

选择
可以选择模拟对象
LANDING GEAR
确定
取消

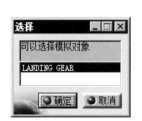

图 10-50 “选择”对话框

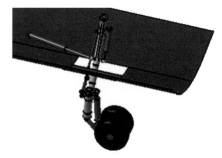

图 10-51 飞机起落架机构

如图 10-52（a）所示对话框集成了 10.3.1 节和 10.3.2 节中的使用命令模拟和使用法则曲线模拟的功能。如图 10-52（b）所示的对话框是用来创建动画模拟以及在模拟中进行干涉、距离分析的。当使用如图 10-52（a）所示的对话框改变了驱动值后，若单击如图 10-52（b）所示对话框的“插入”按钮，可以插入动画帧；单击“修改”按钮，可以修改帧的内容；单击“删除”按钮，可以删除帧；单击“跳至”按钮，可以改变动画帧的顺序。播放键可以用来播放演示制作的动画：表示单次播放；表示来回播放；表示重复播放。单击该按钮可以在这三种方式中切换。该栏右侧的选择框用来选择每帧播放的速度，数字越大，速度越快。"干涉"和"距离"栏可以选择这些检测是关闭还是打开的，以便在"编辑分析"弹出的对话框中，是否进行这些分析。单击"确定"按钮，即可生成模拟，同时在特征树上增加了相应的结点。

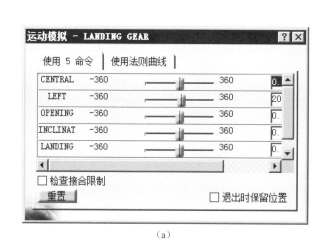

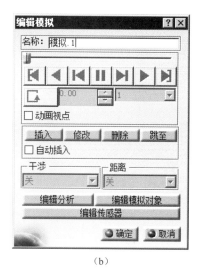

（a）   （b）

图 10-52   "运动模拟"和"编辑模拟"对话框

10.3.4　动画模拟编辑

动画模拟编辑的功能是对 10.3.3 节动画模拟进行编辑，创建回放或动画文件。如图 10-53 所示为发动机活塞-连杆-曲轴-凸轮轴-气门机构，假定对其进行了动画模拟，生成了"模拟.1"。单击图标 ，弹出如图 10-54 所示的"编辑模拟"对话框。

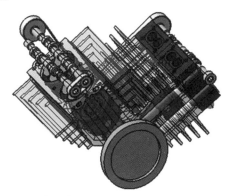

图 10-53   发动机活塞-连杆-曲轴-凸轮轴-气门机构

该对话框中各控件的功能如下。

（1）"生成重放"复选框：如图 10-54（a）所示，若选中该复选框，则可以在"名称"文本框中输入重放的名称，同时在特征树上生成重放特征。

（2）"生成动画文件"复选框：如图 10-54（b）所示，若选中该复选框，则生成动画文件，同时"设置"按钮被激活，可以选择动画文件是否采用压缩格式，"文件名"控制钮和文件名文本框成为可用，可以选择动画文件的类型、设置压缩文件的格式、输入动画文件保存的目录和名称。

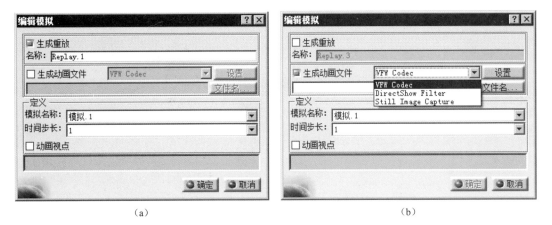

（a）　　　　　　　　　　　　　　（b）

图 10-54　"编辑模拟"对话框

（3）"模拟名称"下拉列表：用来选择已生成动画的模拟。

（4）"时间步长"下拉列表：用于设置编辑生成动画文件和重放的时间步长，步长越小，文件越大。

10.3.5　重放

重放功能就是对 10.3.4 节编辑生成的重放特征进行重放操作。单击图标  弹出如图 10-55 所示的"重放"对话框。

图 10-55　"重放"对话框

在对话框的"名称"下拉列表中选择重放特征的名称。滑动条和播放键用来控制播放操作。单击"编辑分析"按钮，在弹出的对话框中可以选择预定的干涉或距离分析，在下面的"干涉""距离"栏可以选择控制是否关闭这些检测。

10.4　机构运动分析

当一个机构已经定义好运动规则并使用规则模拟或者生成了重放动画以后，就可以对运动过程诸如扫掠包络体、运动轨迹、运动速度和加速度等特性进行分析。

10.4.1　扫掠包络体

扫掠包络体是指运动机构在运动过程中，计算某一个零部件扫掠的整个包络体体积的功能。例如计算如图 10-56 所示的活塞-连杆机构运转中连杆的扫掠包络体的过程如下。

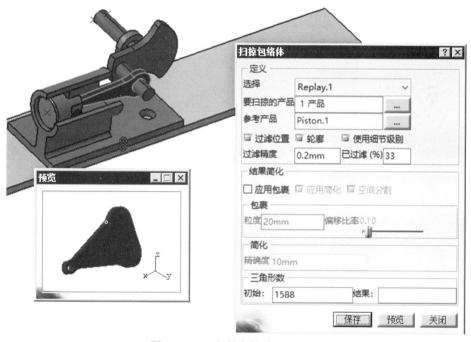

图 10-56　"扫掠包络体"对话框

单击如图 10-4 所示的"DMU 一般动画"工具栏的图标 ![icon]，弹出如图 10-56 所示的"扫掠包络体"对话框。

对话框中各控件的功能如下。

（1）选择：如果机构装置里只有一个重放或规则曲线模拟，则该项目作为已选的对象，否则从下拉列表中选择。

（2）要扫掠的产品：单击其右侧的图标 ![icon]，弹出如图 10-57 所示的"多重选择产品"对话框。可以选择多个要扫掠的对象，本例只选择 ConnectingRod.1（连杆）。

（3）参考产品：单击其右侧的图标 ![icon]，弹出如图 10-58 所示的"选择参考产品"对话框。选择不同的参考产品，相对运动的结果是不同的，因此扫掠的体积也不同，本例选择 Piston.1（活塞）。

图 10-57 "多重选择产品"对话框   图 10-58   "选择参考产品"对话框

（4）过滤位置、轮廓、使用细节级别：分别对包络体体积计算精度进行控制。

（5）结果简化：只对预显示窗口的显示精度进行控制，不对计算结果产生影响。

单击"预览"按钮，在如图 10-56 所示的"预览"窗口显示所选产品扫掠包络体体积的结果。单击"保存"按钮，将扫掠包络体体积的结果保存为 CGR、STL 等格式的文件。

10.4.2   运动轨迹

机构在运动过程中，每个活动的零部件上的各个点都有其运动轨迹。运动轨迹的功能就是计算并绘制指定点的运动轨迹。如图 10-59 所示为一个健身运动机构，求解该机构踏板上中心点的运动轨迹点的操作过程如下。

单击图标 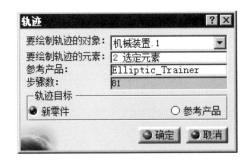，弹出如图 10-60 所示的"轨迹"对话框。

图 10-59   健身运动机构   图 10-60   "轨迹"对话框

对话框中主要控件的功能如下。

（1）要绘制轨迹的对象：如果机构装置里只有一个重放或规则曲线模拟，则该项目作为已选的对象，否则从下拉列表中选择。

（2）要绘制轨迹的元素：用鼠标在活动的零部件上指定一些点。本例指定两个踏板的中心点。

（3）参考产品：可以选择整个装配体。本例选择 Elliptic_Teainer 机构。

（4）轨迹目标：可以选择"新零件"或"参考产品"按钮，前者点的轨迹自动生成在一个 CATPart 类型的新文件，后者的轨迹保存在参考零件内。

单击"确定"按钮，生成了两个踏板中心点的轨迹，如图 10-59 所示的两个椭圆。

10.4.3 速度和加速度

图标 ![icon] 的功能是可以计算两种类型的速度和加速度，即选择点相对于参考产品的线性速度和加速度、选择点所在产品的角速度和角加速度。计算结果可以是相对于整体坐标系或者是指定的坐标系。

该功能通常和"使用规则曲线模拟" ![icon] 或"使用驱动模拟" ![icon] 配合使用。

单击图标 ![icon]，弹出如图 10-61 所示的"速度和加速度"对话框。

具体参数如下。

（1）机械装置：选择要分析的机构。

（2）名称：输入要分析的项目的名称。

（3）参考产品：先单击一下该框，再在数字模型中选择对象，例如单击支座的点 P1，如图 10-62 所示。

（4）点选择：先单击一下该框，再在数字模型中选择对象，例如单击平台的点 P2，如图 10-62 所示。

图 10-61 "速度和加速度"对话框

图 10-62 速度和加速度测量定义

默认"主轴"坐标系，也可以选中"其他轴"单选按钮，选择其他坐标轴。单击"确定"按钮完成定义速度和加速度测量定义。

观察速度和加速度的操作步骤如下。

单击图标 ![icon]，弹出如图 10-63 所示的"运动模拟"对话框。

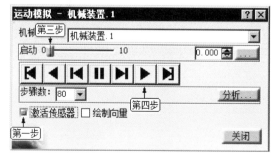

图 10-63 "运动模拟"对话框

（1）选中"激活传感器"复选框，弹出如图 10-64 所示的"传感器"对话框。

图 10-64　"传感器"对话框

（2）在"传感器"对话框中单击要观察计算的速度或加速度，例如单击平台 1 的 Z 方向速度和加速度以及整体速度和加速度，将"观察到"的属性由"否"变为"是"。

（3）如图 10-63 所示，将对话框中的滑块从 0 拖到 10，使驱动因素发生变化。

（4）单击播放键，播放动画。此时可以单击"传感器"对话框中的"瞬间值"或"历史"标签，显示传感器的瞬时值和历史值，可以看到随着运动模拟，这些速度和加速度值在不断变化。

（5）单击"传感器"对话框中的"图形"按钮，弹出如图 10-65 所示的速度或加速度随时间变化的曲线图，单击"文件"按钮，可以将这些选择观察的速度和加速度值保存到指定的文件。

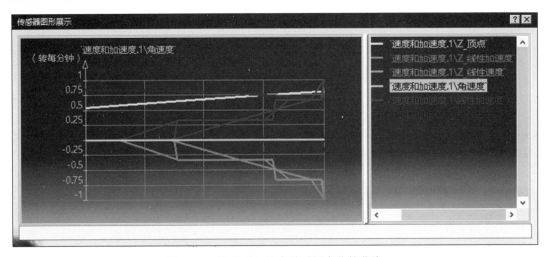

图 10-65　速度或加速度随时间变化的曲线

10.4.4　碰撞模式

当机构模拟运动时，可能会出现碰撞干涉的问题。图 10-4 所示的"碰撞模式"工具栏的三个图标为用户提供了以下三种解决碰撞干涉的方案。

（1）![icon]：运动模拟中不进行干涉检测。

（2）![icon]：运动模拟中进行干涉检测，并显示干涉区域。

（3）![icon]：运动模拟中进行干涉检测，遇到干涉后运动停止。

例如"使用驱动模拟"模拟如图 10-66 所示的飞机起落架，拖曳 LANDING 驱动命令到值 360，进行"按需要"模式模拟，单击图标![icon]，结果如图 10-66（a）所示；重新开始模拟时，单击图标![icon]，可以看到模拟运动不久即碰撞干涉，模拟运动停止，如图 10-66（b）所示。

图 10-64 中"检测碰撞"栏的三个图标按钮与"碰撞模式"工具栏中的这三个图标的功能和操作方法相同。

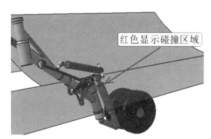
（a）"按需要"模式模拟的结果

（b）模拟运动停止

图 10-66　碰撞检测控制

【例 10-2】　四连杆机构实例（汽车雨刮器运动机构简化模型）。

本例把汽车雨刮器运动机构简化为四连杆运动机构，分析雨刮器的扫掠面积，为零件设计提供依据。

（1）分别建立 ROD-A、B、C、D 这 4 个零件。草图如图 10-67 所示，其中 L 的值依次为 80mm、260mm、120mm 和 280mm。草图拉伸"尺寸"为"15mm"，圆角半径为"2mm"。

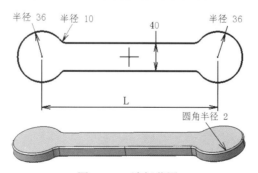

图 10-67　连杆草图

（2）修改 ROD-C 零件数模，在连杆表面上，建立如图 10-68 所示的两个直线段的草图，作为简化的雨刮臂和雨刮片。

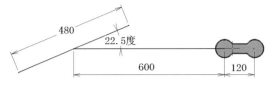

图 10-68　雨刮臂和雨刮片简化草图

（3）进入装配设计环境，添加 ROD-A、B、C、D 这 4 个零件，如图 10-69 所示。

（4）进入运动机构分析环境，单击图标 ⚓，选择 ROD-D 杆，将其固定。

（5）单击图标 🔩，在弹出的"创建接合"对话框中选择 ROD-A、D 的轴线和表面作为"直线.1""直线.2""平面.1"和"平面 2."，建立"旋转副.1"，如图 10-70 所示。

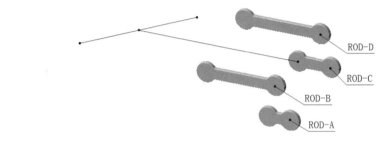

图 10-69　雨刮运动机构四连杆

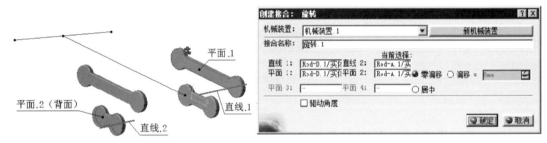

图 10-70　创建旋转副

（6）仿照步骤（5），建立 ROD-A、B 之间，ROD-B、C 之间以及 ROD-C-ROD-D 之间的旋转副，结果如图 10-71 所示。

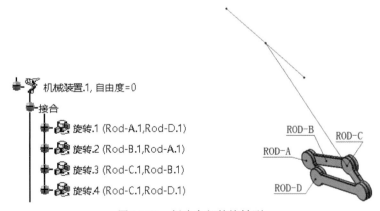

图 10-71　创建全部的旋转副

CATIA 实用教程（第 3 版）

（7）双击特征树上的"旋转.1"运动副，弹出如图10-72所示的对话框，选中"驱动角度"复选框，然后在"下限"输入框中输入"−220 deg"，在"上限"输入框输入"−40 deg"，作为驱动角度的上下限（上、下起止点角度，意即ROD-A、B沿杆长度方向成一条直线的位置角度）。单击"确定"按钮后，弹出"可以模拟机械装置"信息框。

（8）单击图标 ，弹出如图10-50所示的"选择"对话框，选择"机械装置.1"，单击"确定"按钮，弹出如图10-73所示的"编辑模拟"对话框和如图10-74所示的"运动模拟"对话框，依次插入该装置在图示的上、下限两个位置的动画帧，"内插步长"设为"0.2"，单击图标 ▶，演示动画。单击"确定"按钮，生成"模拟.1"。

图 10-72　确定驱动角度及其上限和下限　　　　图 10-73　"编辑模拟"对话框

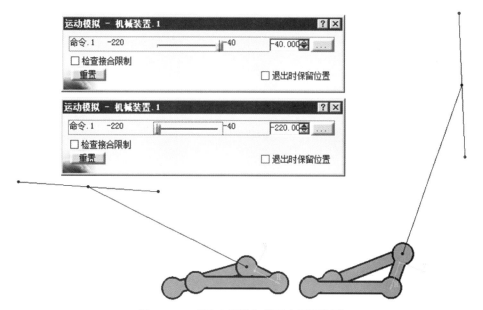

图 10-74　"运动模拟"的两个极限位置

（9）单击图标 ，弹出"编辑模拟"对话框，自动命名为"Replay.1"，自动选择"模拟名称"为"模拟.1"，"时间步长"设为"0.1"，单击"确定"按钮，生成重放。

图 10-75　"编辑模拟"对话框

（10）单击图标 ，弹出如图 10-76（a）所示的"轨迹"定义对话框。选择刮片的 P1、P2 两个端点作为"要绘制轨迹的元素"，其余使用默认设置，单击"确定"按钮，生成新的轨迹零件，如图 10-76（b）所示。

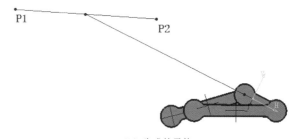

（a）"轨迹"对话框　　　　　　　　　　（b）生成的零件

图 10-76　"轨迹"对话框及生成的零件

（11）自动打开生成的轨迹零件模型，显示了通过多个轨迹点的两段曲线，如图 10-77 所示。

（12）进入零件设计模块，单击图标 ✏，绘制"直线.1"和"直线.2"；单击图标 ⬡，填充曲面；单击图标 🔲，测量出雨刮器扫掠的曲面的面积，结果如图 10-78 所示。

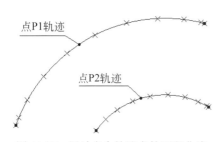

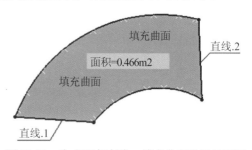

图 10-77　通过多个轨迹点的两段曲线　　　图 10-78　生成两条直线、填充曲面及测量面积

（13）将生成的上述轨迹存成文件，添加到装配中，如图 10-79 所示。

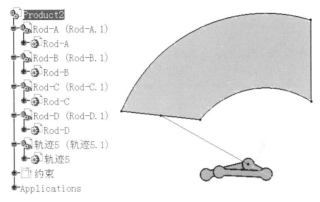

图 10-79　包括扫掠面积的雨刮器机构模型

习　题　10

1. 运用 CATIA 运动仿真功能制作如图 10-80 所示的机械手的模型并进行运动模拟。图 10-81 所示为机械手支座、手指、拉杆和连杆的主视图及主要尺寸，未标注的尺寸可自定。

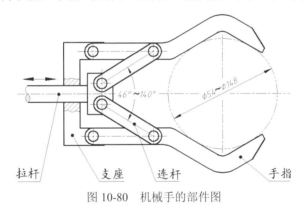

图 10-80　机械手的部件图

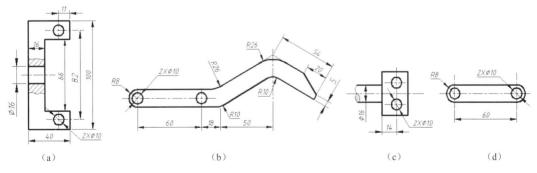

（a）　　　　　　　　　　（b）　　　　　　　　　（c）　　　　　　（d）

图 10-81　机械手的主要零件的主视图

2. 活塞水井及其机构简图如图 10-82 所示，请用 CATIA 运动仿真功能制作活塞水井的模型，并实现其运动模拟，所需尺寸自定。

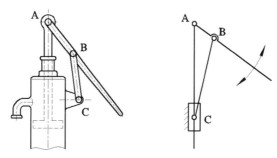

图 10-82　活塞水井及其机构简图

3. 手动冲床及其机构简图如图 10-83 所示，用 CATIA 运动仿真功能制作手动冲床模型，并实现其运动模拟，所需尺寸自定。

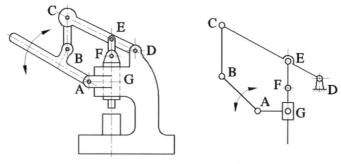

图 10-83　手动冲床及其机构简图

4. 翻斗汽车及其卸货机构简图如图 10-84 所示，用 CATIA 运动仿真功能制作油缸 - 翻斗车卸货机构的模型，并实现其运动模拟，所需尺寸自定。

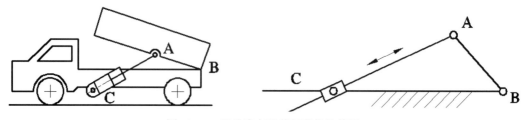

图 10-84　翻斗汽车及其卸货机构简图

　CATIA 实用教程（第 3 版）

第11章 图形输出

图形输出是 CAD 的重要组成部分,所得到的工程图纸既是制造零件和装配部件的主要依据, 也是设计、制造相互交流的重要技术文件。

11.1　在 Windows 环境下配置绘图仪

安装、添加或更换绘图仪时,只做到主机与绘图仪的连线正确是不够的, 这只是"硬"连接, 而只有在"软""硬"连接都正确的情况下, 才能用绘图仪输出工程图。

CATIA 继承了在 Windows 环境下配置的所有绘图仪。因此, 配置绘图仪的工作是在 Windows 环境下进行的。

选择 Windows 系统的"开始"→"打印机和传真"菜单命令, 在打印机和传真窗口完成绘图仪的配置。

11.2　输 出 图 形

选择"文件"→"打印"菜单命令, 按 Ctrl+P 组合键或单击图标 , 这 3 种方法均可弹出如图 11-1 所示的"打印"对话框。

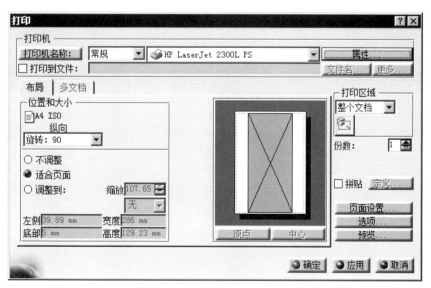

图 11-1　"打印"对话框

1. "打印机"栏

从 Windows 环境下配置的一些绘图仪中选择一种绘图仪，设置或修改绘图仪的一些属性或者将绘图信息输出到指定的文件。

在"打印"对话框的"打印机名称"下拉列表选择一种绘图仪，例如选择"HP LaserJet 2300L PS"。单击"属性"按钮，弹出如图 11-2 所示的"HP LaserJet 2300L PS 高级文档 属性"对话框。通过该对话框确定纸张的尺寸、打印质量等特性。

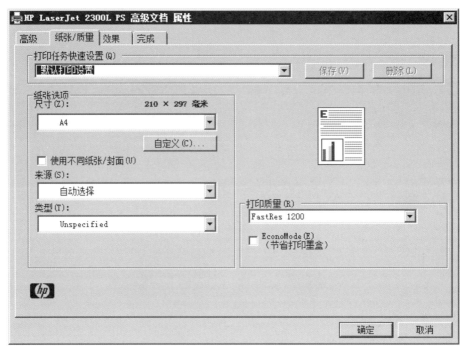

图 11-2　"HP LaserJet 2300L PS 高级文档 属性"对话框

2. "布局"选项卡

"打印"对话框的"布局"选项卡用于确定图形比例、图纸和图形区域的大小和相对位置。

若选中"不调整"单选按钮，则按照默认的比例，通常是 100%；若选中"适合页面"单选按钮，则系统自动地将图形区域调整到与页面的最佳比例；若选中"调整到"单选按钮，则需要设置以百分比表示的比例因子。

"左侧"框用于确定图形区域左边与图纸左边框的距离；"宽度"框用于确定图形区域的宽度；"底部"框用于确定图形区域底边与图纸底边框的距离；"高度"框用于确定图形区域的高度。

单击"原点"按钮，图形区域的左下角与图纸的左下角对齐；单击"中心"按钮，图形区域的中心与图纸中心对齐；也可以用鼠标拖动图形区域相对于图纸的位置。

3. "打印区域"栏

"打印"对话框的"打印区域"栏用于确定图形的打印范围，可以选择"整个文档""显示"和"选择"。如果选择了"选择"，单击 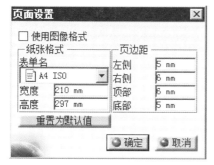 按钮，在屏幕上指定一个点，按住左键拖曳出的矩形框即为选择的范围。

4."页面设置"按钮

单击"打印"对话框中的"页面设置"按钮，会弹出如图 11-3 所示的"页面设置"对话框。通过该对话框选择标准图幅，确定图纸及视图的页边距。

5."选项"按钮

单击"打印"对话框中的"选项"按钮，会弹出如图 11-4 所示的"选项"对话框。该对话框有三个选项卡。

图 11-3 "页面设置"对话框

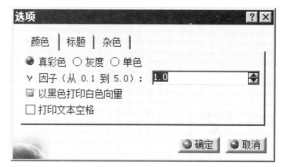

图 11-4 "选项"对话框

（1）"颜色"选项卡。可通过"真彩色"或"灰度"或"单色"单选按钮来选择色彩的模式；通过"γ因子"框确定灰度比例因子。

（2）"标题"选项卡。确定是否在图纸的边缘添加条幅，条幅的内容可以是用户名称、日期和时间。通过"位置"下拉列表确定条幅在图纸上的位置，如图 11-5 所示。

（3）"杂色"选项卡。通过"渲染方式"下拉列表选择"默认""线框""移除隐藏线"等渲染方式；通过"渲染质量"下拉列表选择渲染质量；通过"线宽规格"下拉列表选择线条的宽度为"绝对""按缩放比例"还是"没有宽度"；通过"线形规格"下拉列表确定线形为"绝对"还是"按缩放比例"；通过"线末端"下拉列表确定宽线端部的形状为"平底""正方形"还是"圆弧形"，如图 11-6 所示。

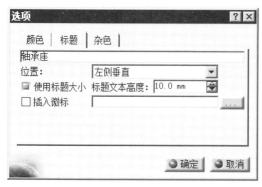

图 11-5 "标题"选项卡

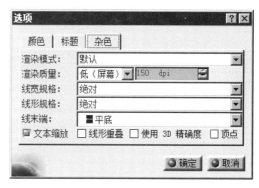

图 11-6 "杂色"选项卡

6. "预览" 按钮

单击 "打印" 对话框中的 "预览" 按钮，在弹出的 "打印预览" 对话框中可预示打印效果，如图 11-7 所示。

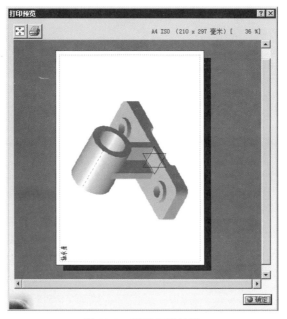

图 11-7　预览打印效果

7. "拼贴" 复选框

若选中 "打印" 对话框中的 "拼贴" 复选框，其右侧的 "定义" 按钮会被激活，单击后会弹出如图 11-8 所示的 "选项" 对话框。通过该对话框将原定输出的图形划分为多个矩形区域，输出指定的一个区域。

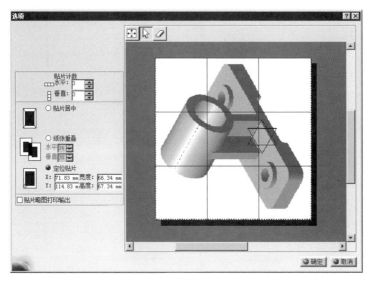

图 11-8　"选项" 对话框

11.3 图 像 操 作

11.3.1 捕获图像

选择"工具"→"图像"→"捕获"菜单命令，弹出如图 11-9 所示的"捕获"工具栏。

图 11-9 "捕获"工具栏

1. 捕获图像的过程

通过两个实例了解捕获图像的过程。

【例 11-1】 捕获当前屏幕的全部图像。

（1）单击图标 📖，整个屏幕作为图像的采集范围。

（2）单击图标 ●，弹出如图 11-10 所示的"捕获预览"窗口，用于预览整个屏幕的图像。

图 11-10 "捕获预览"窗口

（3）单击"捕获预览"窗口中的图标 💾，弹出"另存为"对话框。选择图像文件的格式后，确定文件的路径和名称即可进行保存。

【例 11-2】 捕获轴承座底板左边凸台的图像。

（1）单击图标 ▣，用光标在轴承座底板左边确定一个包含凸台的矩形。

（2）单击图标 ●，弹出如图 11-11 所示的"捕获预览"窗口，预览捕获结果。

图 11-11　观察局部区域的图像

（3）单击"捕获预览"窗口中的图标 ▦，保存捕获结果。

2. 有关图像的选项

单击图标 ▣，弹出如图 11-12 所示的"捕获选项"对话框。

（1）"常规"选项卡。如图 11-12 所示，若选中"显示标题"复选框，则在图像的底部添加含有名称、日期和时间的标题；若选中"捕获仅限几何图形"复选框，则只捕获几何图形，不捕获特征树、指南针、坐标轴等对象。

（2）"像素"选项卡。如图 11-13 所示，若选中"白色背景"复选框，则图像的背景为白色；若选中"抗锯齿"复选框，则对边界做柔和处理；若选中"固定尺寸捕获"复选框，则捕获范围的大小不变；通过"渲染质量"下拉列表选择渲染质量为低、中、高还是定制；单击"相册"按钮，确定存入相册中图像文件的格式。

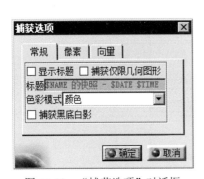

图 11-12　"捕获选项"对话框

图 11-13　"像素"选项卡

（3）"向量"选项卡。如图 11-14 所示，通过"语义级别"下拉列表，确定矢量化的级别，选项有"稀疏""低""折线""折线和二次曲线""折线和样条曲线"；通过"另存为属性"下拉列表确定保存格式，选项有 CGM、Generic Post Script、Generic HP GL、SVG、PDF。

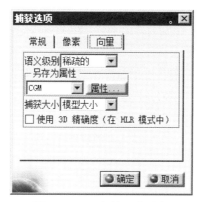

图 11-14　"向量"选项卡

3. 有关捕获操作的选项

单击捕获图标 ● 之后，有"捕获预览"窗口顶行所示的 6 个选项如图 11-10 所示。它们的功能如下。

（1） ✕：放弃此次捕获。

（2） 🖫：将当前的捕获存入文件。

（3） 🖨：打印当前的捕获。

（4） 🗎：复制当前的捕获，以便粘贴到其他文档。

（5） 🗾：将当前捕获的图像按顺序命名为"Capture_×××"的图片，然后存入相册。

（6） 🗾：单击该图标，或者选择"工具"→"图像"→"相册"菜单命令，弹出如图 11-15 所示的"相册"对话框。选中列表框中的图片可以预览该图片。

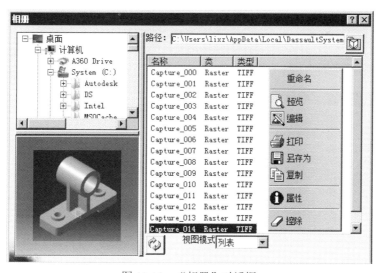

图 11-15　"相册"对话框

该对话框的快捷菜单如图 11-15 所示。通过该菜单可以对选中的图片进行重命名、预览、编辑、打印、另存、复制、查看属性、擦除操作。

若选择"属性"命令，则显示所选图片的详细信息，如图 11-16 所示。若选择"编辑"

命令，会弹出如图 11-17 所示的 Image Editor（图像编辑器），可编辑所选的图片。

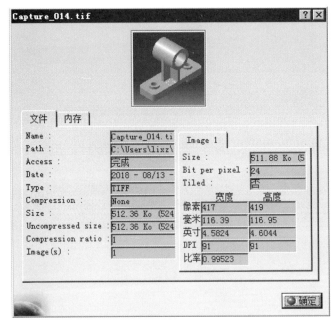

图 11-16　显示所选图片的详细信息

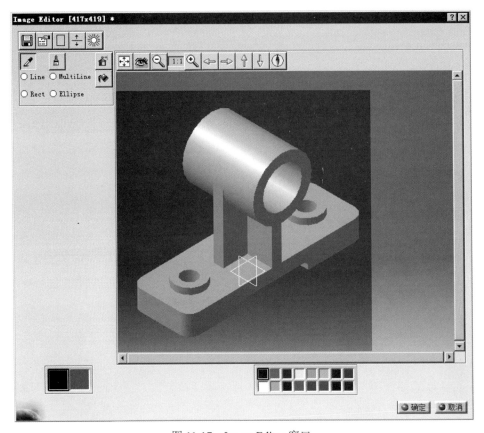

图 11-17　Image Editor 窗口

　　　　　CATIA 实用教程（第 3 版）

11.3.2　录像

该功能可以将操作过程录制为 AVI 格式的录像文件。该文件可通过录像播放器，例如 Windows 的 Media Player 播放。

选择"工具"→"图像"→"视频"菜单命令，会弹出图 11-18 所示的"视频录制器"对话框。通过它可创建视频文件。

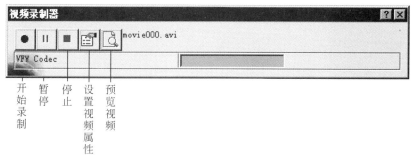

图 11-18　"视频录制器"对话框

习　题　11

1. 如何配置一个新的绘图仪？
2. 如何将"纵向"的图纸改变为"横向"？
3. 如何将图形从水平调整为垂直放置？
4. 若以 2∶1 的比例输出图形，需要在如图 11-1 所示的"打印"对话框做哪些操作？
5. 如何操作使得图形中心与图纸中心重合？
6. 如何操作使得图像的背景为白色？
7. 如何操作将采集到的白色像素改变为黑色？
8. 如何操作将采集到的图像复制到 Word 文档？
9. 如何操作将指定范围的图像打印输出？

图书资源支持

感谢您一直以来对清华版图书的支持和爱护。为了配合本书的使用，本书提供配套的资源，有需求的读者请扫描下方的"书圈"微信公众号二维码，在图书专区下载，也可以拨打电话或发送电子邮件咨询。

如果您在使用本书的过程中遇到了什么问题，或者有相关图书出版计划，也请您发邮件告诉我们，以便我们更好地为您服务。

我们的联系方式：

地　　址：北京市海淀区双清路学研大厦 A 座 714

邮　　编：100084

电　　话：010-83470236　010-83470237

客服邮箱：2301891038@qq.com

QQ：2301891038（请写明您的单位和姓名）

资源下载： 关注公众号"书圈"下载配套资源。

资源下载、样书申请　　　　图书案例

书圈　　　　　　清华计算机学堂　　　　观看课程直播